KUHMINSA

한 발 앞서나가는 출판사, 구민사
독자분들도 구민사와 함께 한 발 앞서나가길 바랍니다.

KB210788

구민사 출간도서 中 수험서 분야

- 용접
- 자동차
- 조경/산림
- 품질경영
- 산업안전
- 전기
- 건축토목
- 실내건축

- 기술사
- 기계
- 금속
- 환경
- 보일러
- 가스
- 공조냉동
- 위험물

전문가를 위한 첫걸음, 구민사는 그 이상을 봅니다!

전국 도서판매처

- 일산남부서점 • 안산대동서적 • 대전계룡서점 • 대구북앤북스 • 대구하나도서
- 포항학사 • 울산처용서림 • 창원그랜드문고 • 순천중앙서점 • 광주조은서림

www.kuhminsa.co.kr

자격증 시험 접수부터 자격증 수령까지!

1
큐넷(www.q-net.or.kr) 사이트 접속
필기 시험은 회원 가입 후
인터넷 접수만 가능
[사진 파일, 접수비(인터넷 결제) 필요]
응시자격 요건 반드시 확인

필기 원서 접수

2
입실 시간 미준수 시 시험 응시 불가
✎ 준비물 : 수험표, 신분증,
필기구 지참

필기 시험

5
필답형과 작업형으로 분류
원서 접수 시 선택한 장소와
시간에 맞게 시험을 응시
✎ 준비물 : 수험표, 신분증,
필기구

실기 시험

6
큐넷(www.q-net.or.kr)
사이트에서 확인

최종 합격 확인

전문가를 위한 첫걸음, 구민사는 그 이상을 봅니다!

상시시험 12종목
굴삭기운전기능사, 지게차운전기능사, 미용사(일반), 미용사(피부), 미용사(네일)
미용사(메이크업), 조리기능사(양식, 일식, 중식, 한식), 제과·제빵기능사

3
큐넷(www.q-net.or.kr)
사이트에서 확인

필기 합격 확인

4
큐넷(www.q-net.or.kr)
사이트에서 접수
응시 자격 서류는
실기시험 접수기간(4일 내)에
제출해야만 접수 가능

실기 원서 접수

7
인터넷으로 신청
(수첩형 자격증의 경우
내방신청 폐지 예정)

자격증 신청

8
상장형 자격증은 인터넷으로
합격자발표 당일부터 발급 가능
수첩형 자격증은 인터넷 신청 후
우편수령만 가능(등기비용 발생)

자격증 수령

머리말

2013년 2월 당시 버락 오바마 미국 대통령은 연설을 통해 "3D프린터는 우리가 만드는 거의 모든 것의 제조 방법을 혁신(대체)할 것"이라고 강조하였다. 그로 인해 3D프린팅에 대한 폭발적인 관심과 수요가 증가하면서 남녀노소 누구나 3D프린팅에 대해 많은 정보를 접하게 되었다. 현재는 장비만 있으면 원하는 모든 것을 만들어낼 수 있다는 착각에 사로잡혀 있을 정도로 유명해진 분야이다.

4차 산업혁명 시대는 개인의 취향과 기호에 맞는 커스터마이징 제품을 선호하는 소비자가 많아짐에 따라 개인별 주문식 제품 생산이 가능한 3D 프린팅 산업이 자연스럽게 구축되고 발전되어 갈 것이라고 전망된다.

2018년도 과학기술정보통신부에서는 "3D프린팅 산업 진흥 시행계획"을 수립, 발표하였으며 내용 중에 3D 프린터운용기능사와 3D프린터개발산업기사 국가기술자격을 추진하기로 하였다. 그해 한국산업인력공단에서 전문가들과 수차례 회의와 모의검정 등을 통해서 드디어 2018년 12월 22일 이론검정이 시행되었다. 실기검정은 2019년 7월초와 12월 2차례 시행되었으나 아직 여러 가지 문제점들이 있어 보인다. 하지만 3D프린터운용기능사에 대한 폭발적인 인기 때문에 매회 전국적으로 응시자가 점점 확산하는 추세이다.

아울러 각 산업분야에서 3D프린팅 전문가를 필요로 하는 분위기가 조성되고 있으며 사기업은 물론이고 정부기관, 공공기관과 의료산업, 디자인, 건축분야, 국방관련 산업에서도 그 필요성이 대두되고 있어 점차 3D프린터 운용기능사 국가기술 자격증에 무게가 실리고 있다.

이에 필자는 3D프린팅 특성화학과를 개설하여 3D프린터운용기능사 이론 과목과 실기(3D모델링)를 지도한 경험을 토대로 교재를 집필하였으며, 수험자가 혹시 실수할 수 있는 부분을 세심하게 고려하여 여러 가지 예를 수록하기 위해 노력하였다. 또한 이론과 실기검정을 위한 통합본의 형식으로 내용을 NCS의 기준에 따라 정리하였다. 또한 실기검정 요령은 부록으로 간단하게 대체하여 제공하였다.

모쪼록 수험자 여러분의 많은 합격을 소망하며 모두에게 밝은 미래가 끝없이 펼쳐지기를 기원한다. 이 책의 출판을 위해 적극적으로 도움주신 도서출판 구민사 조규백 대표님과 직원 여러분께 깊은 감사를 드린다.

저자 씀

1. 작업환경 관리

3D프린팅 과정에서 많은 부산물이 발생할 수 있으며 밀폐된 공간의 경우 유해한 가스나 냄새로 인한 사고가 발생할 수 있다. 그러므로 최적의 출력물을 제작하기 위하여 장비의 정비와 사용한 공구정리, 소재관리 등 작업환경을 항상 깨끗하게 유지하여야 한다.

1) 장비의 정비

사용한 장비는 다음 작업을 위하여 반드시 청결하게 정비를 한다.

(1) 출력물 찌꺼기가 남아있는 베드를 깨끗하게 청소하여 유지한다.

(2) 베드 청소 시 세정제를 활용하거나 플라스틱 스크레이퍼 등으로 청소한다.

(3) 프린터 베드와 프린터 바닥에 떨어져 있는 부산물을 주기적으로 청소한다.

✦ 상세한 이론 수록 ✦

효율적으로 구성한 상세 이론으로 이해가 쉽습니다. 저자가 제안하는 학습 플랜에 따라 학습해보세요!

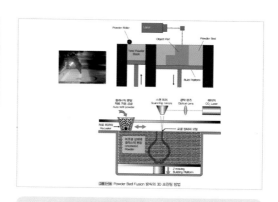

그림1-8 Powder Bed Fusion 방식의 3D 프린팅 방법

✦ 풀컬러 인쇄 ✦

풀컬러 인쇄로 생생하게! 이론과 함께 상세한 그림으로 이해를 도왔습니다.

✦ 적층가공; 3D프린팅 또는 디자신속조형) 용어들 중에 적층가공이 공식적인 용어이지만 대중적으로 3D 프린팅이 더 많이 사용된다.

예상문제

3D프린팅의 개념을 올바르게 표현한 것은?

① 적층가공(Additive Manufacturing)
② 절삭가공(Subtractive Manufacturing)
③ 주형가공(Formative Manufacturing)
④ 급속가공(Rapid Manufacturing)

해설
3D프린팅 프로세스는 3D모델링 파일을 3D프린터 언어인 STL 데이터로 변환하여 Magics나 Netfabb 같은 검사프로그램으로 확인한 뒤 파일에 이상이 없으면 슬라이싱 프로그램으로 사용재료, 레이어, infill, 서포트, 보완 등을 일맞게 조정하고 출력을 시행한다.

정답 ①

✦ 이론 속 예상문제 ✦

이론 중간중간의 예상문제로 앞서 배운 이론을 한 번 더 체크! 상세한 해설로 이해가 쉽습니다.

14 엔지니어링 모델링에서 사용되는 상향식 (Bottom-up) 방식에 대한 설명으로 옳지 않은 것은?

① 파트를 모델링 해놓은 상태에서 조립품을 구성하는 것이다.
② 기존에 생성된 단품을 불러오거나 버리실 수 있다.
③ 자동차나 로봇 모형(프라모델) 분야에서 사용되며 기존 데이터를 참고하여 작업하는 방식이다.
④ 제품의 조립 관계를 고려하여 배치 및 조립을 한다.

해설
아래로부터(Bottom-up) 설계, 위로부터(Top-down) 설계 또는 이 두 방법을 모두 사용하여 어셈블리를 만들 수 있다. 아래로부터(Bottom-up) 설계 방법은 가장 부편적인 방법이다. 먼저 파트를 설계하고 모델링 한 다음, 조립품을 구성하는 방법이다. Bottom-up 방식은 이미 만들어 놓은 파트 또는 규격에 의해 모델링된 단품을 불러와서 배치나 조립 등을 고려하여 어셈블리를 구성하는 방법이다. Top-down 방식은 어떤 제품을 설계할 때 우선 제품전체의 구조를 결정하고 조립성, 동작성 등을 고려하여 하위 단계의 모든 부품에 적용시켜 설계를 완성하는 방법으로 주로 모형분야에서 많이 사용된다.

정답 ③

✦ 필기 기출문제 수록 ✦

필기 기출문제로 실전시험에 대비하였습니다. 또한 상세한 해설을 옆에 배치하여 바로바로 확인이 가능하게 하였습니다.

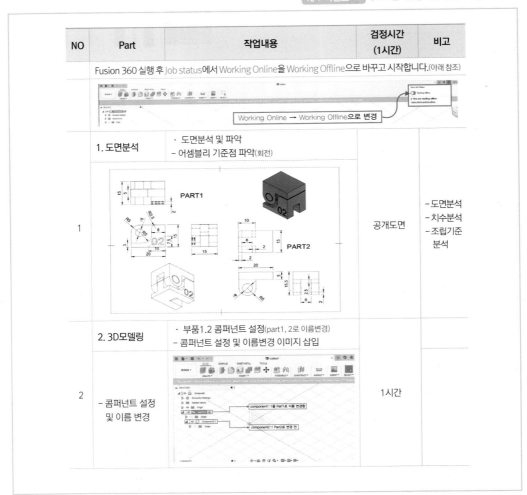

NO	Part	작업내용	검정시간 (1시간)	비고
		Fusion 360 실행 후 Job status에서 Working Online을 Working Offline으로 바꾸고 시작합니다.(아래 참조)		
1	1. 도면분석	· 도면분석 및 파악 – 어셈블리 기준점 파악(회전)	공개도면	– 도면분석 – 치수분석 – 조립기준 분석
2	2. 3D모델링 – 콤퍼넌트 설정 및 이름 변경	· 부품1,2 콤퍼넌트 설정(part1, 2로 이름변경) – 콤퍼넌트 설정 및 이름변경 이미지 삽입	1시간	

◆ 실기 프로세스 수록 ◆

실기편은 처음으로 제시되는 합격 소스이며, 핵심만을 모아 작성하였습니다. 또한, 실기 시험의 이해도를 높이며, 이론을 충분히 공부하셨다면 실기도 무난히 실습하실 수 있습니다.

국가기술자격 실기시험문제

자격종목	3D프린터운용기능사	[시험 1] 과제명	3D모델링작업

※ 문제지는 시험종료 후 본인이 가져갈 수 있습니다.

비번호		시험일시		시험장명	

※ 시험시간 : [시험 1] 1시간

1. 요구사항

※ 지급된 재료 및 시설을 사용하여 아래 작업을 완성하시오.

※ 작업순서는   가. 3D모델링 → 나. 어셈블리 → 다. 슬라이싱 순서로 작업하시오.

---

1 공개 도면

자격종목	3D프린터운용기능사	[시험 1] 과제명	3D모델링작업	척도	NS

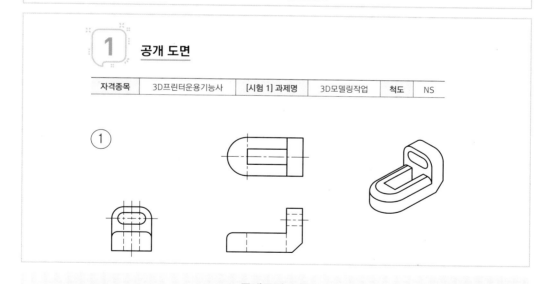

◆ 공개도면 수록 ◆

큐넷 홈페이지(http://www.q-net.or.kr)를 참조하여 공개문제를 수록하였습니다. 2022년 3D프린터운용기능사 공개문제(도면 21형별 포함) ※ 일부 내용은 변경될 수 있으니 이점 유의하여 준비하시기 바랍니다.

4. 3D프린팅 작업환경 쾌적하게 이용하기

하나, 계절별 실내 적정 온 · 습도 유지

3D프린터는 장비의 운영과 관련하여 발생하는 열로 실내온도가 높아질 수 있으며, 습도가 낮아져 작업장 내 공기 질에 영향을 미칠 수 있습니다.

따라서, 3D프린터 및 사용 재료의 특성에 따라 제조사에서 안내되는 적정 온도와 습도 등을 참고하여야 합니다.

특히, 계절별로 냉난방기 등을 활용하여 작업장의 온도를 적정온도 범위 내로 일정하게 유지하는 게 좋습니다.

이에 3D프린터 작업장은 쾌적한 환경조성을 위하여 냉난방기, 제습기, 가습기 등의 공기질 관리가 가능한 보조기기를 이용할 필요가 있습니다.

계절	적정온도	권장온도	적정습도	권장습도
봄 · 가을	19~23℃	19℃	50%	50%
여름	24~27℃	24℃	60%	60%
겨울	18~21℃	18℃	40%	40%

※ 3D프린팅실에 대한 중앙집중식 냉난방은 조작 가능한 냉난방으로 적극 권장

◆ 3D프린팅 가이드북 수록 ◆

과학기술정보통신부 PDF를 참조하여 3D프린팅 작업환경 쾌적하게 이용하기를 수록하였습니다.

합격을 제시하는 합격 플랜(60일 PLAN)

D-60

제1과목 **제품 스캐닝**

1. 3D프린터의 출력방식을 이해하고 적용분야를 파악할 수 있다.
2. 스캐너의 개념과 종류, 스캔방식을 알고 선택하여 사용할 수 있다.
3. 대상물에 따라 적정한 스캐너를 선택하여 사용할 수 있다.
4. 3D스캐닝한 스캔데이터를 보정하여 저장할 수 있다.

D-30

제2과목 **넙스 모델링**

1. 넙스방식의 3D형상모델링을 할 수 있다.
2. 3D 형상데이터 편집과 변형 및 통합 객체 생성을 할 수 있다.
3. 출력용 데이터를 수정하고 편집된 데이터를 저장할 수 있다.

D-25

제3과목 **엔지니어링모델링**

1. 정투상법(3각법,1각법)을 이해하고 도면을 해독할 수 있다.
2. 2D스케치 기능을 파악하고 구속조건을 활용한 도면작성이 가능하다.
3. 3D엔지니어링 객체를 형성하고 어셈블리 기능을 수행할 수 있다.
4. 객체조립 기능으로 파트 배치기능과 파트조립을 할 수 있다.
5. 출력용 설계 수정으로 파트를 수정하고 파트를 분할할 수 있다.

D-20

제4과목 **3D프린터 SW 설정**

1. 출력보조물(Raft, Support, Skirt, Brim 등)을 설정할 수 있다.
2. 슬라이싱으로 제품의 형상분석과 최적의 적층값을 설정할 수 있다.
3. 주어진 슬라이서 프로그램을 활용하여 G코드를 생성할 수 있다.
4. 출력물에 대한 스케일, 회전, 복사, 스플릿 등을 편집할 수 있다.

D-15

제5과목 **3D프린터 HW 설정**

1. 장비에 따라 프린팅이 가능한 소재를 선택할 수 있다.
2. HW에 따라 소재를 장착할 수 있고 정상 출력을 확인할 수 있다.
3. HW에 따라 데이터 업로드 기능을 수행할 수 있다.
4. 장비별 G코드 업로드 방식을 이해하고 업로드를 확인할 수 있다.
5. 장비별 출력방법을 확인하고 최적의 출력 조건을 설정할 수 있다.

D-12

제6과목 **출력용 데이터 확정**

1. 출력 전 문제점을 해소를 위한 오류검출 프로그램을 활용할 수 있다.
2. 오류 데이터를 자동과 수동 기능으로 데이터를 수정할 수 있다.
3. 심각한 오류가 있는 데이터는 3D모델링 SW에서 할 수 있다.
4. 수정데이터를 재생성하여 오류를 수정할 수 있다.

D-10

제7과목 **제품 출력**

1. 출력과정 중 바닥고정, 출력보조물, G코드 판독 등을 할 수 있다.
2. 출력오류 시 프린터의 오류 수정과 G코드를 수정할 수 있다.
3. 출력물 회수 시 장비 특성에 따라 제품회수를 수행할 수 있다.
4. 출력 전과 출력 후 장비교정과 유지보수 작업을 할 수 있다.

D-8

제8과목 **3D프린터 안전관리**

1. 작업안전수칙을 준수하고 작업하여야 한다.
2. 안전보호구를 착용하거나 장비의 위험요소를 파악하고 조치한다.
3. 응급처치를 수행 할 수 있어야 하며 소재의 위험요소를 파악한다.
4. 장비는 사용 전, 후 안전점검을 실시하여야 한다.

D-3

제9과목 **기출문제**

1. 기출문제를 분석한 결과 제1과목(13문제)부터 제8과목(2문제)까지 출제빈도가 많은 과목 중심으로 다독과 함께 본서에 게재한 예상문제 풀이를 반복한다면 합격 안정선인 40개를 충분하게 맞출 수 있으리라 판단된다.
2. 3D프린터 운용기능사(실기)는 3D모델링(50%), 슬라이싱 및 출력기술(25%), 후처리(15%),기타(10% : 캘리브레이션, 재료 로딩과 언로딩, 브림, 인필 등)로 구분할 수 있다.

Contents

차례

출제기준

◆ 필기 ◆

직무분야	전기·전자	중직무분야	전자	자격종목	3D프린터 운용기능사	적용기간	2024.01.01 ~2027.12.31
직무내용			3D프린터 기반으로 제품을 제작하기 위하여 데이터 생성, 3D프린터 설정, 제품출력 및 안전관리를 수행하는 직무이다.				
필기검정방법	객관식		문제수	60	시험시간		1시간

필기과목명	문제수	주요항목	세부항목
데이터 생성, 3D프린터 설정, 제품출력 및 안전관리	60	1. 제품 스캐닝	1. 스캐닝 방식 2. 스캔데이터
		2. 3D모델링	1. 도면분석 및 2D 스케치 2. 객체 형성 3. 객체 조립 4. 출력용 설계 수정
		3. 3D프린터 SW 설정	1. 문제점 파악 및 수정 2. 출력보조물 3. 슬라이싱 4. G코드
		4. 3D프린터 HW 설정	1. 소재 준비 2. 장비출력 설정
		5. 제품출력	1. 출력 확인 및 오류 대처 2. 출력물 회수 3. 출력물 후가공
		6. 3D프린팅 안전관리	1. 안전수칙 확인 2. 예방점검 실시

직무분야	전기·전자	중직무분야	전자	자격종목	3D프린터 운용기능사	적용기간	2024.01.01 ~2027.12.31
직무내용			3D프린터 기반으로 제품을 제작하기 위하여 데이터 생성, 3D프린터 설정, 제품출력 및 안전관리를 수행하는 직무이다.				
수행준거		1. 정형화된 객체를 설계하기 위하여 2D 스케치, 3D객체형성, 객체조립, 출력용 설계 수정하기를 수행할 수 있다. 2. 3차원 형상을 데이터로 생성하기 위하여 스플라인(Spline)에 기초하여 비정형 객체를 생성할 수 있는 넙스 방식의 3D 모델링 프로그램을 사용하여 객체를 생성, 편집, 수정할 수 있다. 3. 3차원 형상을 데이터로 생성하기 위하여 다각형을 기반으로 하여 비정형 객체를 생성할 수 있는 폴리곤 방식의 3D 모델링 프로그램을 사용하여 객체를 생성, 편집, 수정할 수 있다. 4. 오류 없이 3D프린팅 작업을 수행하기 위하여 3D프린팅 출력용 파일의 문제점을 파악하여 데이터를 수정하고 출력용 파일을 재생성할 수 있다. 5. 고품질의 제품을 출력하기 위하여 슬라이서 프로그램에서 지지대를 설정하고 슬라이싱하여 G코드 파일을 생성할 수 있다. 6. 제품출력 전 3D프린터의 최적화 상태로 만들기 위하여 3D프린터에 소재 장착, 데이터 업로드를 실시하고 3D프린터의 출력설정할 수 있다. 7. 원활한 3D프린팅을 위하여 출력과정 중 출력오류에 대처하고 출력 후 안전하게 제품을 회수할 수 있다. 8. 3D프린터를 사용하는 현장에서 작업자의 안전을 위하여 안전수칙을 확인 및 예방점검을 실시하고, 사고발생시 사고처리 및 사후대책을 수립할 수 있다.					
실기검정방법				작업형	시험시간	4시간 정도	

실기과목명	주요항목	세부항목
3D프린팅 운용실무	1. 엔지니어링모델링	1. 2D 스케치하기 2. 3D 엔지니어링 객체형성하기 3. 객체 조립하기 4. 출력용 설계 수정하기
	2. 넙스 모델링	1. 3D 형상 모델링하기 2. 3D 형상데이터 편집하기 3. 출력용 데이터 수정하기
	3. 폴리곤 모델링	1. 3D 형상 모델링하기 2. 3D 형상데이터 편집하기 3. 출력용 데이터 수정하기
	4. 출력용데이터확정	1. 문제점 파악하기 2. 데이터 수정하기 3. 수정데이터 재생성하기
	5. 3D프린터 SW 설정	1. 출력보조물 설정하기 2. 슬라이싱하기 3. G코드 생성하기
	6. 3D프린터 HW 설정	1. 소재 준비하기 2. 데이터 준비하기 3. 장비출력 설정하기
	7. 제품 출력	1. 출력과정 확인하기 2. 출력오류 대처하기 3. 출력물 회수하기
	8. 3D프린팅 안전관리	1. 안전수칙 확인하기

3D PRINTING
3D프린터 운용기능사 필기·실기

임충식

구민사

Craftsman
3DPrinter
Operation
3D프린터운용기능사

PART
01

제품 스캐닝

Chapter

01 출력방식의 이해

인류가 기계를 사용한 이후 제품을 제작한다고 하는 것은 당연하게 절삭가공 과정에 의해 제작된 금형이나 사출, 주물 등의 방식으로 상품을 생산하는 것이 일반적인 추세였다. 그러나 [그림 1-1]에서 보는 것처럼 기계가공으로 한계가 있는 제품이나 시제품에 대한 급속모형제작(RP) 기술이 1988년 발명되어 현재까지 발전하여 왔으며 오늘날 제4차 산업혁명시대에는 3D프린팅 산업의 기반기술인 신속조형기술(AM)로 발전하고 있다. 최근에는 금속류, 플라스틱류, 바이오 등 모든 분야에 적용되고 있으며 급속도로 발전하고 있는 추세이다.

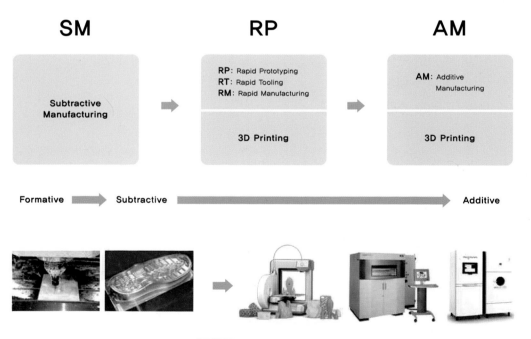

그림 1-1 제조기술의 발전과정

1. 3D프린팅의 개념과 방식

1) 3D프린팅의 개념

　최근까지 3D 물체를 제작하는 방법은 대부분이 선반, 밀링과 CNC 등을 이용한 절삭가공(Subtractive Manufacturing)으로 만들었다. 절삭가공은 만들고자 하는 물체보다 큰 부피를 갖는 소재를 자르고 깎아서 물체의 형상을 만들었다. 그러나 3D프린터는 이와 반대되는 개념인 적층가공(Additive Manufacturing)으로 3D모델을 형상화시킨다. 이런 방법은 적층가공 또는 3D프린팅으로 불리기 이전에는 CAD(Computer Aided Design)프로그램으로 설계된 디지털 데이터를 레이저 또는 접착제와 파우더 재료를 사용하여 재료를 적층하여 3D모델을 신속 조형하는 기술을 의미하는 RP(Rapid Prototyping)로 불렸다. [그림 1-2]는 3D모델링과 3D스캐너 데이터를 활용한 3D프린팅의 기본개념도를 나타낸 것이다.

　적층가공이란 [그림 1-3]에서 보듯이 3D모델을 형상화하기 위해 일정한 높이를 갖는 층을 첫 번째 층에서 마지막 층까지를 적층하여 형상화한다.

✦ 적층가공, 3D프린팅 또는 RP(신속조형) 용어들 중에 적층가공이 공식적인 용어이지만 대중적으로 3D 프린팅이 더 많이 사용된다.

 예상문제

3D프린팅의 개념을 올바르게 표현한 것은?

① 적층가공(Additive Manufacturing)
② 절삭가공(Subtractive Manufacturing)
③ 주형가공(Formative Manufacturing)
④ 급속가공(Rapid Manufacturing)

해설

3D프린팅 프로세스는 3D모델링 파일을 3D프린터 언어인 STL데이터로 변환하여 Magics나 Netfabb 같은 검사프로그램으로 확인한 뒤 파일에 이상이 없으면 슬라이싱 프로그램으로 사용재료, 레이어, infill, 서포트, 브림 등을 알맞게 조정하고 출력을 시행한다.

정답　①

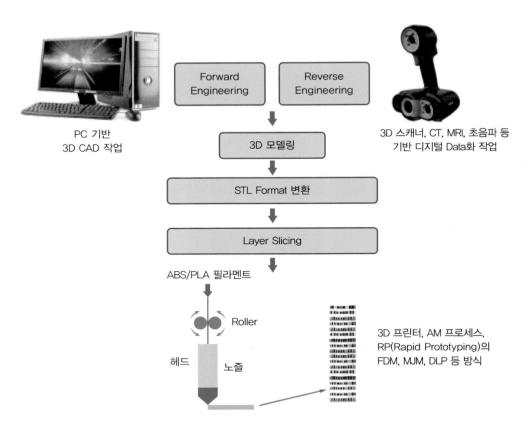

PC 기반
3D CAD 작업

Forward
Engineering

Reverse
Engineering

3D 모델링

3D 스캐너, CT, MRI, 초음파 등
기반 디지털 Data화 작업

STL Format 변환

Layer Slicing

ABS/PLA 필라멘트

Roller

헤드   노즐

3D 프린터, AM 프로세스,
RP(Rapid Prototyping)의
FDM, MJM, DLP 등 방식

그림 1-2 3D프린팅의 기본개념도

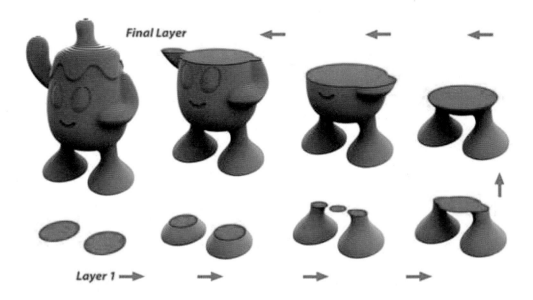

Final Layer

Layer 1 ➔

그림 1-3 적층가공의 개념도

3D프린터운용기능사 필기 실기

2) 3D프린팅 기술의 역사

(1) 3D프린팅 기술의 출현

최초의 3D프린팅 기술은 1981년 Nagoya Industrial Research Institute의 히데오 코다마(Hideo Kodama)가 처음으로 인쇄된 3D물체를 개발하였으나, 이를 시스템으로 처음 구현한 사람은 UV코팅과 잉크 경화용 애플리케이션을 개발하는 일을 하던 미국의 찰스 헐(Charles Hull)로 광경화성 수지와 이것을 경화시키는 방법을 활용하여 한 층씩 경화시키면서 쌓아 올리는 적층가공법을 고안하여 1984년 '입체인쇄술(Stereolithography, SLA)을 이용한 3D 물체를 만드는 장치'라는 제목으로 특허를 출원하여 1986년에 등록되었다. 그는 1986년 3D SYSTEMS를 설립하고 3D프린터를 상품화하였다. 특허가 만료된 2006년 이후 다른 회사에서도 이 방식을 이용하는 제품을 출시하였다.

1988년 열가소성 수지 필라멘트를 용융하여 적층하는 방식, FDM(Fused Deposition Modeling)을 스코트 크럼프(Scott Crump)가 개발하여 1989년에 Stratasys를 설립하였다. 관련 지적재산은 1989년에 3D 물체를 만드는 방법과 장치라는 제목으로 출원하여 1992년에 등록되었다. 이 방식을 통상 FDM이라고 부르지만 이것은 Stratasys사의 상표이고 다른 용어로는 FFF(Fused Filament Fabrication)라고 한다.

🎲 예상문제

3D프린팅 기술을 처음으로 상업화하고 3D Systems를 설립한 사람은?

① 찰스 헐(Charles Hull)
② 히데오 코다마(Hideo Kodama)
③ 스코트 크럼프(Scott Crump)
④ 아드리안 보이어(Adrian Bowyer)

해설

3D 프린팅 기술을 처음으로 상업화하고 3D시스템즈를 설립한 사람은 찰스 헐(Charles Hull)이다. 히데오 코다마는 최초 연구자일뿐 시스템으로 개발하지는 못했다. 스코트 크럼프는 요즘 보급형의 주류를 이루고 있는 FDM(FFF) 방식을 개발하여 Stratasys를 설립한 사람이다. 아드리안 보이어 교수는 3D프린터의 대중화를 위해 렙랩 프로젝트를 통해 오픈소스를 무료로 배포하였고, 렙랩 프로젝트로 만들어진 3D프린터는 다윈, 멘델, 프루사 멘델, 델타봇 등이 있다.

정답 ①

(2) 3D프린팅 기술의 대중화

3D프린터의 대중화의 기틀은 2004년 2월에 영국의 바스대학(Mechanical Engineering Department, Bath University)의 기계 공학과 아드리안 보이어(Adrian Bowyer) 교수에 의해 시작된 렙랩(RepRap) 프로젝트가 핵심적인 역할을 하였다. 렙랩 프로젝트는 3D프린터 복제 프로젝트로 자신을 복재할 수 있도록 설계하여 개인이나 단체가 무료로 그 모델(부품)과 소프트웨어를 사용할 수 있도록 GNU(General Public License)의 오픈소스를 무료로 배포하였다. 렙랩 프로젝트로 만들어진 3D프린터는 2007년 다윈(Darwin), 멘델(Mendel, 2009), 프루사 멘델(Prusa Mendel, 2010), 프루사i3(Prusa i3, 2013), DeltaBot 등이 있으며, 이를 바탕으로 상업화 모델을 만들어 판매하는 대표적인 업체는 메이커봇(Makerbot(2009))과 얼티메이커(Ultimaker(2011))가 있다.

3D프린팅 기술은 대중에게 잘 알려져 있는 기술이 아니었으나 미국의 버락 오바마 대통령이 2013년 국정연설에서 미국 제조업을 부흥시키는 방법론으로 3D프린터를 언급하면서 전 세계적인 이슈가 되었고, 또한 유수의 기관들이 미래유망기술, 혁신기술 등으로 발표하면서 관심이 고조되었다. 최근에는 제조업은 물론 4차 산업혁명 관련 산업과 연관된 스마트 팩토리 등에 필수적 요소가 되면서 각국 정부의 지원으로 3D 프린팅의 성장에 활력을 불어넣고 있다.

※ 렙랩(RepRap)은 Replicating Rapid-prototyper의 약어임

(3) 3D프린터 연도별 발전사

찰스 헐이 발명한 기술이 1986년 특허를 획득하고 1988년 SLA 방식을 처음으로 상용화 이후의 발달과정을 [표 1-1]을 통해서 연도별로 살펴보기로 한다.

표 1-1 **3D프린터의 연도별 발전사**

연도	기술 발달 내용
1984	- Charles Hull이 3D프린팅 기술을 개발하여 특허 신청함
1986	- 미국특허번호 US4575330 A로 특허 획득 - 세계 최초로 SLA 방식 시연, 이때부터 RP(Rapid Prototyping)라는 신기술 용어가 생겨서 급속 모형 제작기라고 불림 - Charles Hull: 3D systems사 설립
1988	- 3D Systems: SLA 방식 상용화, LOM 방식 특허 획득 - Scott Crump: FDM 방식 프린터 개발 Stratasys사 설립
1989	- SLS 방식 특허 획득 - Scott Crump: Stratasys사 설립

1990	– FDM 방식 상용화
1991	– 캐나다 큐빅테크놀로지사: LOM 방식 프린터 출시 – 독일 EOS사 : SLS 방식 프린터 출시
1992	– Stratasys사: FDM 기반의 최초 3D프린터 "3D모델러" 출시 – Stratasys사: SLS 방식 개발
1993	– MIT 공대에서 잉크젯 기반의 3D프린터 기술 특허 획득
1996	– Stratasys사: "Genisys" 출시 – 3D Systems사: "Actua2 100" .Z Corporartion "Z402" 출시
2000	– 이스라엘 Objet 지오메트리스사: Polyjet 방식 프린터 출시
2001	– 독일 인비전텍사 DLP 방식 프린터 출시
2002	– 3차원 KIDNEY 동작
2004	– SLA 특허 만료, 프린터 가격 인하
2005	– 최초 고화질 컬러 3D프린터 Z Corporation "Z510" 출시 – 영국 아드리안 보이어(Adrian Bower) 교수의 누구나 쓸 수 있는 오픈소스 프로젝트인 렙랩 (RepRap) 3D프린터 소개
2007	– Objet사: 다양한 재료로 프린팅 가능한 제품 출시(Eden 시리즈)
2008	– RepRap에서 50% 자체 복제가 가능한 RepRap 프린터 최초 배포
2009	– MAkerBot 3D프린터 DIY Kit 시장에 출시됨
2010	– 캐나다 코에콜로직사: 세계 최초 3D프린터로 제작한 시제품 자동차 "Urbee" 발표함
2011	– 영국 사우스햄튼대학: 3D프린터로 만든 소형 비행기 "설사(SULSA)" 시험비행 성공
2012	– FDM 방식 특허 만료로 3D프린터의 대중화 시작
2013	– 바이오 기반 3D프린터: 인공장치 제작과 의료용 기구 제작 – 미국에서 3D프린터로 제작한 권총 시험 발사 성공함(관련 권총 3D CAD 도면 인터넷 업로드로 논쟁 가열됨) – 오바마 신년국정연설에서 3D 프린팅의 잠재력 언급 이후 급속히 발전함
2014	– SLS 방식 특허 만료

3) 3D프린팅의 방식

일반적으로 3D프린팅이라는 용어를 적층가공과 같은 의미로 쓰이지만 실제로 층을 만드는 과정은 사용하는 재료와 기술에 따라 다르다. 2010년에 ASTM(American Society for Testing and Materials)은 적층가공기술을 7개의 카테고리로 분류하여, "ASTM F42 – Additive Manufacturing" 표준을 [표 1-2]와 같이 제정하였다. ISO/TC(국제표준화기구 전문위원회)에서도 3D프린팅 기술 분류를 기술하고 있다.

표 1-2 ASTM F42 – Additive Manufacturing

분류	조형 방식
Photo polymerization (광중합 방식)	수조와 같은 용기에 담겨진 액체 광경화성 수지를 자외선(UV) 레이저 또는 빛을 사용하여 선택적으로 경화시켜 적층하는 방식으로 모델을 조형한다.
Material Jetting (재료 분사 방식)	2D 잉크젯 프린터처럼 액체 재료를 빌드 플랫폼에 선택적으로 분사하며 UV광으로 경화시켜 물체를 조형하는 방식이다.
Binder Jetting (접착제 분사 방식)	인쇄 플랫폼에 일정한 높이의 파우더 재료 층을 만들고, 액상 접착제를 선택적으로 분사하여 재료를 접착시켜 모델을 조형하는 방식이다.
Material Extrusion (재료 압출 방식)	고온에서 용융되는 재료를 노즐을 통해 선택적으로 압출하여 모델을 적층하는 방식이다.
Powder Bed Fusion (분말 적층 용융 방식)	파우더 재료를 레이저 또는 전자빔을 사용하여 선택적으로 녹이거나 용융시켜 모델을 적층하는 방식이다.
Sheet Lamination (판재 적층 방식)	필름형태의 재료를 접착제, 열접착 또는 초음파 welding으로 적층하며 모델을 조형하는 방식이다.
Directed Energy Deposition (고에너지 직접조사 방식)	분말 형태의 재료를 고정된 물체에 여러 방향으로 움직이며 레이저 또는 전자빔으로 재료를 녹여 어떤 각도에서도 고에너지 직접 조형이 가능한 방식이다.

 예상문제

3D프린팅 방식을 2010년 ASTM(미국재료시험학회)에서 적층가공기술을 7개의 카테고리로 분류하였다. 잘못 표현한 것은?

① VAT Photopolymerization(수지 광중합 방식)
② Material Jetting(재료 분사 방식)
③ Material Extrusion(재료 압출 방식)
④ Filament fusion(필라멘트 용융 방식)

해설

"ASTM F42 – Additive Manufacturing"에서 분류한 것은 VAT Photopolymerization(수지 광중합), Material Jetting(재료 분사), Binder Jetting(접착제 분사), Material Extrusion(재료 압출), Powder Bed Fusion(분말적층 용융), Sheet Lamination(판재 적층), Directed Energy Deposition(고에너지 직접조사) 등 방식으로 7개 카테고리로 분류하였다.

정답 ④

(1) VAT Photopolymerization(수지 광중합)

수조와 같은 용기에 담겨진 액체 광경화성 수지를 자외선(UV) 레이저 또는 빛을 사용하여 선택적으로 경화시켜 적층하는 방식으로 모델을 조형한다. 사용되는 재료는 자외선에 경화되는 액체의 고분자 수지들로 polypropylene-like, ABS-like, PC-like 또는 내구성이 우수한 재료들이 있으며 만들고자 하는 모델의 기능을 고려하여 재료를 선택하여 사용한다.

여기에 속하는 기술들은 SLA(Stereophotography), DLP(Direct Light Process) 그리고 최근에 3D프린팅 속도를 혁신적으로 발전시킨 CLIP(Continuous Liquid Interface Production)이 있다.

SLA 방식은 UV레이저를 사용하여 [그림 1-4]와 같이 광경화성 수지의 표면에 조사하여 수지를 경화시켜 한 층을 조형한 후 빌드 플랫폼을 정해진 높이만큼 수면 아래로 이동시키고 새로운 층을 조형하는 과정을 반복하며 모델을 조형한다. 특성상 빌드 플랫폼에 처음부터 모델을 조형하면 프린팅 완료 후에 완성된 조형물을 떼어 내는 데 어려움이 있기 때문에 플랫폼에서 일정 높이까지는 먼저 래프팅(Rafting) 한 후에 모델을 조형한다. 조형하는 모델의 구조상 지지대가 필요한 경우에는 사용하는 동일 액체 재료로 지지대를 조형한다.

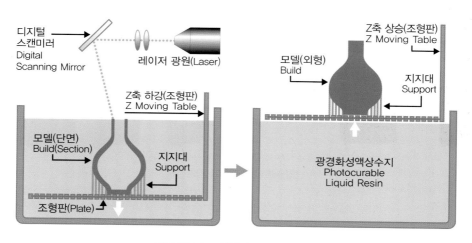

그림 1-4 SLA 방식의 3D프린팅 방법

DLP 방식은 [그림 1-5]에서처럼 모델을 슬라이싱하여 영화 필름의 한 컷과 같은 슬라이드를 레이저를 대신해 프로젝터로 조사하여 광경화성 수지를 경화시켜 한 층씩을 프린팅하여 모델을 완성한다. DLP 방식의 3D프린터를 [그림 1-6]에 나타내었다.

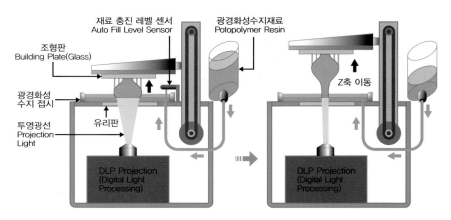

그림 1-5 DLP 방식의 3D프린팅 방법

그림 1-6 DLP 방식의 3D프린터

　CLIP은 DLP 방식으로 미국의 3D Carbon사가 개발한 3D프린터이다[그림 1-7]. 이 방식의 특징은 UV 빛이 통과하는 윈도가 산소가 통과할 수 있는 재료를 도입하여 광경화성 수지가 UV 빛을 받아도 고분자화되어 경화되지 않는 Dead Zone을 형성시켜 다른 방식의 프린터들과 비교하여 프린팅 속도를 획기적으로 단축하였으며, 적층 높이를 세분화할 수 있어 외벽에 적층된 층이 보이지 않는 좋은 품질의 출력물을 얻을 수 있다.

　[그림 1-8]과 같은 동일 모델을 다른 방식의 프린터들 SLA, SLS와 Polyjet과 출력시간을 비교한 결과 각각 11시간 30분, 3시간 30분, 3시간이었고, CLIP은 6분 30초로 상당한 차이를 나타내었다[그림 1-9].

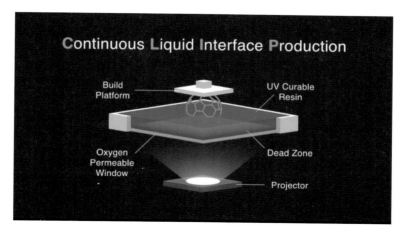

그림 1-7 CLIP 방식의 3D프린팅 방법

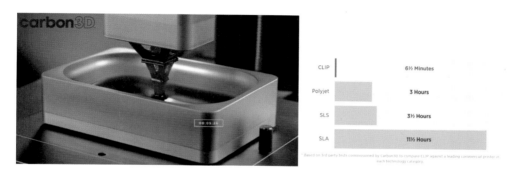

그림 1-8 CLIP 방식의 3D프린팅 시간 비교

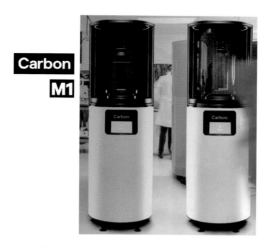

그림 1-9 Carbon 3D사의 CLIP 방식 3D프린터

다음 중 수지광중합(VAT Photopolymerization)방식에 속하지 않는 것은?

① SLA(Stereophotography)

② DLP(Direct Light Process)

③ CLIP(Continuous Liquid Interface Production)

④ SLS(Selective Laser Sintering)

해설

SLS 방식은 Powder Bed Fusion(분말적층 용융) 방식이다.

정답 ④

(2) Material Jetting(재료 분사)

2D 잉크젯 프린터처럼 액체 재료를 빌드 플랫폼에 선택적으로 분사하며 UV광으로 경화시켜 물체를 조형하는 방식이다. [그림 1-10]의 왼쪽 그림이다. 최소한 두 개의 재료를 사용하는데 하나는 모델을 조형하는 재료(Polypropylene, HDPE, PS, PMMA, PC, ABS, HIPS, EDP)이며, 다른 하나는 지지대를 만드는 데 사용하는 재료를 사용한다. 지지대로 사용되는 재료는 열을 가해 제거할 수 있는 왁스(Wax) 또는 물에 용해되는 폴리올(Polyol)을 사용한다.

Material Jetting 방식의 Polyjet, Multi-jet 프린터를 [그림 1-10]의 오른쪽 그림에 나타내었다. 대표적인 제조사는 Objet, 3D systems와 Stratasys가 있다. Objet사는 2012년 12월에 Stratasys와 합병되었다.

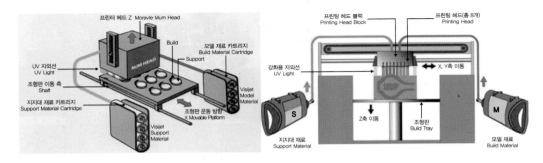

그림 1-10 MJ 방식의 3D프린팅 방법

최근에는 여러 재료를 복합적으로 사용하여 구현하고자 하는 모델에 원하는 물리적 특성과 full-color를 구현하여 더욱 실질적인 시제품을 만들 수 있는 3D프린터도 상용화되었다. [그림 1-11]은 MJ 방식의 3D프린터 장비이다.

그림 1-11 MJ 방식의 3D프린터(Stratasys & 3D systems 제품)

🎲 예상문제

2D 잉크젯 프린터처럼 액체 재료를 빌드 플랫폼에 선택적으로 분사하며 UV광으로 경화시켜 물체를 조형하는 방식으로 맞는 것은?

① Material Jetting(재료 분사) 방식
② Material Extrusion(재료 압출) 방식
③ Binder Jetting(접착제 분사) 방식
④ Directed Energy Deposition(고에너지 직접조사) 방식

해설
2D 잉크젯 프린터처럼 액체 재료를 빌드 플랫폼에 선택적으로 분사하며 UV광으로 경화시켜 물체를 조형하는 방식은 Material Jetting(재료 분사)방식을 말한다.

정답 ①

(3) Binder Jetting(접착제 분사)

인쇄 플랫폼에 일정한 높이의 파우더 재료 층을 만들고, 액상 접착제를 선택적으로 분사하여 재료를 접착시켜 [그림 1-12]처럼 모델을 조형하는 방식이다. 사용되는 재료는 파우더로 금속, 고분자, 세라믹 등을 사용한다. 피규어 제작에 사용되는 프린터는 접착제와 잉크를 선택적으로 분사하여 프린팅한다. BJ 방식의 3D컬러 프린터가 있다(Zcorp-Designmate).

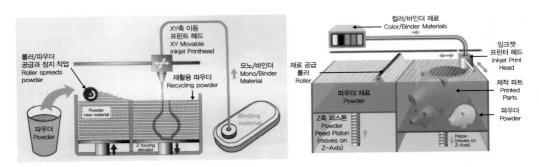

그림 1-12 모노 BJ 방식과 컬러 BJ 방식의 원리

이 기술에 속하는 프린터의 제조사는 3DSystems, Zcorp(2012년 1월 3DSystems사에 합병), Voxeljet, ExOne, EOS 등이 있다. [그림 1-13]은 3D프린터로 산업용 제품을 제작하는 공장의 예를 보여준다. 모래를 재료로 사용하여 주물용 사형을 만드는 공장이다.

그림 1-13 Send 3D프린터(Voxeljet Germany)

(4) Material Extrusion(재료 압출)

열에 용융되는 재료를 노즐을 통해 선택적으로 압출하여 적층하는 방식으로 모델을 조형한다. 일반적으로 FFF(Fused Filament Fabrication)으로 불리는데 더 친숙하게는 Stratasys의 상표인 FDM(-Fused Deposition Modeling)으로 잘 알려져 있다. 가정용 또는 취미용으로 사용하는 데스크 탑형의 저가의 3D프린터에 적용되는 일반적인 기술이다. 재료는 한 종류 또는 여러 종류를 복합 또는 개별적으로 사용할 수 있어 지지대 재료로 물에 녹는 Polyol을 사용할 수 있다. 사용되는 재료는 열가소성 고분자, ABS, Nylon, PC, PLA 등과 다른 재료들을 조합한 복합제품들이 있다. [그림 1-14]는 FDM 방식의 원리이다.

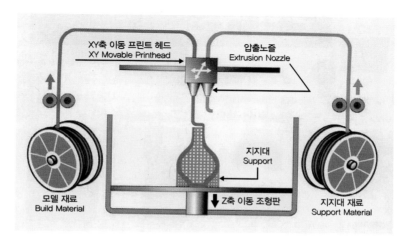

그림 1-14 FDM 방식의 3D프린팅 방법

이 방식의 프린터 제조사는 Stratasys, 3D Systems, Makerbot, Ultimaker 등이 있다[그림 1-15].

그림 1-15 FDM 방식의 프린터

예상문제

Material Extrusion(재료 압출)방식으로 맞는 것은?

① FDM
② SLA
③ DLP
④ SLS

해설
FDM 방식은 Material Extrusion(재료 압출) 방식이다. SLA와 DLP는 광중합 방식이고, SLS는 분말적층 용융 방식이다.

정답 ①

(5) Powder Bed Fusion(분말적층 용융)

파우더 재료를 레이저 또는 전자빔을 사용하여 녹이거나 용융시켜 적층하는 방식으로 모델을 조형한다. [그림 1-16] 방식의 기술은 Selective Laser Sintering(SLS), Selective Laser Melting(SLM), Direct Metal Laser Sintering(DMLS), Electron Beam Melting(EBM), Selective Heat Sintering(SHS)이 있다. 이 방식들은 프린팅 영역에 제한이 있고, 특성상 모델을 한 번에 적층할 수 있는 높이의 2D 도면으로 만들어 적층하여 모델을 프린팅한다. 사용되는 재료는 분말 형태의 고분자, 금속, 세라믹 등이 있다.

SHS 방식은 주로 금속과 고분자 Nylon을 재료로 활용하고 있으며 DMLS, SLS, SLM 방식은 Stainless Steel, Titainium, Aluminium, Cobalt Chrome, Steel 등의 분말 재료를 사용하고 EBM 방식은 Titanum, Cobalt Chrome, ss, al, copper 등의 재료를 사용한다.

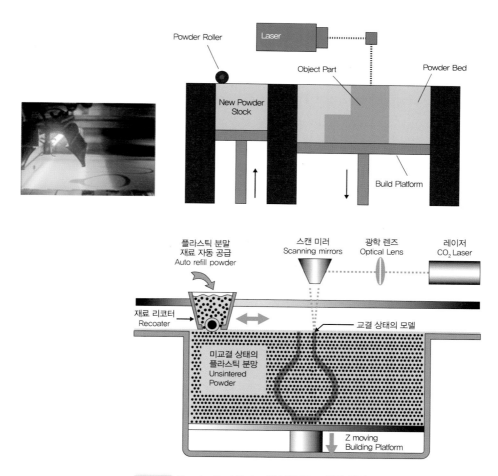

그림 1-16 Powder Bed Fusion 방식의 3D 프린팅 방법

Powder Bed Fusion(분말적층 용융)방식이 아닌 것은?

① Selective Laser Sintering(SLS) 방식

② Selective Laser Melting(SLM) 방식

③ Direct Metal Laser Sintering(DMLS) 방식

④ Stereophotography(SLA) 방식

해설
Stereophotography(SLA) 방식은 광중합 방식이다.

정답 ④

(6) Sheet Lamination(판재 적층)

필름 형태의 재료를 접착제, 열접착 또는 초음파 welding으로 적층하며 모델을 조형하는 방식 이다. [그림 1-17] 방식의 기술은 Ultrasonic Additive Manufacturing(UAM)과 Laminated Object Manufacturing(LOM)이 있다. 재료는 롤 형태로 만들 수 있는 종이 형태의 물질로 종이(접착제), 플라스틱(접착제 또는 열)과 금속(Welding 또는 bolts; ultrasonic AM)이다.

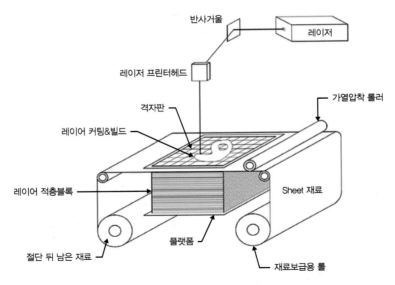

그림 1-17 Sheet Lamination 방식의 3D 프린팅 방법

이런 방식의 3D프린터는 Helisys사의 LOM-2030H, Mcor사의 Matrix 300+, IRIS와 Solidi-mension사의 SD300 등이 있다[그림 1-18].

그림 1-18 Sheet Lamination 방식의 3D프린터

(7) Directed Energy Deposition(고에너지 직접 조사)

이 기술은 'Laser Engineered Net Shaping, Directed Light Fabrication, Direct Metal Deposition, 3D Laser Cladding' 같은 기술을 통칭하는 용어이다. Material Extrusion과 비슷한 방식이지만 노즐이 4축 또는 5축 팔의 구조로 되어 있고 와이어 또는 분말 형태의 재료를 고정된 물체에 여러 방향으로 움직이며 레이저 또는 전자빔으로 재료를 녹여 어떤 각도에서도 [그림 1-19]처럼 직접 조형이 가능하다. 특정 부품에 새로운 기능을 부여하거나 파손된 부분을 수리하는 데 적합하다.

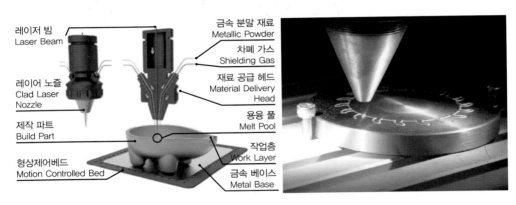

그림 1-19 Directed Energy Deposition 방식의 3D 프린팅 방법

금속을 재료로 사용하는 3D프린터는 출력물을 후가공하는 과정을 필요로 한다. 이 과정에서 출력물의 내부는 절삭공구의 접근이 어려워 가공이 어렵거나 불가능하다. 따라서 이런 일련의 과정을 한 장치에서 단계적으로 적층가공 중에 절삭을 진행하는 Direct Energy Deposition과 밀링이 융합된 Hybrid 형태의 프린터들도 있다. [그림 1-20]은 국내기업인 인스텍(Inss Tek)이 DED 방식의 독보적인 기술을 보유하고 있으며 세계적으로 기술력을 인정받고 있는 3D프린터이다.

그림 1-20 Direct Energy Deposition 방식의 3D프린터

[그림 1-21]은 Direct Energy Deposition 방식과 절삭가공(밀링)이 융합된 3D프린터 장비들을 보여주고 있다. 향후 메탈프린터 기술의 발전에 따라 이러한 하이브리드 타입의 3D프린터가 산업 현장에 필수장비가 될 것으로 예측된다.

LASERTEC 40 Shape

LASERTEC 45 Shape

LASERTEC 50 Shape

DMG MORI

LASERTEC 65 Shape

LASERTEC 80 Shape

LASERTEC 210 Shape

그림 1-21 Direct Energy Deposition 방식과 절삭가공(밀링)이 융합된 3D프린터

예상문제

국내기업 인스텍(Insstek)이 독보적으로 보유하고 있는 기술이다. 맞는 것은?

① Directed Energy Deposition(고에너지 직접조사) 방식
② Sheet Lamination(판재 적층) 방식
③ Powder Bed Fusion(분말적층 용용) 방식
④ Binder Jetting(접착제 분사) 방식

해설
국내기업 인스텍(Insstek)이 독보적으로 보유하고 있는 기술은 Directed Energy Deposition(고에너지 직접조사) 방식이다.

정답 ①

2. 3D 프린팅 적용 분야

3D프린팅 기술이 적용되는 분야는 초창기에 RP(Rapid Prototyping)로 불리며 디자인이나 기능성을 검토하기 위한 시제품제작을 중심으로 한 개념이었다. 최근에는 실제 사용가능한 제품을 제조하는 AM(Additive Manufacturing) 방식으로 발달되면서 3D프린팅 기술의 적용 분야가 제조산업과 우주산업까지 무한대로 넓어지고 있다. 특히 의료분야와 패션분야, 음식분야 등은 새로운 재료의 개발로 인해 하루가 다르게 발전하고 있다.

3D프린팅 기술이 적용되는 분야는 제조산업과 의료산업, 교육 분야 등에 폭넓게 적용되고 있으며 대표적인 적용사례를 중심으로 살펴보고자 한다.

1) 제조산업 분야 적용

(1) 자동차 분야

외국에서는 기존 자동차에 비해 부품수가 간단한 전기자동차 분야에서 직접 생산에 적용하고 있다. [그림 1-22]와 같이 2010년 Stratasys와 캐나다 Kor Ecologic사 합작품으로 3D프린팅 기술로 탄생한 최초의 자동차 "어비(Urbee)"를 선보이기도 했으며 자동차용 부품이나 조립용 픽스처, 지그 등을 제작하여 활용한다.

그림 1-22 Urbee

그림 1-23 Strati

[그림 1-23]은 미국 로컬모터스가 전기자동차를 개발하면서 자동차부품 수를 50여 개 정도로 줄여서 만든 자동차(스트라티: Strati)로서, 바디와 섀시를 3D프린터로 출력했다.

국내자동차 기업에서도 대우자동차에서 최초로 구입해서 활용하였으며 1990년대 말부터 국내 자동차생산 모든 업체가 3D프린터를 적용시켜 신제품 개발과 시제품 제작, 디자인 검증을 위해 활용하고 있다. 현재는 자동차 관련 협력업체에서도 자동차의 인테리어 부품과 익스테리어 부품 개발용으로 많이 활용되고 있으며 3D프린팅 제품을 부속품으로 직접 활용하는 수량이 점점 확대되고 있는 추세이다[그림 1-24].

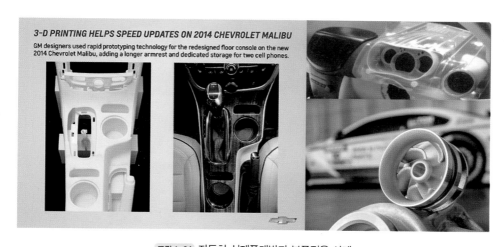

그림 1-24 자동차 신제품개발과 부품적용 사례

3D프린팅 기술로 처음 제작한 자동차는?

① Urbee(어비) ② Strati(스트라티) ③ Sulsa(설사) ④ Eco(에코)

해설

3D프린팅 기술로 처음 제작한 자동차는 2010년 Stratasys와 캐나다 Kor Ecologic사 합작품인 "Urbee(어비)"가 최초이다.

정답 ①

(2) 주얼리 분야

주얼리 분야는 왁스소재를 활용하여 3D프린팅 후 제작하고자 하는 금, 은 등의 재료를 주물제품이나 다이캐스팅 주조법에 의해서 제작하고 후처리하여 사용하거나 골드전용 3D프린터로 제작하는 경우도 있다. [그림 1-25]는 3D프린팅된 왁스제품과 후처리된 제품들을 다양하게 보여 주고 있다.

그림 1-25 주얼리 3D프린팅 제품과 실리콘 주형

[그림 1-26]은 왁스재료로 출력되고 있는 사진과 출력결과물을 나타내고 있으며, 반지의 경우 후처리까지 마무리된 완성품이다.

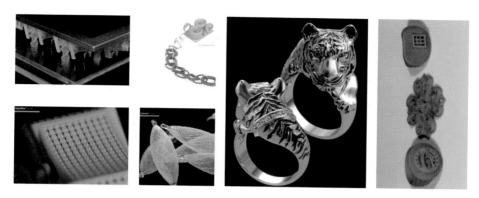

그림 1-26 출력물과 완성품 샘플

⬡ 예상문제

제조산업 분야 중 3D프린터 적용 분야가 아닌 것은?

① 자동차 분야
② 주얼리 분야
③ 건축 분야
④ 치공구 분야

해설

제조산업 분야 중 3D프린터 적용 분야는 자동차, 주얼리, 건축, 패션, 캐릭터, 시제품, 우주항공 분야 등이 있다. 현재는 강도가 높은 치공구 분야까지 적용하지 않는다.

정답 ④

(3) 건축 분야

건축 분야는 [그림 1-27]과 같이 건축디자인 컨셉용으로 많이 활용되고 있으며 필요에 따라 직접 대형 3D프린터를 설치하여 집을 건축하기도 한다.

그림 1-27 건축디자인 컨셉용과 모델하우스 3D프린팅 출력 제품

(4) 패션 분야

패션 분야는 2013년 이후 각종 패션쇼에서 3D프린팅 의상을 입은 모델들이 등장했으며 맞춤형 여성용 언더웨어를 선보이기도 했다. 다음 [그림 1-28]은 각각 2013년 파리 패션쇼에서 선보인 사진과 여성용 맞춤형 언더웨어 모습이다. 향후 섬유관련 재료가 개발된다면 의류 제작에 있어서도 큰 변화가 예상된다.

그림 1-28 파리 패션쇼에서 선보인 3D프린팅 의상과 여성용 언더웨어 3D프린팅 제품

(5) 캐릭터 분야

캐릭터 분야는 최근 들어서 각종 인터넷 게임과 만화영화 등의 주인공에 대한 선호도에 따라 시리즈별로 수집하는 매니아층이 생겨나면서 시장이 점점 커져가고 있으며, 3D프린터의 발달로 인해 개인별 주문제작 스타일로 변화하고 있다. [그림 1-29]는 3D프린터로 제작한 캐릭터이며 [그림 1-30]은 후처리 중인 캐릭터 모습이다.

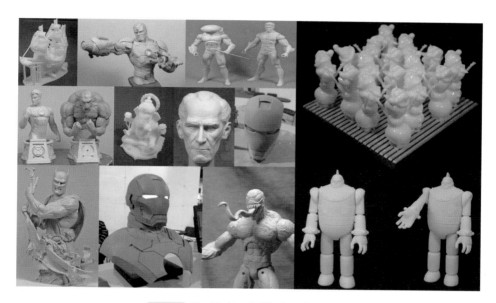

그림 1-29 3D프린터로 제작한 각종 캐릭터 제품

그림 1-30 후처리 중인 캐릭터

(6) 토이 분야

3D 프린팅으로 제작되는 토이제품은 아트토이와 스마트토이로 구분되며, 최근에는 ㈜HDC와 Digital Hands에서 SLS 3D프린터로 하프토이를 제작하여 새로운 비즈니스를 창출하고 있다.

✚ 용어해설

– 아트토이(Art Toy) : "플랫폼토이", "디자이너토이"라고 하며 수집하는 장난감을 뜻함 [그림 1–31]
– 스마트토이(Smart Toy) : 마이크로프로세싱 칩과 센서 등이 내장되어 여러 가지 기능을 갖는 장난감을 뜻함
– 하프토이(Half Toy) : 동물장난감을 반으로 나누어 조립할 수 있도록 하고 동물의 내장 기능과 뼈구조를 알아볼 수 있도록 설계한 교육용 장난감을 뜻함 [그림 1–32]

Mickey brake time

NBA brake time

그림 1-31 아트토이(이찬우 작가 작품)

하프토이 Trex

하프토이 Trex2

하프토이 Lion

그림 1-32 하프토이(장석윤 작가 제품)

스마트토이(Smart Toy)는 3D프린팅과 IOT, ICT가 결합된 융합상품으로 발전 가능성이 풍부한 분야이다. 센서로 물체와 소리에 반응하며 아두이노를 활용한 기능 확장 등 향후 인공지능 기능과 함께 인간과 교감할 수 있는 스마트토이가 예상된다.

🎲 예상문제

스마트토이에 대한 설명이다. 올바르게 설명한 것은?

① 플랫폼토이, 디자이너토이라고도 하며 수집하는 장난감을 뜻함
② 마이크로프로세싱 칩과 센서 등이 내장되어 여러 가지 기능을 갖는 장난감을 뜻함
③ 동물의 내장 기능과 뼈구조를 알아볼 수 있도록 설계한 교육용 장난감을 뜻함
④ 외형 모습을 귀엽게 만든 장난감을 뜻함

해설
스마트토이(Smart Toy)는 마이크로프로세싱 칩과 센서, AI, IOT 등이 내장되어 여러 가지 기능을 갖는 장난감을 뜻함

정답 ②

(7) 시제품 분야

시제품 분야는 전통적으로 기계가공과 수가공을 거쳐 도장하고 부품을 조립해서 마무리 하는 순서로 디자인 목업이나 워킹 목업이 제작되어 왔으나 3D 프린팅의 기술이 발전하면서 3D 프린팅 제품을 후처리하는 것으로 완성된 시제품을 만들 수 있게 되었으며, 부품에 따라 재료의 강도와 특성에 따라 부속품으로 즉시 사용하는 경우가 점점 더 많아지고 있다. [그림 1-33]은 산업용으로 적용되고 있는 3D프린팅 제품들이다. [그림 1-34]는 EOS장비로 출력한 플라스틱 자전거와 메탈 자전거이다.

그림 1-33 3D기구설계에 의한 3D프린팅 제품

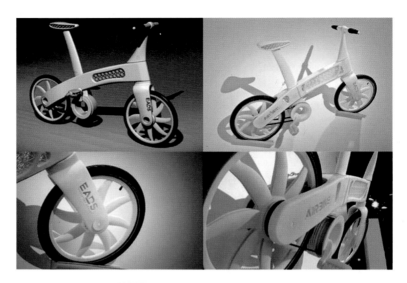

그림 1-34 산업용 3D프린터로 출력한 자전거

예상문제

워킹 목업에 대한 설명이다. 올바른 것은?

① 실제품과 같이 모든 기능을 구현할 수 있는 시제품을 말한다.
② 실제품의 모든 부품을 별도로 제작해 놓은 것을 말한다.
③ 실제품과 같은 모형을 제작하는 것을 말한다.
④ 디자인 목업을 다르게 표현한 것이다.

해설

실제품과 같이 모든 기능을 구현할 수 있는 작동이 가능한 시제품을 말하며 최근에는 비금속 분야뿐만 아니라 금속 3D프린터를 활용한 워킹 목업을 제작하고 있다.

정답 ①

(8) 항공산업 분야

항공산업 분야에는 이미 항공기의 보디 재료인 티타늄 재료를 활용한 항공기 부품 등을 제작해서 사용하고 있다. [그림 1-35]와 같이 독일EOS의 DMLS기술을 사용하고 코발트크롬 MP1 재료로 가공한 제트엔진의 연료분사시스템을 조립없는 하나의 부품으로 제작하여 사용하고 있다. [그림 1-36]은 SLS 방식의 3D프린터로 플라스틱 재료를 사용하여 내부 인테리어용으로 항공기 에어덕트 부품을 3D프린팅해서 직접 부품으로 사용하고 있다.

그림 1-35 연료분사 시스템

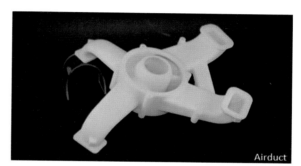

그림 1-36 에어덕트

[그림1-37]은 Southampton대학과 3T RPD에서 3D프린터를 활용하여 부품을 생산하는 방식으로 개발해서 시험비행 성공시킨 SULSA라는 무인 항공기이다.

그림 1-37 3D 프린팅된 무인 항공기

SLS 방식의 3D프린터를 설명한 것이다. 틀린 것은?

① 분말기반의 재료를 사용하는 3D프린터이다.
② 분말재료를 선택적으로 용융시키는 3D프린터이다.
③ 금속, 비금속 분말을 사용하는 3D프린터이다.
④ 필라멘트 같은 솔리드 타입의 재료를 사용하는 3D프린터이다.

해설
필라멘트 같은 솔리드 타입의 재료를 사용하는 3D프린터는 FDM(FFF) 방식의 3D프린터를 말한다.

정답 ④

(9) 우주산업 분야

우주산업 분야는 인공위성을 제작하는 과정에 3D 프린팅 제품을 [그림 1-38]과 같이 부품제작에 직접 활용하고 있으며 [그림 1-39]와 같이 현재 EOS 등 메탈 3D프린터에서 스테인리스 스틸, 니켈합금, 코발트크롬 합금, 티타늄 등의 재료로 출력하여 사용하고 있다.

그림 1-38 케이스 및 팬 출력

그림 1-39 코발트크롬 부품 출력

아래 [그림 1-40]은 인공위성과 항공기로부터 위성을 보호하기 위하여 브라켓을 설치하여 사용하는 것으로 티타늄 재료를 활용한 3D프린팅 제품을 직접 적용한 것이다. [그림 1-41]은 소형가스 터빈에 사용되는 터빈 휠을 니켈합금 소재를 활용하여 3D프린터로 출력해서 사용한 것이다. 일반적인 가공작업을 통해서는 12주 만에 제작할 수밖에 없는 부품을 2~3일 내로 생산이 가능하게 되었다. 제작공정 시간도 많은 절약이 되지만 고가인 장비의 부품을 메탈 3D프린터로 제작한다면 부품에 따라 차이가 있을 수 있으나 일반적으로 80% 정도의 원가 절감효과가 있기 때문에 향후 사용 빈도가 많을 것으로 예상된다.

2016년 9월 미국의 최대 제조업체 제너럴일렉트릭(GE)이 14억 달러를 투자하여 3D 메탈프린터 분야에서 세계적인 스웨덴 아르캠(Arcam)과 독일 SLM솔루션 업체 2곳을 인수하였으며 항공기 부품과 우주산업 분야의 핵심 부품을 직접 생산함에 따라 다른 분야의 제조업으로의 발전이 기대된다.

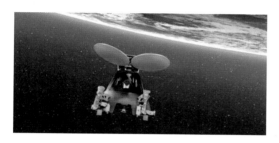

그림 1-40 티타늄 브라켓 설치한 위성

그림 1-41 니켈합금 터빈 휠 출력

2) 의료산업 분야 적용

3D프린팅은 의학 분야에서도 3D프린팅 기술과 3D스캐닝 기술을 접목시켜서 하루가 다르게 발전하고 있으며 소재개발에 따라 의학전공 분야별로 새로운 공법과 시술이 이루어지고 있으며 CT와 MRA사진을 미믹스(Mimics)라는 소프트웨어를 이용해서 STL 파일로 변환할 수가 있게 됨으로써 3D프린팅 작업이 한층 더 원활하게 이루어지고 있다. 특히 대학병원에서 외과적 수술을 하기 전에 3D프린터로 출력된 모형을 이용하여 수술 시뮬레이션을 하는 것이 일반적으로 이루어지고 있다. 교육적 측면에서 최근 일부 유명 의과대학에서 의대생 실습을 위하여 3D 프린팅된 신체 장기 모형이 수술 실습용으로 활용되고 있다.

(1) 신체복원 분야

손이나 다리가 절단된 부분을 맞춤형으로 3D 스캐닝하여 사용자에게 꼭 맞는 의수와 의족을 프린팅할 수 있다. [그림 1-42]는 의수와 의족을 3D 프린팅하여 제작한 것이다.

그림 1-42 3D프린팅으로 제작한 의수와 의족

의료용 모형이나 두개골 보형물 등을 프린팅하여 활용할 수 있다. [그림 1-43]은 의료모형 심장과 두개골 보형물을 프린팅한 것이다.

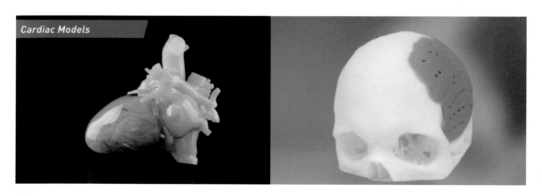

그림 1-43 3D프린팅으로 제작한 심장모형과 두개골 보형물 모형

[그림 1-44]는 3D프린터로 제작한 여러 가지의 장기와 골격 구조물이다.

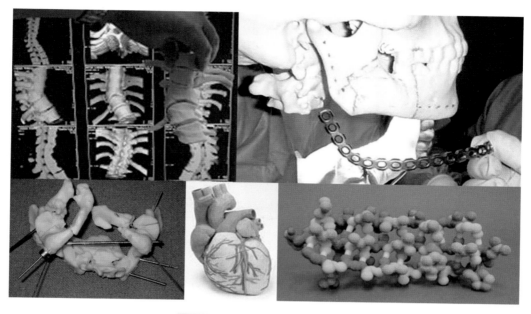

그림 1-44 3D프린팅한 장기와 골격구조물

예상문제

3D프린팅은 의학 분야에서도 3D프린팅 기술과 3D스캐닝 기술을 접목시켜서 하루가 다르게 발전하고 있다. 다음은 의료 분야에 적용되고 있는 분야를 나열한 것이다. 적당하지 않은 것은?

① 신체복원 분야(손, 다리 절단 부분, 의수, 의족 등)
② 치과 분야(치구, 치형, 틀니모형 등)
③ 이식수술 분야(두개골함몰 부분, 골반, 척추 대체 등)
④ 외과수술에 적용(심장이식, 혈관수술 등)

해설

외과수술에 적용은 하고 있으나 바이오 3D프린팅에 의한 심장이식이나 간 등 장기이식 수술까지는 아직 진행을 못하고 있으며 현재 3D프린터로 제작된 혈관을 이용한 수술은 독일에서 성공하여 점점 확산되고 있는 추세이다.

정답 ④

(2) 치과 분야

치과 분야는 환자별 3D스캐닝 데이터를 활용해서 맞춤형 보형물을 3D프린팅으로 제작하여 사용하고 있으며 [그림 1-45]는 여러 형태의 치과용 출력물이다.

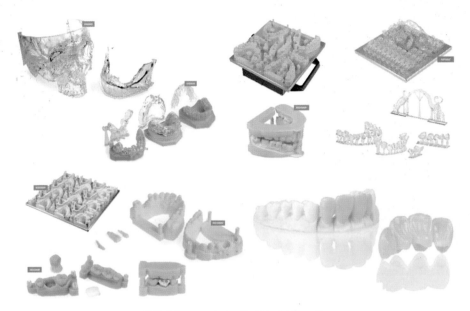

그림 1-45 3D프린터로 출력한 치과용 보형물

(3) 이식수술 분야

이식수술 분야는 [그림 1-46]과 같이 안면이식이나 신체 일부분을 3D스캐닝한 데이터로 신체에 거부반응이 없는 재료를 활용하여 3D프린팅된 보형물을 삽입하여 수술하거나 골반뼈나 척추 등의 보조물로 개발되고 있으며 계속적인 발전이 이루어질 것으로 예상된다.

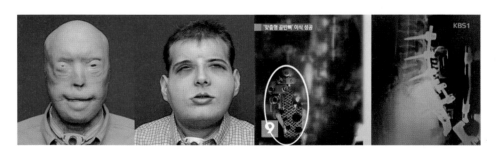

그림 1-46 안면이식 모습과 골반, 척추뼈 이식 모습

[그림 1-47]은 티타늄으로 제작된 왼쪽 골반뼈 대체물로 제작된 3D프린팅 보형물은 오른쪽 골반 뼈와 무게가 동일하게 제작되어 좌우 균형이 맞고 앉았을 때 상체의 무게를 충분히 지탱할 수 있도록 여러 번의 3D프린터 출력 과정을 거쳤다고 한다. 고강도의 가벼운 골반뼈를 제작하기 위해 중앙을 비운 그물망 구조로 입체 설계한 뒤에 티타늄 소재로 3D 프린팅하여 무게를 40% 절감하였다고 한다. 이렇게 의학 분야에서는 오늘도 새로운 소재개발과 함께 3D프린팅과 3D스캐닝이 접목된 의학기술이 발전하고 있다.

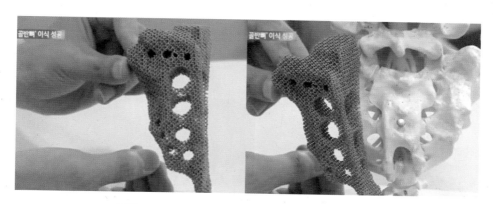

그림 1-47 티타늄 재료로 프린팅된 골반뼈와 이식하기 전 모습

[그림 1-47]은 골반뼈 이식 전의 모습이며 [그림 1-46]의 우측사진은 골반뼈가 이식에 성공한 사진을 보여주고 있다.

3) 기타 분야 적용

(1) 조명 분야

조명분야는 3D프린팅 출현으로 인해 혁신적인 제품들이 나올 수 있는 토대가 만들어졌다고 해도 과언이 아닐 것이다. 기존 제작 방법으로 불가능했던 부분들이 가능해짐은 물론 각종 재료를 활용할 수 있도록 새로운 재료가 개발되고 있어서 많은 발전이 기대되는 분야이다. [그림 1-48]은 3D프린팅에 의해 제작된 조명작품들이다.

그림 1-48 3D프린팅으로 제작된 각종 조명

기존 제작 방법으로 불가능했던 부분들이 가능해짐은 물론 각종 재료를 활용할 수 있도록 새로운 재료가 개발되고 있어서 많은 발전이 기대되는 분야이다. 가장 적합한 것은?

① 조명 분야
② 비즈니스 분야
③ 푸드프린팅 분야
④ 건축 분야

해설

조명 분야는 3D프린팅 출현으로 인해 혁신적인 제품들이 나올 수 있는 토대가 만들어졌다고 해도 과언이 아닐 것이다. 기존 제작 방법으로 불가능했던 부분들이 가능해짐은 물론 각종 재료를 활용할 수 있도록 새로운 재료가 개발되고 있어서 많은 발전이 기대되는 분야이다.

정답 ①

(2) 비즈니스 분야

3D프린터 무인단말기(PieceMaker 설치운영 중): PieceMaker Technologies사가 제작한 피스 메이커는 듀얼 익스트루더를 갖춘 렙랩(RepRap) 기반의 3D프린터에 자동판매 시스템을 갖춘 무인 단말기로 미국 펜실베니아주에 위치한 토이스토어(Playthings Etc)에서 운영 중이다. [그림 1-49]와 같이 사용자는 기기에 미리 저장되어 있는 150여 가지의 3D모델 중에서 원하는 모델을 선택하고 컬러나 크기 등을 원하는 대로 수정하여 3D프린팅할 수 있으며 출력은 20여 분 정도 소요되며 비용은 약 5달러 정도이다.

그림 1-49 피스메이커 단말기와 출력샘플. 가공 모습

(3) 푸드 프린팅 분야

푸드 프린터로 쿠키나 초콜릿, 아이스크림 등을 출력할 수 있다. [그림 1-50]은 3D systems의 셰이프 젯(Shape Jet) 3D프린터로 제작한 디저트와 웨딩 케이크를 제작한 것이다.

그림 1-50 셰이프 젯 3D프린터로 출력한 디저트와 웨딩케이크

4) 3D프린팅 사용재료

기존 3D프린터에서는 합성수지를 주로 사용하여 왔으나 최근에는 금속, 세라믹, 바이오, 나무, 음식, 시멘트, 고무, 고기 등 수많은 재료들이 개발되고 있으며 오늘도 새로운 재료가 개발되고 있을 것이다. 이처럼 3D프린팅 산업과 재료의 개발 분야가 점차적으로 확대가 되고 있는 추세이다. 사용재료는 분말 기반형, 고체 기반형, 액체 기반형으로 분류된다.

(1) 분말 기반형

분말 기반형은 미세한 플라스틱 분말(파우더: 엔지니어링 플라스틱), 모래, 금속 분말, 세라믹 분말 등을 가열하거나 레이저로 소결시켜 3D형상을 만드는 것이 일반적인 방법이다. 분말 타입 중 컬러 프린팅 소재는 분말을 CMYK잉크와 접착제 성분이 혼합된 액체로 결합시켜 컬러 프린팅을 한 후 경화 처리한다.

(2) 고체 기반형

고체 기반형은 와이어나 필라멘트처럼 열가소성 재료에 열을 가하여 녹인 다음 노즐을 통해 압출시켜 적층하는 방법으로 FDM 방식이 대표적이다.

(3) 액체 기반형

액체 기반형은 레이저나 강한 UV광선을 고형화시킬 부분에 투과시켜서 순간적으로 액화재료를 경화시켜서 3D형상을 적층하는 방식이다. [그림 1-51]은 3D 프린팅이 가능한 재료와 샘플을 정리한 것이다.

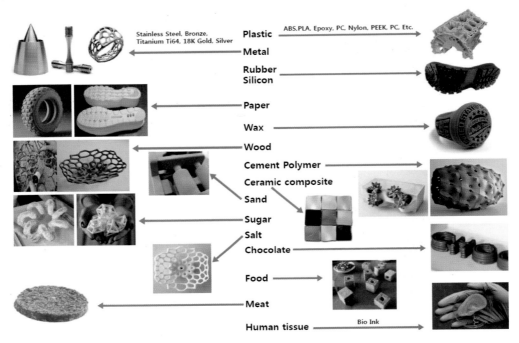

그림 1-51 프린팅이 가능한 재료와 샘플

3D프린팅 사용 재료는 크게 3가지 유형으로 분류된다. 아닌 것은?

① 분말 기반형
② 고체 기반형
③ 액체 기반형
④ 하이브리드 기반형

> **해설**

기존 3D프린터에서는 합성수지를 주로 사용하여 왔으나 최근에는 금속, 세라믹, 바이오, 나무, 음식, 시멘트, 고무, 고기 등 수많은 재료들이 개발되고 있으며 오늘도 새로운 재료가 개발되고 있을 것이다. 이처럼 3D프린팅 산업과 재료의 개발 분야가 점차적으로 확대가 되고 있는 추세이다. 사용재료는 분말 기반형, 고체 기반형, 액체 기반형으로 분류된다.

정답 ④

3D프린팅이 가능한 재료와 샘플을 정리한 것이다. 아닌 것은?

① 플라스틱
② 종이
③ 운석
④ 기름

> **해설**

3D프린팅이 가능한 재료는 플라스틱, 금속, 고무, 종이, 왁스, 나무, 시멘트, 모래, 설탕, 운석, 초콜릿, 음식, 고기 등이 있으나 기름이나 물 등은 3D프린팅으로 현재는 불가하다.

정답 ④

Chapter
02 스캐너 결정

4차 산업혁명의 핵심 키워드인 융합과 협업의 최일선인 제조업 현장에서 3D프린팅, 3D모델링, 3D스캐닝의 필요성 증가로 인해 3D스캐너 시장이 급격히 성장하고 있으며 정밀도 향상, 제조시간 단축 및 비용절감을 위해 다양한 산업에서 3D스캐너가 적극 활용되고 있다. 일반적으로 3D스캐너는 도면이 없는 제품이나 문화재 등 복잡한 형상을 복원(역설계)하기 위한 수단으로 사용되어 왔으나 최근에는 주문식 생산 방식에 의한 수요가 급증하면서 신체 일부분 등 초소형 부품부터 항공기, 플랜트, 건축물과 같은 초대형 대상에 이르기까지 3D스캐너 활용의 확장성은 높아지고 있으며, 최근 치과보철 및 의족·의수 등 의료 분야에까지 3D프린터와 함께 적용하는 추세이다. 여기서는 3D프린터 운용기능사 출제기준을 중심으로 3D스캐너의 개념과 종류 그리고 대상물스캔 방법과 스캔데이터 보정 방법 등에 대해서 알아보고자 한다.

📦 예상문제

도면이 없는 것을 역설계를 통하여 3D데이터를 생성할 때 사용하는 기술은?

① 3D프린팅
② 3D모델링
③ 3D스캐닝
④ 3D랜더링

해설

3D스캐닝 기술은 도면이 없는 제품이나 문화재 등 복잡한 형상을 복원(역설계)하기 위한 수단으로 사용되어 왔으나 최근에는 주문식 생산 방식에 의한 수요가 급증하면서 신체 일부분 등 초소형 부품부터 항공기, 플랜트, 건축물과 같은 초대형 대상에 이르기까지 3D스캐너 활용의 확장성은 높아지고 있으며, 최근 치과보철 및 의족·의수 등 의료 분야에까지 3D프린터와 함께 적용하는 추세이다.

정답 ③

1) 3D스캐너의 개념

3D스캐너란 대상물체의 3차원 형상정보를 획득하여 디지털화하고 용도에 맞게 분석 · 가공할 수 있도록 대상물체의 크기, 형태, 색깔, 깊이 정보를 획득 · 제공하고 도와주는 장치이다. 이러한 작업을 통해 얻어진 3차원 좌표 X, Y, Z값을 3D스캐닝 데이터라고 한다. 3D스캐닝 데이터를 활용하여 3D프린팅이 가능하다. 또한 편집 프로그램 등을 통하여 여러 프로그램에서 활용할 수 있도록 변환할 수 있다. [그림 1-52]는 3D스캐닝 프로세스를 표현한 것이다.

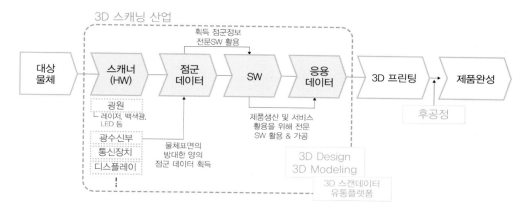

- 3D스캐너는 광원, 광수신부, 통신장치, 디스플레이 등으로 구성된 하드웨어와 데이터를 분석·가공하는 소프트웨어로 구성되며, 대상 물체에 대한 완벽한 3D 입체정보를 얻기 위해 여러 각도에서의 측정이 필요함
- 3D스캐너는 카메라가 피사체의 표면정보만 얻는 것처럼 주로 물체의 표면정보(x, y)와, 색상 정보를 취득하고, 깊이정보(z)까지 획득하여 표면으로부터 기하정보(x, y, z)가 샘플링된 점군(Point Cloud)을 형성함
- 측정된 스캐닝 이미지를 하나의 좌표계로 합친 후 정렬된 여러 데이터를 하나의 데이터 나타내어 3D모델링 데이터를 생성함으로써 다양한 산업군에 활용 가능함

그림 1-52 3D스캐닝 프로세스

2) 3D스캐너의 종류

현재까지 다양한 산업 분야에서 CMM(Coordinate Measuring Machine)이라는 접촉식 3차원 측정기를 이용하여 대상물의 형상정보를 얻고 있으나, 물체의 표면 위치를 검출할 수 있는 Probe를 접촉 이동하여 측정하기 때문에 물체에 손상을 줄 수 있고 속도가 느려 비접촉 방식의 3D스캐너가 대체 솔루션으로 급부상하고 있다.

예상문제

3D스캐너는 하드웨어와 소프트웨어로 구성되어 있다. 다음 중 하드웨어가 아닌 것은?

① 광원
② 광수신부
③ 분석 및 가공 툴
④ 디스플레이

해설
3D스캐너는 광원, 광수신부, 통신장치, 디스플레이 등으로 구성된 하드웨어와 데이터를 분석·가공하는 소프트웨어로 구성된다.

정답   ③

✚ TIP

접촉식으로 형상정보를 얻는 CMM은 정밀도는 매우 우수하나 공간 및 크기 제한이 있고, 비접촉식 측정기인 3D스캐너는 대상물의 크기제한이 없이 신속한 측정이 가능하나 CMM보다 정확성이 낮다. [표 1-3]은 CMM과 3D스캐너와의 비교를 나타낸 것이다.

표 1-3 CMM과 3D스캐너와의 비교

	CMM(Coordinate Measuring Machine)	**3D스캐너**
장점	· 측정 정확도 및 정밀도 우수 · 오랜 시간 정립된 운영 프로세스 · 제품 안정성 우수	· 고밀도 점군 생성 · 한 번 촬영에 최대 약 600만 점군 생성 · 빠른 측정 속도(한 번 촬영에 최대 약 0.97초) · 이동성, 및 휴대성, 사용편의성 · 측정 대상물의 크기 제한이 없음 · 폭 넓은 활용분야

단점	· 매우 느린 측정 속도 · 복잡한 측정 준비작업 요구 · 전문가만 운영 가능 · 향온/향습 시설 등 독립된 공간 필요 · 한 번 설치 이후 이동이 불가능 · 측정 대상물의 크기가 제한됨	· CMM에 비해 상대적으로 낮은 정확도 · 동일 측정 정확도 수준인 경우 CMM 대비 상대적으로 높은 가격

🔧 TIP

3D스캐닝 방법에 따라 접촉식 방법과 비접촉식으로 구분할 수 있으며 비접촉식 3D스캐너는 대상물의 측정 거리에 따라 다양한 측정기술이 적용되고 있으며, 측정기술에 따라 3D스캐너가 분류되고 있다. [표 1–4]는 측정 방식에 따른 3D스캐너의 분류를 비교한 것이다.

표 1–4 측정 방식에 따른 3D스캐너의 분류

분류	스캔 기본방식	방식별 스캐너	측정방식
접촉식 방식	접촉식 3D스캐닝	CMM (Coordinate Measuring Machine)	Touch Prove를 이용한 Encoding 방식
비접촉식 방식	장거리 비접촉식 3D스캐닝	레이저방식 3D스캐너	TOF(Time of Flight) 방식
			Phase–shift 방식
			Online Waveform Analysis 방식
	단거리 비접촉식 3D스캐닝	레이저방식 3D스캐너	광 삼각법 방식
		광학방식 3D스캐너	백색광 방식
			변조광 방식
		PHOTO, 광학방식 3D스캐너	Hansheld Real Time 방식
		광학방식, 레이저방식[전신스캐너]	Pattern Projection 방식
			Line Scanning 방식
	중 단거리 비접촉식 3D스캐닝	사진방식 스캐너	Photogrammetry 방식
		Real Time 스캐너	Kinect Fusion 방식

측정 방식에 따른 3D스캐너의 분류는 접촉식 방법과 비접촉식으로 구분할 수 있다. 다음 중 접촉식 방식의 스캐너는?

① CMM
② 레이저 방식 3D스캐너
③ 광학 방식 3D스캐너
④ 사진 방식 스캐너

해설
접촉식 방법으로 대표적인 것이 CMM(Coodinate Measuring Machine) 방식이다. 비접촉식 방식으로 레이저 방식, 광학 방식, 사진 방식 등이 있다.

정답 ①

(1) 접촉식 3D스캐너

3차원측정기로 불려지는 CMM(Coordinative Measuring Machine) 방식의 스캐너로서 터치 프로브(Touch Prove)를 측정 부위에 직접 터치해서 측정하기 때문에 피측정물에 변형이나 손상을 줄 수 있으며 측정 속도가 매우 느리다.

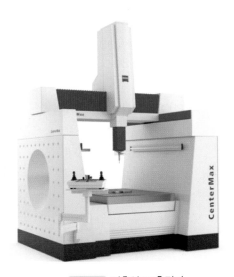

그림 1-53 접촉식 3D측정기

(2) 비접촉식 3D스캐너

비접촉식 3D스캐너는 광원으로 레이저와 백색광을 사용하고 있으며, 최근 들어 블루라이트를 활용한 핸드헬드용 스캐너 등이 등장하고 있다. 레이저 스캐너는 점, 선의 형태로 빛을 반사시켜 거리를 측정하는 방식이고 백색광 스캐너는 모아레 방식과 패턴 프로젝션 방식을 통해 데이터를 획득한다. 블루라이트 스캐너는 스캐너 종류에서 보충 설명하고자 한다. [표 1-5]는 3D스캐너의 광원에 따른 특징을 비교한 것이다.

※모아레 방식 : 모아레(moire) 무늬를 이용하여 표면 변형의 분포를 측정하는 방법으로 재료 표면에 격자(格子)를 프린트하고 변형 후 그 위에 참고 격자를 겹쳐서 2차원적인 변형 분포를 알 수 있는 방식

표 1-5 3D스캐너의 광원에 따른 특징

분류	레이저스캐너	백색광스캐너
스캐닝		
방식	Laser Point, Slit Beam을 이용한 광삼각법	광강도, 광삼각법
범위	가장 널리 사용, 다양한 솔루션 개발	기술력향상과 함께 정확도도 향상되어 사용 범위가 점차 넓어짐
단점	측정속도, 고정확도 센서의 경우 부착하여 사용하므로 대상물 크기제한	외부 광간섭, 측정물 표면 난반사 영향
광원	다양한 레이저 광원 활용	백색광의 할로겐 램프 / LED 이용
편의성	손 쉬운 사용 편의성, 고속컬러 데이터 획득	대상물에 따라 다양한 측정 영역
정확성	정확도 저하(50 ~ 100 미크론)	정확도 향상(10 미크론)
활용	건물, 교량, 댐 등 거대형상 사물 등	정밀 스캐닝, 품질검사 등

비접촉식 3D스캐너는 광원으로 레이저와 백색광을 사용하고 있으며, 최근 들어 블루라이트를 활용한 스캐너가 등장하고 있는데 블루라이트를 사용하는 스캐너 명칭을 올바르게 표현한 것은?

① 핸드헬드용 스캐너　　　　　② 모아레 방식용 스캐너
③ 백색광용 스캐너　　　　　　④ 프로젝션 방식용 스캐너

해설
최근 들어 블루라이트를 활용한 핸드헬드용 스캐너 등이 등장하고 있다.

정답　①

---

① TOF(Time of Flight) 방식 3D스캐너

TOF 방식 스캐너는 장거리 측정기로서 레인지 파인더(Range Finder or Laser Range Finder) 빛을 표면에 조사하여 돌아오는 시간 측정하며 주로 토목측정이나 건물 등 대형물 측정에 활용되고 있으며 광원은 주로 레이저를 이용하며 한 방향의 거리만 측정할 수 있으므로 TOF 3D스캐너는 레이저의 방향을 정밀하게 바꾸기 위하여 레이저 소스에 모터를 달거나 회전거울을 사용하여 정확한 측정이 가능하도록 조정한다. 일반적으로 TOF 방식의 대부분이 10,000 ~ 100,000개의 점군을 얻는 속도로 측정이 가능하다. [그림 1-54]는 TOF 방식 스캐너와 그 원리를 나타낸 것이다.

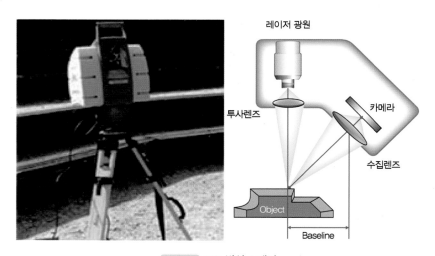

그림 1-54 TOF 방식 스캐너

"(　　)는 장거리 측정기로서 레인지 파인더(Range Finder or Laser Range Finder) 빛을 표면에 조사하여 돌아오는 시간 측정하며 주로 토목측정이나 건물 등 대형물 측정에 활용되고 있으며 광원은 주로 레이저를 이용하며 한 방향의 거리만 측정할 수 있으므로 (　　)는 레이저의 방향을 정밀하게 바꾸기 위하여 레이저 소스에 모터를 달거나 회전거울을 사용하여 정확한 측정이 가능하도록 조정한다." (　　) 안에 들어갈 스캐너는?

① TOF(Time of Flight) 방식 스캐너
② 광 삼각법 3D레이저 스캐너
③ 백색광 방식 3D스캐너
④ 변조광 방식의 3D스캐너

해설

TOF 방식 스캐너는 장거리 측정기로서 레인지 파인더(Range Finder or Laser Range Finder) 빛을 표면에 조사하여 돌아오는 시간을 측정하며 주로 토목측정이나 건물 등 대형물 측정에 활용한다.

정답 ①

② 광 삼각법 3D레이저 스캐너

레이저를 대상물에 조사하면 수신 장치인 CCD 카메라 소자에는 레이저가 다른 위치에 보이므로, CCD와 물체 사이의 거리 및 각도를 삼각법을 활용하여 스캐닝하는 단거리 측정기로 사용되고 있으며 카메라와 레이저 발신자 사이의 거리와 각도는 고정되어야 한다. CCD에 수신된 광선의 위치에 따라 깊이 차이를 구할 수 있어 표면의 형상 정보를 측정할 수 있다.

캐나다 국립연구재단이 1978년 처음 개발한 방법으로 스캐닝 속도를 높이기 위해 하나의 레이저 점조사가 아닌 라인 타입의 레이저가 주로 이용되는 특징이 있는 스캐너는?

① TOF(Time of Flight) 방식 스캐너
② 광 삼각법 3D레이저 스캐너
③ 백색광 방식 3D스캐너
④ 변조광 방식의 3D스캐너

해설

캐나다 국립연구재단(The National Research Council of Canada)이 1978년 처음 개발함

정답 ②

✦ TIP

캐나다 국립연구재단(The National Research Council of Canada)이 1978년 처음 개발한 방법으로 스캐닝 속도를 높이기 위해 하나의 레이저 점조사가 아닌 라인 타입의 레이저가 주로 이용되는 특징이 있다.

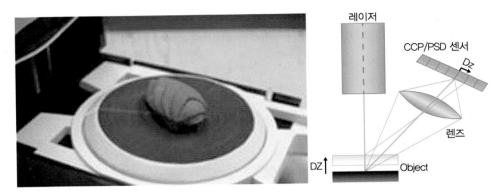

그림 1-55 광 삼각법 3D레이저 스캐너 측정 모습과 원리

③ 백색광 방식 3D스캐너

특정패턴을 물체에 투영하고 그 패턴의 변형 형태를 파악해 3D 정보를 스캐닝하며, 전체 촬영 영상의 모든 3D 좌표를 한 번에 얻어낼 수 있으므로 움직이는 물체를 거의 실시간으로 스캔할 수 있다. 백색광 방식의 최대 장점은 측정 속도에 있으며 특히 산업계에서 정밀한 스캐닝을 위한 목적으로 널리 사용되고 있으며 비접촉식 스캐너 가운데 백색광 방식의 스캐너는 작은 오차와 높은 정밀도를 갖추고 있으며 초당 측정 속도가 3MHz로써 10 ~ 5,000Hz인 레이저 스캐너나 수백 Hz의 고성능 CMM보다도 높아 시간절약이 가능하다. [그림 1-56]는 백색광 방식 3D스캐너의 원리이다.

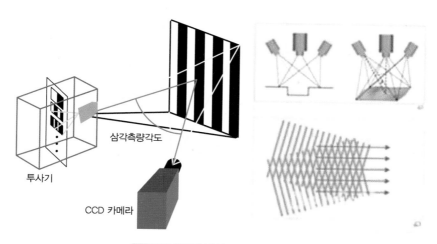

삼각측량각도

투사기

CCD 카메라

그림 1-56 백색광 방식 3D스캐너의 원리

예상문제

특정패턴을 물체에 투영하고 그 패턴의 변형 형태를 파악해 3D 정보를 스캐닝하며, 전체 촬영영상의 모든 3D좌표를 한번에 얻어 낼 수 있으므로 움직이는 물체를 거의 실시간으로 스캔이 가능하다. 특히 산업계에서 정밀한 스캐닝을 위한 목적으로 널리 사용되고 있다. 다음 중 맞게 설명한 스캐너는?

① TOF(Time of Flight) 방식 스캐너
② 광 삼각법 3D레이저 스캐너
③ 백색광 방식 3D스캐너
④ 변조광 방식의 3D스캐너

해설
백색광 방식 3D스캐너의 기능과 특징을 설명하고 있다.

정답 ③

④ 변조광 방식의 3D스캐너

물체 표면에 지속적으로 주파수가 다른 빛을 쏘고 수광부에서의 주파수의 차이를 검출해 거리 값을 구해내는 방식으로 작동하는 3D스캐너이다. 스캐너가 발송하는 레이저 소스 외에 주파수가 다른 빛의 배제가 가능하기 때문에 간섭에 의한 노이즈를 감쇄시킬 수 있어 고속 스캔이 가능하며, TOF보다 고속(약 1MHz)으로 스캔이 가능하나 일정 영역의 주파수대를 모두 사용해야 하기 때문에 레이저 세기가 약하므로, 중거리 영역인 10 ~ 30m 영역을 스캔할 때 주로 이용되고 있다. [그림 1-57]는 변조광 방식의 3D스캐너의 원리를 나타낸 그림이다.

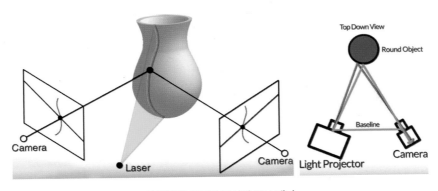

그림 1-57 변조광 방식의 3D스캐너

예상문제

물체 표면에 지속적으로 주파수가 다른 빛을 쏘고 수광부에서의 주파수의 차이를 검출해 거리 값을 구해내는 방식으로 작동하는 3D스캐너이다. 고속스캔이 가능하나 일정 영역의 주파수대를 모두 사용해야 하기 때문에 레이저 세기는 약하므로, 중거리 영역인 10~30m 영역을 스캔할 때 주로 이용되고 있다. 맞는 스캐너는?

① TOF(Time of Flight)방식 스캐너
② 광 삼각법 3D레이저 스캐너
③ 백색광 방식 3D스캐너
④ 변조광 방식의 3D스캐너

해설
변조광 방식의 3D스캐너를 설명하고 있다.

정답 ④

⑤ 핸드헬드(Handheld) 스캐너

3D 이미지를 얻기 위해 광삼각법을 이용하여 점 또는 선 타입의 레이저를 파사체에 투사하는 레이저와 반사수신장치(CCD), 내부 좌표계를 기준좌표계와 연결하기 위한 시스템으로 구성된 이동식 3D스캐너이다. 기준좌표와 연결하기 위한 시스템은 접촉식 로봇팔과 비슷한 장치 끝에 정밀한 인코더를 부착하거나, 기준 좌표계를 만들기 위한 마크를 대상물 표면에 붙여서 구성하기도 한다. 최근에는 모션트래킹 시스템과 유사하게 외부에 2대 이상의 카메라가 스캐너의 동작을 따라갈 수 있도록 적외선 발신자(Infrared light emitting diode)를 두어 위치를 정확히 추적하는 기술까지 발전하고 있다. [그림 1-58]은 핸드헬드(Handheld) 스캐닝 모습이다.

그림 1-58 핸드헬드(Handheld) 스캐너

TIP

표 1-6은 측정거리에 따른 비접촉식 3D스캐너를 분류한 것이다.

표 1-6 측정거리에 따른 비접촉식 3D스캐너 분류

분류	장거리			단거리		
스캐닝	TOF 3D스캐너	Phase shift 3D스캐너	Waveform 3D스캐너	광삼각법 3D레이저 스캐너	광학방식 3D스캐너	핸드헬드 3D스캐너
방식						
기본 설명	스캐너에서 발사된 레이저가 대상물에 반사되어 돌아오는 시간을 계산하는 방식	스캐너에서 발사된 두 개의 파장이 대상체에 반사되어 돌아오는 파장의 거리차로 계산하는 방식	광삼각법의 원리에 기초를 두고 있는 측정방식 및 TOF방식과 같이 레이저를 이용함	광삼각법의 원리에 기초를 두고 있는 측정법으로 레이저를 이용하는 방식	PT방식 Miniaturized Projection Technique (백색광 스캐너)	Flash bulb의 섬광구를 투영하여 이미지 및 패턴의 형태를 파악
제품	Scanstation C10	FARO Focus3D	Reigl VZ-400 (IMP-321)	Konica Minolta VIVID 910	Breuckmann Smartscan 3D	FARO Freestive 3D

3D 이미지를 얻기 위해 광삼각법을 이용하여 점 또는 선타입의 레이저를 피사체에 투사하는 레이저와 반사수신 장치(CCD), 내부 좌표계를 기준좌표계와 연결하기 위한 시스템으로 구성된 이동식 3D스캐너이다. 맞는 것은?

① 핸드헬드(Hand-held) 스캐너
② 광 삼각법 3D레이저 스캐너
③ 백색광 방식 3D스캐너
④ 변조광 방식의 3D스캐너

해설

핸드헬드 스캐너를 설명하고 있다. 기준 좌표계를 만들기 위한 마크를 대상물 표면에 붙여서 구성하기도 한다. 최근에는 모션트래킹 시스템과 유사하게 외부에 2대 이상의 카메라가 스캐너의 동작을 따라갈 수 있도록 적외선 발신자(Infrared light emitting diode)를 두어 위치를 정확히 추적하는 기술까지 발전하고 있다.

정답 ①

Chapter

03 대상물 스캔

물체의 3차원 형상 정보를 얻는 기술에는 광원을 레이저 및 백색광을 사용하는 3D스캐닝 외에도 X-ray, 초음파 등 다양한 방법이 있다. 레이저 3D스캐너는 수조 개의 광자를 물체 표면에 보내고 그 중 일부만을 수신하기 때문에 스캔 대상의 반사율에 영향을 많이 받으며 흰색은 많이 반사하며 어두운 면은 적게 반사하고 유리는 굴절되어 형상이 왜곡되기 때문에 최적의 3D스캐닝 환경을 갖추고 스캐닝 작업을 하여야 최적의 데이터를 추출할 수 있다.

다양한 방향에서 스캐닝 작업을 하여 얻은 데이터를 하나의 좌표계로 변환하기 위해 정렬(Alignment) 및 정합(Registration)을 수행하고, 이렇게 만들어진 데이터 세트를 머징(Merging)하여 하나로 합쳐 모델링 수행이 가능한 파일로 재생산하여 데이터를 공유할 뿐만 아니라 4차 산업혁명에 맞는 융합과 협업을 적용한 새로운 가치를 창출할 수 있다. 여기서는 대상물에 대한 스캐닝 기술과 적용 방식에 대하여 알아보기로 한다.

🎲 예상문제

물체의 3차원 형상 정보를 얻는 기술에는 여러 가지 광원을 사용하고 있다. 틀린 것은?

① 레이저
② 백색광
③ X-Ray
④ 태양광

해설

물체의 3차원 형상 정보를 얻는 기술에는 광원을 레이저 및 백색광을 사용하는 3D스캐닝 외에도 X-ray, 초음파 등 다양한 방법이 있다. 최근에는 블루라이트도 사용된다.

정답 ④

1. 3D 스캐닝 기술의 종류

표 1-7 3D스캐닝 기술의 종류

종류	광간섭	컴퓨터 단층촬영	광삼각측량	비행시간 측정(TOF)	
				Phase Shift	Plused
대상물체 크기	100mm 이하	100mm-5m	100mm-5m	100mm-10m	1m 이상
분해능	10μm 이하	1μm-1mm	1μm-1mm	100μm	1mm 이상
광원	레이저, 백색광 등	X-ray, 초음파 등	(패턴)레이저, (패턴)백색광	레이저	레이저
측정 범위	표면	표면, 내부	표면	표면	표면
측정 속도	느림(적층)	느림(적층)	~300만pps*	~100만pps	1-10만pps
휴대성	낮음	낮음	높음	높음	높음
응용 분야	의료, 바이오	의료, 산업용 부품 등	산업용 부품, 의류, 신발, 문화재, 성형, 치과 등	건축물, 문화재 등	대형구조물, 지형지물 등

* pps : points per second

🔷 예상문제

다음은 광원을 활용한 3D스캐닝 기술의 종류를 나타낸 보기이다. 아닌 것은?

① 광간섭 스캐닝기술
② 컴퓨터 단층촬영 기술
③ 비행시간측정(TOF) 스캐닝 기술
④ CMM 스캐닝 기술

해설

광원을 활용한 3D스캐닝 기술의 종류에는 광간섭 스캐닝 기술, 컴퓨터 단층촬영 기술(Computer Tomography), 비행시간측정(TOF) 스캐닝 기술, 광삼각측량 스캐닝 기술 등이 있다. CMM 방식은 프루브를 이용한 직접 터치센서 방식의 스캐너 기술이다. 광간섭 스캐닝 기술은 광간섭 단층 촬영(Optical Coherence Tomography, OCT) 기술이라고도 하며 3차원 이미지를 캡쳐하는 의료영상 기술이다.

정답 ④

1) 광간섭 스캐닝 기술

광간섭 스캐닝 기술은 광간섭 단층 촬영(Optical Coherence Tomography, OCT)기술이라고도 하며 빛을 사용하여 광학 산란 매체(예: 생물조직) 내에서 마이크로미터 해상도의 3차원 이미지를 캡쳐하는 의료영상 기술이다. 빛의 간섭을 이용한 복굴절 현미경이나 레이저를 사용하는 공초점 현미경, 산업용 컴퓨터 단층촬영 등이 광간섭 스캐닝 기술에 속하며 작은 물체의 표면과 내부 3D형상을 측정하는 데는 효과적이나 측정면적이 매우 작아 바이오 및 의료 분야 중 안과 등 특정 분야에서만 활용되고 있다.

2) 컴퓨터 단층촬영 기술(Computer Tomography)

CT-X선 단층 촬영은 기존의 X선 장치로는 얻을 수 없던 제품의 구조나 조직 상태에 관한 정보를 화상으로 구현하는 기술로서 대상물을 여러 각도에서 X-ray를 투시하여 얻은 영상을 조합하여 3차원 영상으로 구현할 수 있으며 대상물의 각 단층상을 볼 수 있다. 일반 X-ray 영상에서 식별할 수 없는 대상물의 구조결함을 정확히 판정할 수 있어 비파괴검사 및 복잡한 내부형상 스캐닝이 필요한 분야인 의료 및 문화재 복원 등에 활용되고 있다.

3) 비행시간측정(TOF) 스캐닝 기술

레이저 펄스(Pulse)를 이용하거나 반사된 빔의 위상(Phase) 차이를 측정하는 기술이다. 다른 스캐닝 방법에 비해 상대적으로 분해능은 떨어지나 원거리측정이 가능해 주로 건축물이나 지형지물을 측정하는 데 활용되고 있다.

4) 광삼각측량 스캐닝 기술

물체 표면의 깊이에 따라 수신부 도달위치가 달라지는 원리를 이용하며 측정 속도를 높이기 위해 광원에 선, 줄무늬, 격자형태의 패턴을 형성해 주는 패턴광이 주로 이용되는 기술이다.

빠른 측정 속도, 실시간 스캔가능, 높은 정밀도로 인해 제조업 분야 및 패션, 문화재, 의료, 영상 분야 등에서 가장 널리 사용되고 있다.

2. 산업별 적용가능 스캐닝 방식 선택방법

　산업 패러다임의 변화에 따라 공급자와 소비자의 경계가 구분되어 있었지만 3D스캐닝/프린팅 기술은 생산기반이 없어도 아이디어만으로 설계, 시제품 제작, 제조(생산), 소비를 가능하게 하여 소비자와 생산자의 경계구분 없이 소비자가 생산자가 되는 산업패러다임의 변화를 가능하게 하고 있다. 아울러 Maker Space 활성화로 전기전자, 로보틱스, 3D스캐너/프린터, CNC 등 디지털 기기와 다양한 도구를 활용하여 제품을 자체적으로 생산할 수 있는 공간이 전국적으로 설치되고 있으며 기성 제품을 맹목적으로 소비하는 것에서 벗어나 다양한 재료와 기술, 도구를 활용하여 DIT(Do It Together)라는 슬로건으로 지식을 공유하면서 주체적으로 물건을 만드는 과정을 즐기는 Maker들의 활동증가는 "프로슈머"를 탄생시키고, 소량생산, 온라인 유통망 구축 등 새로운 4차 산업혁명으로 견인, 반전시키고 있다.

　3D스캐너 활용시장의 확대로 제품의 품질과 생산성 향상을 위해 제조업 분야에서 3D스캐너 활용 증가와 서비스가 확대되고 있으며 특히, 정밀 금형 제작 분야에서는 3D스캐너가 필수품으로 자리 잡고 있으며 현대자동차, GM, Audi, Toyota 등 자동차 업체와 삼성전자, Sony, Hitachi 등 전자업체들이 3D스캐너를 제품생산에 활용, 중소기업에서 대기업 품질관리 요구에 따른 인-라인 3D스캐닝 시스템 도입, 해양플랜트 구조물 검사와 조선해양과 항공우주 분야 3D스캐너 이용, 의료 분야 임플란트 보철물 제작, 패션 업체의 맞춤형 의류제작, 문화제 3D데이터 디지털화에 의한 소실문화재 복원과 3D영상전시 등과 같은 활용분야 확대가 3D스캐너 수요를 확대하고 있다.

🎲 예상문제

산업 패러다임의 변화에 따라 공급자와 소비자의 경계가 구분되어 있었지만 생산기반이 없어도 아이디어만으로 설계, 시제품 제작, 제조(생산), 소비를 가능하게 하여 소비자와 생산자의 경계구분 없이 소비자가 생산자가 되는 산업패러다임의 변화를 가능하게 하고 있다. 이러한 변화를 가능하게 만든 기술은?

① 3D스캐닝/프린팅 기술
② CNC가공기술
③ 금형제조기술
④ 로봇제작기술

해설
3D스캐닝/프린팅 기술은 생산기반이 없어도 아이디어만으로 설계, 시제품 제작, 제조(생산), 소비를 가능하게 하여 소비자와 생산자의 경계구분 없이 소비자가 생산자가 되는 산업패러다임의 변화를 가능하게 하고 있다.

정답　①

1) 산업별 적용사례

전 세계 3D스캐너 시장을 최종 이용하는 산업별로는 자동차, 의료, 항공우주, 건축, 에너지, 광업, 유산보존 및 기타로 구분할 수 있으며, 건축 & 건설 분야에서 연평균 9.1%의 높은 성장률을 보이고 있다.

예상문제

3D스캐너의 산업별 적용사례를 나타낸 것이다. 아닌 것은?

① 자동차산업
② 건강관리 & 의료산업
③ 항공우주 & 방위산업
④ 농 · 수산업

해설
전 세계 3D스캐너 시장을 최종 이용하는 산업별로는 자동차, 의료, 항공우주, 건축, 에너지, 광업, 유산보존 및 기타로 구분할 수 있으며, 건축 & 건설 분야에서 연평균 9.1%의 높은 성장률을 보이고 있다.

정답 ④

(1) 자동차 산업

자동차 산업에서 광학 3D스캐너 기술은 품질관리 및 검사 응용 분야에 널리 사용되고 있으며, 2016년 6.7억 원으로 평가되었으며 2017년에서 2023년까지 연평균 8.1%의 성장률을 나타낼 것으로 전망되며 자동차 조립품에 대한 엄격한 사양을 준수하기 위해 3D스캐너를 활용하여 BIW(body-in-white)의 슬롯, 스터드, 구멍 및 피처 위치의 정밀도 향상 및 검사시간과 생산비용을 줄여 시장 경쟁력 유지가 가능하다. 자동차 산업용 3D스캐너 제공업체는 Hexagon AB(스웨덴), GOM mbH(독일) 및 Nikon Metrology(일본) 등이 진출하고 있다.

(2) 건강관리 & 의료산업

건강관리 & 의료산업에서는 인체스캔을 위해 특별히 제작된 3D스캐너를 통해 고해상도의 신체 표면 측정이 가능해지면서 보철디자인, 성형외과, 정형외과, 보철교정, 피부과 등 응용분야가 확대될 전망이다. 3D스캐너로 뼈, 힘줄과 같은 생체의 생물학적 변형측정도 가능하여 맞춤형 의료 제품, 인공장기 생산을 위한 정확한 데이터를 제공하여 안정성 향상 및 데이터 활용이 증대되고 있다. 의료산업 글로벌 3D스캐너 시장은 2016년 5.8억 달러로 평가되었으며 2017년에서 2023년까지 연평균 8.1%의 성장률을 나타내며 치과, 성형, 검사용 3D스캐너에 대한 수요가 계속 증가할 것으로 예상된다. 의료산업용 3D스캐너 제품 제공 주요업체는 irona Dental Systems, Inc. (미국), 3Shape A/S (덴마크) 등이 대표적이다.

(3) 항공우주 & 방위산업

항공우주 & 방위산업에서 3D스캐너는 시뮬레이션 검증을 위해 활용되며, 스캐닝 데이터는 설계 프로세스의 최적화, 제품 개발주기 단축, 부품내구성 및 노후화 검토를 통한 안전보장을 위해 필요하다. 안전성을 높이기 위해 항공기 설계 시 고밀도 공간 이미징 수집, 국가방위산업에서 품질관리 및 검사, 역설계, 유지보수에 활용되면서 2016년 4.7억 원에서 연평균 8.4% 성장률을 나타내며 급성장하고 있다. 항공기 제작비용 상승으로 인해 설계부터 안전테스트, 품질검사 등의 제작 프로세스에서의 비용절감을 위해 고급 3D스캐너에 대한 수요가 증가할 것으로 기대된다.

(4) 건설 & 건축 산업

건설 & 건축 산업에서는 3D스캐닝 기술과 BIM(Building Information Modeling) 프로세스를 지원하여 CAD 설계시간 최소화함으로써 다리 및 도로설계에 필요한 기본데이터 제공을 위해 필요하다. 3D스캐닝 데이터는 설계 최적화를 위한 활용 소프트웨어와 호환되면서 응용범위가 확장되어 글로벌 3D스캐너 시장은 2016년 5.7억 달러에서 연평균 9.1%씩 급성장하여 2023년 10.8억 달러에 이를 것으로 전망된다. 산업플랜트 스캔데이터는 Auto CAD, Revit P&ID모델링 등 여러 형식으로 2D도면 생성, 빌딩 및 교량설계를 위한 스캔데이터는 삼각 지지대에 장착된 스캐너 가이드에 의해 CAD 3D도면을 생성하여 활용할 수 있다.

(5) 에너지 산업

에너지 산업에서는 효율적 발전을 위해 블레이드, 노즐, 홈, 튜브 등 발전기의 중요한 부분들을 정기적으로 검사해야 하며, 3D스캔을 통해 고장 및 잔여수명 측정 등 유지보수를 위한 비용절감이 가능하다. 에너지산업의 글로벌 3D스캐너 시장은 2016년 2.5억 달러에서 연평균 3.7%로 성장하여 2023년 3.4억 달러에 이를 것으로 전망되며, 미국에서 가장 많이 활용하는 것으로 보고된다.

(6) 광산업

광산업에서의 3D스캐너는 터널 내의 습기, 균열, 지반상황 등 안정성 검사를 위해 스캐닝 한 데이터로 가상 3D 모델을 만들어 터널상태를 평가함으로써 터널가동 중단시간을 낮추고, 검사비용 절감 가능하다. 광산업의 글로벌 3D스캐너 시장은 2016년 3.3억 달러에서 연평균 6.4%로 성장하여 2023년 5.5억 달러에 이를 것으로 전망되며 광산업에서는 레이저 3D스캐너 점유율이 높은 것으로 나타난다.

(7) 유물보존 산업

유물보존 산업에서는 역사적인 기념물의 수리, 고고학적인 유적지, 문화유산 복원을 위해 3D스캐닝 기술이 적극적으로 활용되는 분야이다. 장거리 삼각 지지대 3D스캐너, 핸드헬드 3D스캐너로 측정하는 유물보존 산업의 글로벌 시장은 2016년 2.3억 달러에서 연평균 7.1%씩 성장하여 2023년 3.9억 달러에 이를 것으로 전망된다.

이밖에 기타 분야로 전자, 교육, 법의학, 엔터테인먼트 등의 산업에서도 3D스캐너를 활용하고 있으며, 3D스캐닝 데이터를 통해 사실적인 캐릭터 디자인, 증강현실, 현장 재현과 같이 적용 분야는 점점 확대되고 있다.

2) 국내산업에 적용사례 및 전망

3D스캐너 및 3D프린터가 이용되는 대표적인 산업 분야에서 제조공정에서의 혁신을 통한 원가절감, 산업 간 융복합화 촉진을 통한 신산업창출과 고용창출효과에 많은 영향을 미치게 되므로 실시간 스캐닝기술과 응용SW개발 등 다양한 핵심기술 확보와 연구개발에 정부의 지속적인 지원을 필요로 할 것이다.

표 1-8 산업 분야에서의 제조혁신 파급효과

제조혁신 파급효과	**공급망 가치사슬이 방사형 가치사슬로 변화** – 소비자가 기획단계에서부터 생산에 개입 – 소비자, 생산자, 판매자의 경계가 모호 – 산업구조가 수직적 구조에서 방사적 구조로 변화 –제조공정의 디지털화 촉진
	1인 창조기업 시장확대 – 제조현장에서도 공유문화 확산으로 DIY(Do It Yourself)를 넘어 DIT(Do It Together) 형식의 메이커 문화 확산
	대량생산에서 맞춤 생산으로 전환 – 소비자의 요구에 대응하는 맞춤생산 확산
	다품종 소량생산 체계 – 축적된 3D자료를 기반으로 소량생산 가능 – 대량생산에서 소규모 분산형 제조로 변화
	협업 생산 기술의 발달 – 소비자, 생산자, 설계자 등이 모두 참여하는 협업생산 시스템 활용
	재고 감소와 부품 및 소재낭비 절감 – 맞춤생산에 의한 재고확보 부담 및 원료낭비 감소

(1) 뿌리산업

주조, 금형, 소성가공, 용접, 표면처리, 열처리 등의 공정기술을 활용하여 원료를 소재로, 소재를 부품으로, 부품을 완제품으로 만드는 기초 공정산업을 말하며 자동차, 조선, IT 등 타산업의 제조과정에서 공정기술로 이용되어 최종제품의 품질 경쟁력 제고에 필수적인 요소로서 제조업 근간을 담당하는 산업, 복잡한 내부구조를 가진 금속제품 내부구조와 동일한 사형(Sand Core) 제작을 목형제작 없이 바로 제조하는 사형주조와 주얼리와 액세서리 왁스패턴 제조, 정밀주조, 금형제조 분야에 3D스캐닝/프린팅 기술이 활용되고 있다.

① 파급효과 : 맞춤형 주문생산으로 재고부담이 없으며 불필요한 재료낭비 방지로 원가절감, 시제품제작 설계 신속 제작, 다품종 소량생산에 대응, 금형투자비용 감소 등으로 경영합리화에 기여한다.

(2) 의료산업

환자 맞춤형 치료에 대한 수요 증가로 임플란트, 수술 시뮬레이션, 수술가이드 도구 제작, 체외 적용 의족 및 의수제작 등 인체위험성이 낮은 분야에 주로 3D프린팅 관련 기술이 활용되고 있지만 임상활용 사례 및 인공장기 관련 연구결과가 꾸준히 증가되고 있어 의료 · 보건산업을 견인할 핵심기술이 될 것으로 전망된다. 스위스 보청기 회사 포낙(Phonak)은 환자 맞춤형 보청기 제작 등 공공연구기관, 기업, 병원 등에서 3D 기술을 적용한 의료기기 제작과 수술이 활발하게 시도되고 연구되고 있다. 의료분야 활용과 관련하여 지침이나 정책에 대한 인증기준이 의료기기별로 표준화되어 품목 및 품목별 등급에 관한 규정정비로, 환자 맞춤형 의료서비스 활용촉진으로 응용분야를 확대해야 한다. 의료 3D스캐닝/프린팅에 대한 장기이식 시술에 대한 국제적인 윤리 · 위생 표준 등이 마련되지 않았으며 국내 또한 장기이식 시술에 대한 법제화나 의료보험 수가적용 등의 여건 등이 마련되어야 한다[그림 1-59].

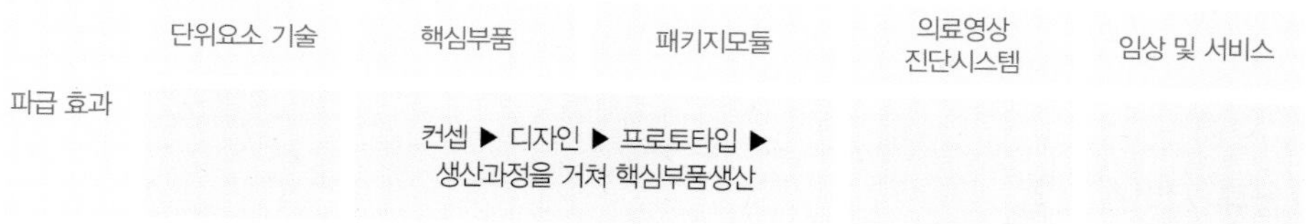

※ 종래 의료기기 제조공정 프로세스의 핵심부품, 패키지 제작공정의 복잡성을 3D스캐닝을 통해 간소화 함

그림 1-59 의료산업 파급효과

(3) 자동차산업

2만 대 이상의 부품으로 구성되는 자동차는 수천 개의 부품 공급사와 수백 개의 모듈조립 업체들이 계열화된 산업으로 항공기와 함께 전통적으로 3D기술을 활발하게 사용해온 산업으로 개발단계부터 효율적인 협력이 필요하며 프로토타이핑의 필요성이 중요한 분야의 산업이다. 완성차 제조사와 부품공급사는 3D 기술을 활용하여 Conceptual Modeling, Functional Prototyping 등 시제품 제작 분야에 사용하여 개발기간 단축과 비용절감 등 향후, 부품 대량생산에도 적용 가능하여 업체 경쟁력 강화에 기여할 것으로 전망된다. 신차 개발의 다양한 디자인의 실물크기 모형설계, 제작과정에서 발생하는 수많은 디자인 관련 시행착오 회피와 디자인 개선, 디자인 개발 기간 등이 단축될 것이다[그림 1-60].

파급 효과	원재료	1차 가공(주물)	2차 가공(절삭)	Sub Assembly	Modulization
		전통적인 가치사슬 변화 없이 금형제작 과정 없이 간편하고 빠른 프로토타입 제작			

※ 종래 자동차 제조공정 프로세스의 주물, 절삭 공정의 복잡성을 3D스캐닝을 통해 간소화 함

그림 1-60 자동차산업 파급효과

(4) 전기·전자산업

국내는 '95년 LG전자가 3D프린팅 장비를 도입하여 디자인 검증용으로 활용한 이래, 관련 산업에서 시제품 제작, 디자인 검증 테스트, 조립 테스트 등에 활용하고 있다. 보급형 3D스캐너 및 프린터의 보급 확산으로 전기·전자산업의 근본적인 가치사슬 변화가 이루어질 것으로 보인다. 또한 일반적인 완제품에 사용되는 부품은 소비자가 직접 제조하여 사용할 수 있을 것으로 전망되며 금형을 제작하여 시제품을 양산하는 일련의 가치사슬 과정은 생략되고 소재와 도면을 판매하는 새로운 비즈니스모델이 출현될 것으로 전망된다.

(5) 물류·서비스 산업

제품의 생산단계에서 사용 또는 소비단계에 이르기까지 재화의 흐름을 관리하는 물류 산업분야 기업인 UPS는 배송거점 및 사무소에 스타트업과 소규모기업을 대상으로 3D스캐닝 및 프린팅 서비스를 개시하여 100여 곳에 서비스를 진행하고 있으며 미국의 아마존은 맞춤형 제품판매 서비스를 진행 중이며, 최근에는 고객이 주문 시 가장 가까운 곳에 위치한 3D프린터로 직접 제작하고 배송하는 3D프린팅 트럭을 이용한 이동형 생산거점 서비스에 대한 특허를 출원 중이다. 3D스캐닝 및 프린팅 기술의 등장으로 글로벌 물동량의 감소시킬 수 있는 반면에 3D스캔 데이터를 활용한 출력서비스 등의 등장으로 신규 고용창출과 신사업 생태계가 구축될 수 있다.

(6) 3D 패션 산업

3D스캐닝에 의한 신체 측정, 3D 패턴 제작, 3D프린팅을 통한 생산, 3D솔루션을 이용한 가상유통기술로 이루어진 패션산업에서 설계와 생산뿐만 아니라 서비스나 마케팅까지 3D패션 기술을 활용하기 위한 시도가 이루어지고 있다.

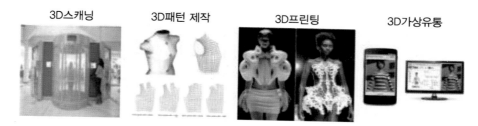

| 3D스캐닝 | 3D패턴 제작 | 3D프린팅 | 3D가상유통 |

그림 1-61 3D 패션산업

패션산업에서 3D스캐너를 이용한 사례는 미국의 Acustom Apparel, Victioria's Secret 등이 맞춤형 의류 제작에 3D스캐너를 이용하고 있으며 3D 패션 디자인 프로그램은 My Virtual Model(캐나다)와 Style zone(이스라엘), 클로버추얼패션(한국), 유카앤알파(일본) 등이 있으며 3D 가상 샘플을 만들어 생산할 수 있는 한국 디쓰리디사의 플랫폼 등이 있다.

그림 1-62 디쓰리디사의 주문–납품 작업공정

① 파급효과 : 소비자의 체형에 맞는 맞춤형 패션, 소비자가 기획단계부터 참여하여 제조과정에 개입되는 협업문화 확산, 대량생산에서 소규모 맞춤형 제조방식으로 전환, 새로운 유통플랫폼 창출 등으로 전통 제조업에서 생산성 향상과 디자인이 가미된 첨단산업으로 탈바꿈되어 패션산업 고부가가치화 및 정보 공유를 통한 다양한 개성과 창의성이 결합되는 협업문화 확산 등 3D스캐너의 확산은 패션산업 전반과 소비자의 생활패턴에 영향을 미칠 것으로 전망된다.

1. 정합 및 병합

1) 정합(Registration)

스캔 데이터는 보통 여러 번의 측정에 따른 점군 데이터를 서로 합친 최종 데이터이다. 이렇게 개별 스캐닝 작업에서 얻어진 점 데이터들이 합쳐지는 과정을 정합이라고 한다. 정합은 정합용 고정구 및 마커 등을 사용하는 경우와 측정 데이터 자체로 정합을 하는 경우가 있다.

예상문제

3D스캐너 작업 중 정합(Registration)이 있다. 다음 중 올바르게 설명한 것은?

① 개별 스캐닝 작업에서 얻어진 점 데이터들이 합쳐지는 과정
② 여러 개의 스캔 데이터를 하나의 파일로 통합하는 과정
③ 여러 개의 스캐닝 작업에서 얻어진 점 데이터들이 합쳐지는 과정
④ 개별 스캔 데이터를 하나의 파일로 통합하는 과정

해설

스캔 데이터는 보통 여러 번의 측정에 따른 점군 데이터를 서로 합친 최종 데이터다. 이렇게 개별 스캐닝 작업에서 얻어진 점 데이터들이 합쳐지는 과정을 정합이라고 한다.

정답 ①

(1) 정합용 툴을 이용하는 경우

정합용 마커는 [그림 1-63]처럼 최소 3개 이상의 볼이 서로 정합될 데이터에 모두 측정이 될 수 있도록 간격을 조절하여 부착한다. 서로 합쳐야 할 점 데이터에서 동일한 정합용 볼들의 중심을 서로 매칭시킴으로써, 측정 데이터들이 하나로 합쳐지게 된다. [그림 1-63]은 정합용 볼을 이용한 전체 정합 과정을 나타낸다. 우선 측정 대상물에 3개의 정합용 볼을 부착시키고 피측정물과 모든 볼을 동시에 측정한다. 청색으로 표시된 것이 측정 점 데이터 1이며, 적색으로 표시된 것이 측정 점 데이터 2라고 가정을 한다. 각 측정이 끝나고 난 다음에 정합 준비를 위해서 정합용 소프트웨어 혹은 스캐너 소프트웨어에서 이들 두 데이터를 오픈한다. [그림 1-63]의 아래 그림처럼 측정을 개별적으로 했기 때문에 두 데이터의 좌표계는 서로 다르다. [그림 1-64]은 정합 과정을 보여주고 있다. 양쪽 점군 데이터에서 볼 1, 2, 3의 중심을 각각 매칭시킴으로써 정합이 이루어진다. 볼을 하나씩 매칭시킴에 따라서 전체 점 데이터가 병진 및 회전함을 알 수 있다. 최종적으로 3개의 볼을 모두 매칭시키고 난 다음, 이들 볼에 대한 점 데이터를 제거함으로써 최종적으로 정합 데이터를 얻을 수 있다.

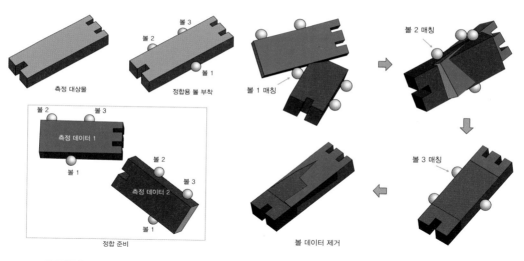

그림 1-63 정합용 볼을 이용한 측정

그림 1-64 볼을 이용한 정합과정

(2) 점군 데이터를 직접 이용하는 경우

[그림 1-65, 66]는 점 데이터를 직접 이용해서 정합을 하는 과정을 나타내고 있다. 이 경우, 정합용 소프트웨어는 각각 측정된 점 데이터로부터 중첩되는 특징 형상들을 찾아내서 그 부분을 일치시킴으로써 정합을 하게 된다. 정합을 하기 전에 점 데이터를 보정하고 필터링을 먼저 수행해야 한다. 이는 다음 학습에서 다루기로 한다. 먼저 두 개의 측정 데이터와 정합을 수행하고, 그다음 측정 데이터와 다시 정합을 수행하면서 마지막 측정 데이터까지 반복해서 최종 데이터를 생성한다.

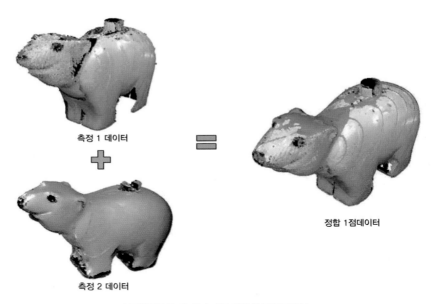

측정 1 데이터

측정 2 데이터

정합 1점데이터

그림 1-65 측정 데이터를 이용한 정합과정 1

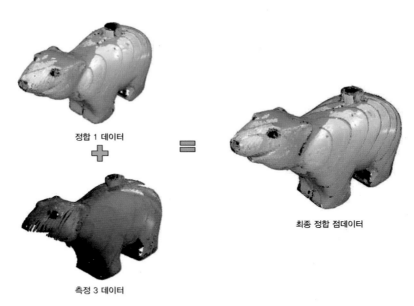

정합 1 데이터

측정 3 데이터

최종 정합 점데이터

그림 1-66 측정 데이터를 이용한 정합과정 2

3D프린터운용기능사 필기 실기

2) 병합(Merging)

병합은 정합을 통해서 중복되는 부분을 서로 합치는 과정이다. 정합은 전체 데이터를 회전 이송하면서 같은 좌표계로 통일하는 과정이며, 병합은 이러한 데이터를 하나의 파일로 통합하는 과정이다. 보통의 소프트웨어에서는 병합 과정이 별도로 존재하지 않는 경우가 많으며, 정합 데이터를 새로운 파일로 저장함으로써 자동 병합이 수행된다. 즉, 두 개의 점 데이터를 모두 포함하는 새로운 점 데이터를 생성함으로써 병합이 이루어진다. 이 경우, 장비에서 제공하는 소프트웨어에 따라서는 병합 시 점의 개수를 줄일 수도 있다. 이는 서로 중첩되는 부분에는 상대적으로 불필요하게 많은 점 데이터들이 존재하기 때문에 최종 데이터를 생성하기 이전에 필요한 양으로 데이터 사이즈를 줄이게 된다.

🎲 예상문제

3D스캐너 작업 중 병합(Merging)이 있다. 다음 중 올바르게 설명한 것은?

① 개별 스캐닝 작업에서 얻어진 점 데이터들이 합쳐지는 과정
② 여러 개의 스캔데이터를 하나의 파일로 통합하는 과정
③ 여러 개의 스캐닝 작업에서 얻어진 점 데이터들이 합쳐지는 과정
④ 개별 스캔데이터를 하나의 파일로 통합하는 과정

해설
병합은 정합을 통해서 중복되는 부분을 서로 합치는 과정이다. 정합은 전체 데이터를 회전 이송하면서 같은 좌표계로 통일하는 과정이며, 병합은 이러한 데이터를 하나의 파일로 통합하는 과정이다.

정답 ②

🧊 2. 스캔데이터 보정 및 페어링

1) 스캔데이터 보정

스캔데이터는 기본적으로 많은 노이즈를 포함하고 있으며 측정, 정합 및 병합 후에 불필요한 데이터를 필터링해야 한다. 이러한 기능은 소프트웨어마다 차이가 있으며, 스캔 방식에 따라서도 차이가 있다.

(1) 데이터 클리닝(Cleaning)

스캔데이터는 측정 환경, 측정 대상물의 표면 상태 및 스캐닝 설정 등에 따라서 다양한 노이즈를 포함할 수 있다. 이러한 노이즈는 여러 가지 방식으로 제거할 수 있다. 소프트웨어에서 제공하는 자동 필터링 기능을 사용할 수도 있으며, 수동으로 필요 없는 점들을 제거할 수도 있다. 수동 기능은 특정 영역을 설정해서 필요 없는 점들을 제거할 수 있다.

[그림 1-67]은 Crop 영역을 측정 회전축의 반경 방향에 대해서 설정한 것이다. 적당한 영역을 설정하여 원 밖의 모든 점들을 회전축 방향으로 제거할 수 있다. 너무 좁은 Crop영역은 보존해야 할 측정 데이터까지 제거할 수도 있으니, 이 점을 유의해서 영역을 정한다. [그림 1-67]에서 붉은 색으로 표시된 점들이 이 설정으로 제거될 점들이다.

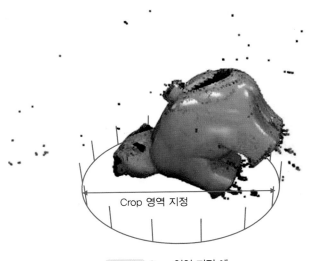

Crop 영역 지정

그림 1-67 Crop 영역 지정 예

[그림 1-68]는 회전축 방향으로 설정한 Crop 높이이며, 설정된 높이 아래의 모든 점들을 한꺼번에 제거할 수 있다. 붉은색으로 표시된 점들이 제거될 점들이다. [그림 1-69]는 브러시 툴(Brush Tool) 기능을 이용해서 브러시 내에 있는 점들을 한꺼번에 선정해서 지울 수 있다. 측정 데이터를 회전해가며 브러시 크기를 조정하면서 점들을 선택할 수 있다.

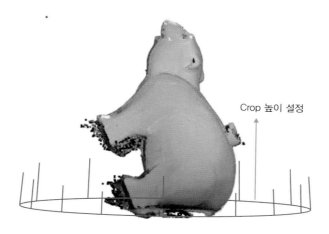

Crop 높이 설정

그림 1-68 Crop 높이 지정 예

Brush 툴

Brush 툴

그림 1-69 브러쉬 툴의 사용 예

[그림 1-70]은 각 측정 방향에 대해서 필터링 및 데이터 클리닝을 한 다음의 점 데이터를 보여 주고 있다. 이 점 데이터를 바탕으로 [그림 1-65, 66] 및 [그림 1-67]의 정합 및 병합 작업을 수행하게 된다.

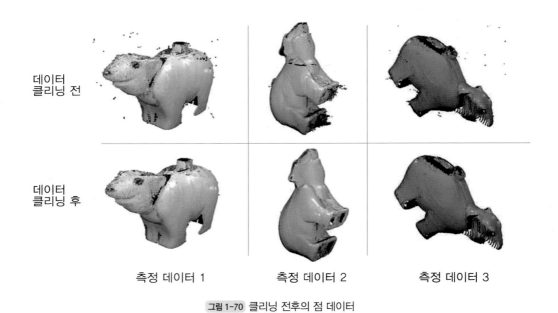

그림 1-70 클리닝 전후의 점 데이터

(2) 스캔데이터 보정

데이터 클리닝이 끝나고 정합 전후로 다양한 보정 과정을 거치게 된다. 이는 중첩된 점의 개수를 줄여 데이터 처리를 쉽게 할 수 있는 필터링, 측정 오류로 주변 점들에 비해서 불규칙적으로 형성된 점들에 대한 스무딩(Smoothing) 등을 포함한다. 이러한 보정 기능은 스캐너마다 달리 제공될 수 있다.

2) 스캔데이터 페어링

(1) 형상 수정

스캔데이터는 페어링(Fairng) 과정을 통해서 불필요한 점을 제거하고 다양한 오류를 바로 잡아 최종적으로 삼각형 메시(Trianglar Mesh)를 형성하고 3차원 프린팅을 할 수 있다. 스캐너의 특성상 측정이 되지 않는 부분에 삼각형 메시 작업을 수행하게 되면, 그 자리에 움푹 패인 형상이 주로 생성이 된다. 이는 스캐닝 소프트웨어를 이용해서 수정할 수 있다. [그림 1-71]은 페어링 작업 이전의 점 데이터를 삼각형 메시로 변환한 모습을 나타낸다. 측정이 되지 않은 부분이 비정상적인 형상을 띠고 있음을 알 수 있다. 이러한 움푹 패인 형상은 패치(Patch)와 같은 툴로 주변 점들을 연결해서 수정할 수 있다.

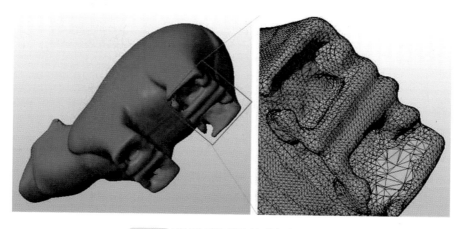

그림 1-71 페어링 작업 전의 삼각형 메시 데이터

(2) 삼각형 메시 생성

삼각형 메시를 생성할 때 몇 가지 법칙이 있는데, 이 법칙을 벗어난 삼각형들을 페어링 과정을 통해서 바로잡을 수 있다. 첫째는 점과 점 사이의 법칙(Vertex-to-Vertex Rule)으로 삼각형들은 꼭짓점을 항상 공유해야 한다. [그림 1-72]는 이 법칙을 위배한 예를 보여 주고 있다.

[그림 1-73]은 공간상에서 삼각형이 서로 교차를 하고 있으며, 이 또한 법칙에 위배된다. 이러한 오류는 점과 점 사이를 연결하면서 쉽게 생길 수 있다. 또한 [그림 1-74]처럼 삼각형들끼리 서로 겹칠 수도 있으며, [그림 1-75]처럼 삼각형이 없는 부분, 즉 구멍이 생길 수도 있다. 이러한 오류들은 자동 및 수동으로 모두 제거할 수 있다.

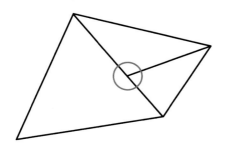

그림 1-72 Vertex-to-Vertex 법칙 위배

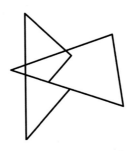

그림 1-73 서로 교차하는 삼각형의 예

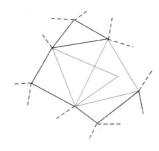

그림 1-74 중첩되는 삼각형

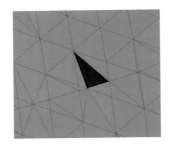

그림 1-75 구멍이 포함된 메시

이 밖에도 삼각형의 크기를 균일하게 하는 작업, 큰 삼각형에 노드를 추가해서 작은 삼각형으로 만드는 작업, 형상을 부드럽게 하는 작업, 삼각형의 면의 방향으로 바로잡는 작업 등이 페어링 작업에 포함된다. 대부분의 소프트웨어는 자동으로 이러한 작업들을 수행할 수 있으며, 수동으로 하나씩 수행할 수도 있다. [그림 1-76]는 이러한 페어링 작업을 통해서 최종적으로 생성된 삼각형 메시로 STL파일을 나타낸다. 이는 곧바로 3차원 프린팅에서 사용이 가능하다.

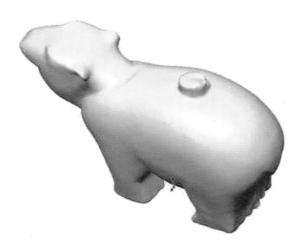

그림 1-76 페어링 작업 후의 삼각형 메시 데이터

Craftsman
3DPrinter
Operation
3D프린터운용기능사

PART

02

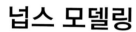

넙스 모델링

넙스 모델링이란 3차원 형상을 데이터로 생성하기 위하여 스플라인(Spline)에 기초하여 비정형 객체를 생성할 수 있는 넙스 방식의 3D 모델링 프로그램을 사용하여 객체를 생성, 편집, 수정하는 능력이다. Nurbs(Non-Uniform Rational B-Spline)란 정형화되지 않은 함수의 곡선이란 뜻으로 스플라인(Spline)의 제어점(CP-Control Point 또는 CV-Control Vertices) 또는 노트(Knot)를 유사하게 지나는 곡선으로 스플라인에 기초한 모델링 방식으로 수학적 정보로 곡면을 정의하여 표현하는 방식이다. 실체 치수를 기반으로 하지만 형상의 모든 부분을 면 정보로 정의할 수 있기 때문에 제품이나 기계 모델링에 주로 사용된다.

◈ 예상문제

"3차원 형상을 데이터로 생성하기 위하여 스플라인(Spline)에 기초하여 비정형 객체를 생성할 수 있는 3D 모델링 프로그램을 사용하여 객체를 생성, 편집, 수정하는 능력이다."는 무엇을 정의하고 있는가?

① 넙스(Nurbs: Non-Uniform Rational B-Spline) 모델링
② 솔리드 모델링
③ 폴리곤 모델링
④ 퍼스펙티브 모델링

해설

Nurbs(Non-Uniform Rational B-Spline)란 정형화되지 않은 함수의 곡선이란 뜻으로 스플라인에 기초한 모델링 방식으로 수학적 정보로 곡면을 정의하여 표현하는 방식이다. 형상의 모든 부분을 면 정보로 정의할 수 있기 때문에 제품이나 기계모델링에 주로 사용된다.

정답 ①

Chapter

01 3D 형상모델링

 ## 1. 3D CAD 프로그램 활용

3차원 객체를 모델링하기 위해서 3차원 좌표계를 사용한다. 3차원 공간의 좌표계는 축의 방향을 설정하는 방법에 따라 오른손 좌표계, 왼손 좌표계로 나뉜다. 오른손 좌표계는 가로를 x축, 세로를 y축, 바라보는 시점을 기준으로 앞쪽 즉, 시점 쪽이 z축 양의 방향이 되는 것이다. 왼손 좌표계는 x축과 y축은 동일하나 z축이 시점에서 먼 쪽, 즉 시점 반대쪽이 z축 양의 방향이 되는 것이다. 3D 디자인 소프트웨어마다 좌표계 방향이 조금씩 다르므로 사용하고자 하는 소프트웨어의 좌표계를 숙지하고 작업해야 한다. 3D 객체를 모델링하기 위한 3D 작업 공간을 viewport라고 하며, 대개 4가지 화면으로 작업을 진행한다. 기본 설정은 Top, Front, Left, Perspective로 설정되어 있다. Top view는 객체를 위에서 바라본 평면도를 나타내고, Front view는 정면에서 바라본 정면도, Left view는 왼쪽에서 바라본 좌측면도, Perspective view는 남서방향에서 바라본 원근감이 있는 입체도를 나타낸다[그림 2-1].

🎲 예상문제

3D 객체를 모델링하기 위한 3D 작업 공간을 viewport라고 하며, 대개 4가지 화면으로 작업을 진행한다. 기본 설정은 Top, Front, Left, Perspective로 설정되어 있다. 이러한 기본 설정 중 정면도에 해당하는 것은?

① Top View
② Front View
③ Left View
④ Perspective View

해설

Top view는 객체를 위에서 바라본 평면도를 나타내고, Front view는 정면에서 바라본 정면도, Left view는 왼쪽에서 바라본 좌측면도, Perspective view는 남서방향에서 바라본 원근감이 있는 입체도를 나타낸다.

정답 ②

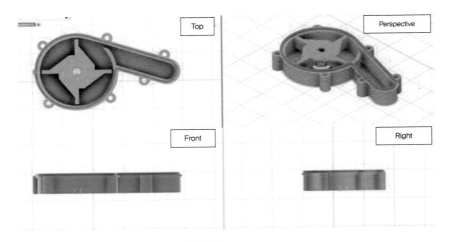

그림 2-1 3D Viewport

1) 3D형상 모델링 방식의 종류

(1) 폴리곤 방식

폴리곤 방식은 삼각형을 기본 단위로 하여 모델링을 할 수 있는 방식이다. 삼각형의 꼭짓점을 연결해 3D 객체를 생성한다. 기본 삼각형은 평면이며 삼각형의 개수가 많을수록 형상이 부드럽게 표현된다. 크기가 작은 다각형을 많이 사용하여 객체를 구성하면 부드러운 표면을 표현할 수 있으나 랜더링 속도는 떨어진다. 다각형의 수가 적으면 빠른 속도로 랜더링 할 수 있으나 객체 표면이 거칠게 표현된다.

(2) 넙스 방식

넙스 방식은 수학 함수를 이용하여 곡면의 형태를 만든다. 폴리곤 방식에 비해 많은 계산이 필요하지만 부드러운 곡선을 이용한 모델링에 많이 사용된다. 폴리곤 방식보다 정확한 모델링이 가능하다. 자동차나 비행기의 표면과 같은 부드러운 곡면을 설계할 때 효과적이다.

(3) 솔리드 방식

면이 모여 입체가 만들어지는 상태로 속이 꽉 찬 물체를 이용해 모델링하는 방식이다. 솔리드 방식으로 모델링할 경우 재질의 비중을 계산해 무게 등을 측정할 수 있다.

3D형상 모델링 방식의 종류가 아닌 것은?

① 넙스 방식
② 솔리드 방식
③ 폴리곤 방식
④ 엔지니어링 방식

> **해설**
> 3D형상 모델링 방식의 종류에는 폴리곤 방식(삼각형을 기본 단위로 하여 모델링을 할 수 있는 방식)과 넙스 방식(수학 함수를 이용하여 곡면의 형태를 만드는 방식), 솔리드 방식(면이 모여 입체가 만들어지는 상태로 속이 꽉 찬 물체를 이용해 모델링하는 방식)이 있다.

정답　④

2) 넙스 방식의 3D 모델링 프로그램

　넙스 방식의 3D 모델링 프로그램은 Rhinoceros, Catia, 123D, CADian3D, TinkerCAD 등 여러 가지가 있으나 여기서는 라이노 프로그램을 활용해서 3D형상 모델링을 해보기로 한다.
　3D형상 모델링을 위해서는 모든 소프트웨어에서 공통적으로 적용되는 기본기능이 있다.
　기본기능은 돌출(Extrude), 경로돌출(Sweep), 회전(Revolve), 로프트(Loft)와 입체와 입체 간 연산(Boolean)기능을 활용하여 다양한 입체 형상을 모델링할 수 있다.

3D형상 모델링을 위해서는 모든 소프트웨어에서 공통적으로 적용되는 기본기능이 있다. 아닌 것은?

① 돌출(Extrude)
② 회전(Revolve)
③ 경로돌출(Sweep)
④ 리프트(Lift)

> **해설**
> 3D형상 모델링을 위해서는 모든 소프트웨어에서 공통적으로 적용되는 기본기능이 있다. 기본기능은 돌출(Extrude), 경로돌출(Sweep), 회전(Revolve), 로프트(Loft)와 입체와 입체 간 연산(Boolean) 기능을 활용하여 다양한 입체 형상을 모델링할 수 있다.

정답　④

(1) 돌출 모델링

돌출 모델링은 2D 단면에 높이 값을 주어 면을 돌출시키는 방식이다. 선택한 면에 높이 값을 주어 돌출시킨다. [그림 2-2]는 면 선택하고 돌출 기능을 적용한 예를 나타낸다.

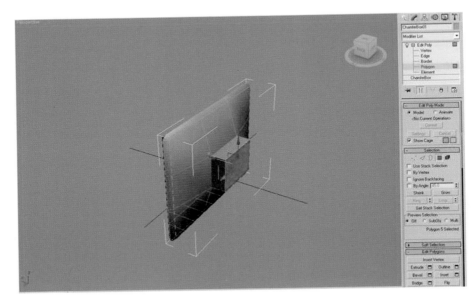

그림 2-2 돌출 모델링

(2) 스윕 모델링

스윕(Sweep) 모델링은 경로를 따라 2D 단면을 돌출시키는 방식이다. 스윕 모델링을 하기 위해서 경로와 2D 단면이 있어야 한다. [그림 2-3]은 사각형 경로에 2D 단면을 적용시켜 2D 단면을 가지는 사각형 테두리를 작성한 예이다.

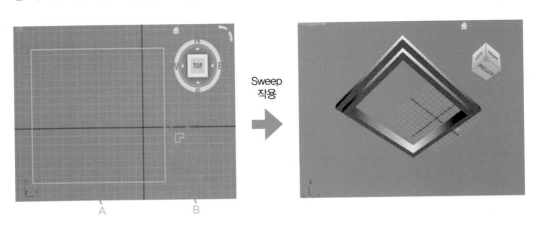

그림 2-3 스윕(Sweep) 모델링

(3) 회전 모델링

축을 기준으로 2D 라인을 회전하여 3D 객체로 만드는 방식이다. 단면이 대칭을 이루면서 360도 회전되는 물체를 만들 때 사용한다. 주로 와인 잔, 병 등을 만들 때 사용한다. [그림 2-4]는 회전 모델링의 예이다. 회전 모델링을 제작할 때 먼저 기준 축을 정하고, 그 축을 중심으로 회전시킬 회전체의 형태를 라인으로 작성한다. 라인이 만들어지면 옵셋 기능을 활용하여 두께를 정한 다음 축을 기준으로 회전 명령을 적용한다[그림 2-5].

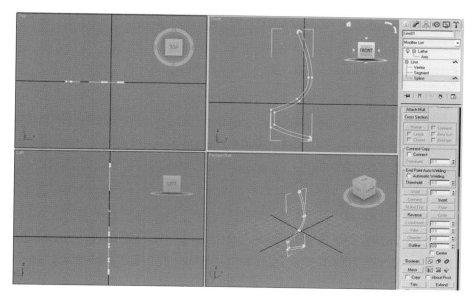

그림 2-4 회전 모델링-회전체라인 그리기

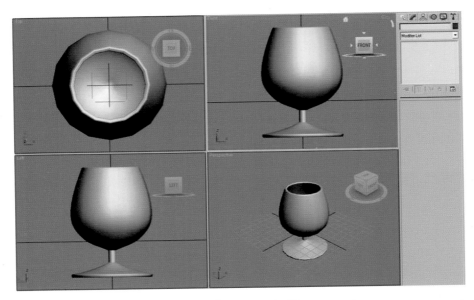

그림 2-5 회전 모델링 적용

⊕ 예상문제

축을 기준으로 2D 라인을 회전하여 3D 객체로 만드는 방식이다. 단면이 대칭을 이루면서 360도 회전되는
물체를 만들 때 사용한다. 주로 와인 잔, 병 등을 만들 때 사용한다. 다음 모델링 방법 중 설명으로 맞는 것은?

① 돌출 모델링
② 스윕 모델링
③ 회전 모델링
④ 로프트 모델링

해설

① 돌출 모델링은 2D 단면에 높이 값을 주어 면을 돌출시키는 방식이다. 선택한 면에 높이 값을 주어 돌출시킨다.
② 스윕 모델링은 경로를 따라 2D 단면을 돌출시키는 방식으로 경로와 2D 단면을 활용한다.
④ 2개 이상의 라인을 사용하여 3D 객체를 만드는 방식이다. 사용되는 라인 중 하나는 경로(Path)로 사용되며, 다른
하나는 표면(Shape)을 만들게 된다.

정답 ③

3D프린터운용기능사 필기 실기

(4) 로프트 모델링

2개 이상의 라인을 사용하여 3D 객체를 만드는 방식이다. 사용되는 라인 중 하나는 경로(Path)로 사용되며, 다른 하나는 표면(Shape)을 만들게 된다. 2개 이상의 라인을 적용하여 다양한 형태를 만들 수 있고, 복잡한 형태의 객체도 만들 수 있다[그림 2-6].

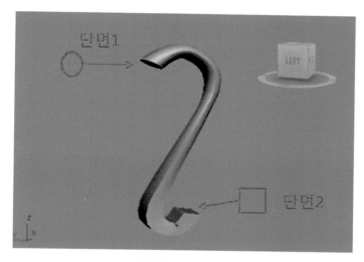

그림 2-6 로프트 모델링

(5) 불린(Boolean) 연산방식

기본 객체들에 집합 연산을 적용하여 새로운 객체를 만드는 방법이다. 집합 연산은 합집합, 교집합, 차집합 연산이 있다. 합집합은 두 객체를 합쳐서 하나의 객체로 만드는 것이고, 교집합은 두 객체의 겹치는 부분만 남기는 방식이다. 차집합은 한 객체에서 다른 한 객체의 부분을 빼는 것이다. 합집합과 교집합은 피연산자의 순서가 변경되어도 동일한 결과를 나타내지만, 차집합의 경우는 피연산자의 순서가 변경되면 다른 객체가 만들어진다. [그림 2-7]은 서로 다른 2개의 객체를 모델링한 것이다.

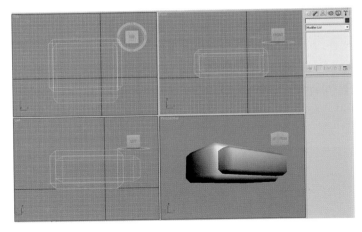

그림 2-7 집합 연산 적용을 위해 2개의 객체 생성

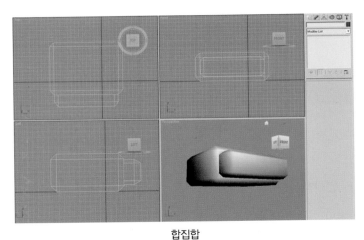

합집합

그림 2-8 합집합 적용 결과

3D프린터운용기능사 필기 실기

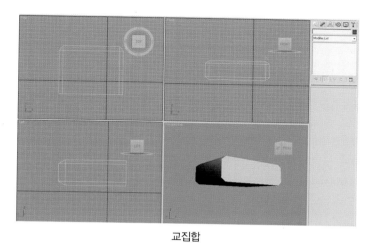

교집합

그림 2-9 교집합 적용 결과

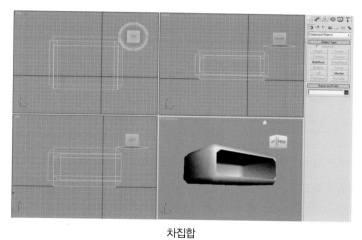

차집합

그림 2-10 차집합 적용 결과

불린(Boolean)연산방식을 설명한 것이다. 아닌 것은?

① 객체들을 이용한 집합 연산을 적용하여 새로운 객체를 만드는 방법이다. 집합 연산은 합집합, 교집합, 차집합 연산이 있다.

② 합집합은 두 객체를 합쳐서 하나의 객체로 만드는 것이다.

③ 교집합은 두 객체의 겹치는 부분만 남기는 방식이다.

④ 차집합은 한 객체에서 다른 한 객체의 부분을 더하는 것이다.

> **해설**
> 기본 객체들에 집합 연산을 적용하여 새로운 객체를 만드는 방법이다. 집합 연산은 합집합, 교집합, 차집합 연산이 있다. 합집합은 두 객체를 합쳐서 하나의 객체로 만드는 것이고, 교집합은 두 객체의 겹치는 부분만 남기는 방식이다. 차집합은 한 객체에서 다른 한 객체의 부분을 빼는 것이다. 합집합과 교집합은 피연산자의 순서가 변경되어도 동일한 결과를 나타내지만, 차집합의 경우는 피연산자의 순서가 변경되면 다른 객체가 만들어진다.

정답 ④

 ## 2. 작업지시서 작성

1) 작업지시서 작성 방법

작업지시서란 제품 제작 시에 반영해야 할 정보를 정리한 문서이다. 디자인 요구 사항, 영역, 길이, 각도, 공차, 제작 수량에 대한 정보를 포함하고 있다. 디자인 요구사항이란 디자인 결정 사항에 대한 설명과 입체로 만들어질 때 발생될 상황에 대한 내용이다. 다음은 작업지시서에 포함되어야 할 내용이다.

(1) 제작 개요

- 제작 물품명 : 제작할 물품명을 표기한다.
- 제작 방법 : 제작 방법에 대한 설명이다.
- 제작 기간 : 제작 기간을 표기한다.
- 제작 수량 : 제작 수량을 표기한다.

(2) 디자인 요구 사항

- 모델링 방법 : 모델링 방법에 대한 자세한 설명을 표기한다.
- 제작 시 주의 사항과 요구 사항을 작성한다.
- 출력할 3D프린터의 스펙 및 출력 가능 범위를 정확히 체크하고 그에 맞는 모델링을 수행한다.

(3) 정보 도출

- 전체 영역과 부분의 영역, 각 부분의 길이, 두께, 각도에 대한 정보를 도출한다.

(4) 도면 그리기

- Top view, Front view, Left view, Perspective View에 대한 도면을 그린다.
- 각 도면에 대한 정확한 영역과 길이, 두께, 각도 등에 대한 정보를 표기한다.

2) 작업지시서 작성하기

작업지시서 작성을 위해 제작하고자 하는 물체에 대한 디자인 요구사항, 영역, 길이, 각도, 공차, 제작 수량에 대한 정보를 도출해야 한다. 예를 들어, 손잡이 달린 컵을 제작하기 위해 컵의 윗부분 반지름, 아랫부분 반지름, 컵의 두께, 손잡이 두께 및 길이 정보를 도출해야 한다. 다음은 손잡이 달린 컵 제작을 위한 작업지시서와 테이블 작성을 위한 작업지시서 작성 예를 나타낸다.

(1) 손잡이 달린 컵에 대한 작업지시서 작성 예

① 제작 개요
- 제작 물품명 : 손잡이 달린 컵
- 제작 방법 : 컵의 몸통 부분은 회전 모델링을 이용하여 제작하고, 손잡이 부분은 라인으로 형태를 잡은 뒤 입체로 만든다.

② 디자인 요구 사항

- 손잡이 달린 컵은 단면의 회전에 의해 쉽게 생성할 수 있으므로 회전 모델링 방식을 이용하여 컵의 몸통 부분을 제작한다.
- 제작하고자 하는 컵의 단면과 일치되도록 라인을 그려 회전 모델링을 수행한다.
- 회전 모델링 수행 후 인접한 점들을 붙여 안쪽 면이 이어지게 하여 실제 제작 후에 틈이 생기지 않도록 한다.
- 출력할 3D프린터의 출력 가능 범위와 해상도를 파악하여 모델링을 수행한다.

③ 정보 도출

컵의 위쪽 반지름, 아래쪽 반지름, 컵의 길이, 두께, 손잡이 두께 등의 정보를 도출한다. 다음은 손잡이 달린 컵 제작을 위해 필요한 정보이다.

- 컵 전체의 가로, 세로, 높이 영역을 설정하고, 몸통과 손잡이로 분리한 뒤 몸통의 영역과 손잡이 영역을 표시한다.
- 컵의 부분별 반지름을 표시한다.
- 중심축을 기준으로 한 컵의 옆 단면의 라인을 표시한다.
- 컵 몸통의 두께를 표시한다.
- 손잡이가 부착될 시작 지점과 끝 지점을 표시한다.
- 손잡이의 모양을 그린다.
- 손잡이의 두께와 크기를 도출한다.

🎲 예상문제

작업지시서란 제품 제작 시에 반영해야 할 정보를 정리한 문서이다. 다음은 작업지시서에 포함되어야 할 내용이다. 아닌 것은?

① 모델링 방법에 대한 자세한 설명을 표기한다.
② 전체 영역과 부분의 영역, 각 부분의 길이, 두께, 각도에 대한 정보를 도출한다.
③ 제작 기간과 제작 수량을 표기한다.
④ 작업지시서에는 도면그리기를 생략한다.

해설
작업지시서 작성 시 도면이 반드시 필요하다.
- Top view, Front view, Left view, Perspective View에 대한 도면을 그린다.
- 각 도면에 대한 정확한 영역과 길이, 두께, 각도 등에 대한 정보를 표기한다.

정답 ④

④ 도면 그리기(도면치수 수정)

그림 2-11 컵 도면

그림 2-12 컵 입체도 완성

(2) 테이블에 대한 작업지시서 작성 예

① 제작 개요
- 제작 물품명 : 테이블
- 제작 방법 : 테이블의 위쪽은 모서리가 둥근 박스 형태로 제작하고, 테이블 다리 부분은 위쪽은 둥근 모양, 아래쪽은 사각형 모양이므로 로프트 모델링 방식을 이용하여 제작한다.

② 디자인 요구 사항
- 테이블 다리를 제작할 때 위쪽 단면은 둥글게, 아래쪽 단면은 사각형으로 제작하여야 하므로 로프트 모델링 방식을 이용하여 제작한다.
- 테이블 다리를 하나 생성한 뒤 대칭 복사하여 각 부분에 배치하도록 한다.

③ 정보 도출
테이블 윗부분과 테이블 다리 부분 제작을 위해 필요한 정보를 도출한다.
- 테이블 전체의 가로, 세로, 높이 영역을 설정하고, 테이블 윗부분과 다리 부분의 영역을 설정한다.
- 테이블 다리의 윗면과 아랫면 단면을 설정하고 크기를 표시한다.
- 테이블에 다리를 배치할 때 각도를 표시한다.

④ 도면 그리기(도면치수 수정)

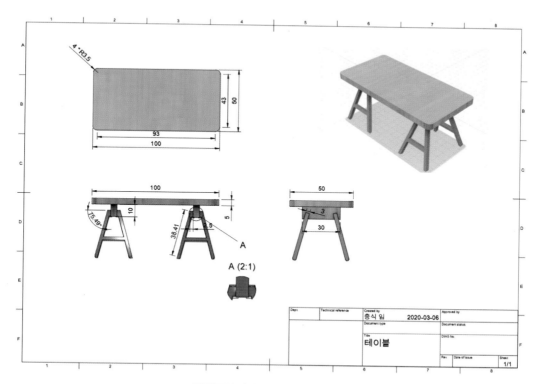

그림 2-13 테이블 도면(작업 지시서)

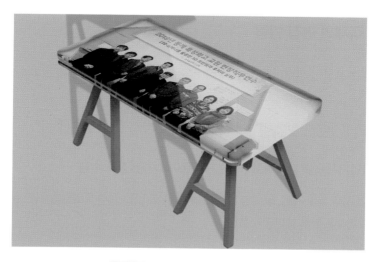

그림 2-14 테이블 완성(이미지 랜더링)

작성된 작업지시서를 활용하여 3D형상을 모델링하고 부품별로 편집 후에 통합적인 객체로 결합하여 완성한다.

 예상문제

일반적으로 모든 제품은 작성된 작업지시서를 활용하여 3D형상을 모델링하고 부품별로 편집과정을 거친다. 다음 중 3D모델링 기능이 아닌 것은?

① 돌출   ② 회전   ③ 로프트   ④ 로브

> **해설**
> 넙스 모델링의 대표적인 기능으로 돌출, 회전, 로프트 등이 있으며 로브란 기능은 없다.

정답 ④

1. 생성 객체의 편집 변형

작업지시서에 주어진 도면 치수를 참고하여 다음 순서에 따라 3D모델링을 수행한다.

1) 손잡이 컵의 3D형상 모델링

(1) 지급된 작업지시서를 분석하고 3D 소프트웨어 환경설정을 수행

① 작업지시서의 요구 사항, 모델링 방식 등을 분석하여 3D 객체 모델링을 위한 뷰포트, 좌표계 등의 소프트웨어 환경 설정을 수행한다.

② 작업지시서의 크기 단위를 고려하여 작업 환경 스케일을 설정한다.

(2) 작업지시서에 따라 3D 객체를 모델링

① 스케치된 2D 이미지를 이용하여 기본 라인을 형성한다.

손잡이 달린 컵은 컵의 몸통과 손잡이로 나눌 수 있다. 컵 몸통은 2D 라인을 회전시켜 만들고, 손잡이는 폴리곤 모델링을 하거나 단면에 라인 경로를 주어 만들 수 있다. 먼저 컵의 몸통을 만들기 위해 컵의 옆면 라인이 필요하다. 작업지시서의 도면이나 이미지가 있다면 최대한 동일하게 라인을 그려야 하고 크기 및 두께를 맞추어야 한다. [그림 2-15]는 회전 모델링을 하기 위한 컵의 단면 커브를 완성한 것이다.

그림 2-15 컵의 단면 커브 _ Revolve

② 기본 라인과 3D 툴을 이용하여 3D 객체를 생성한다.

2D 라인이 준비되면 3D 객체 생성 도구를 이용하여 3D 모델링을 할 수 있다. 컵과 같은 회전체는 회전 모델링을 이용하여 3D 객체를 제작할 수 있다. [그림 2-16]은 2D 라인을 이용한 회전 모델링으로 완성된 컵의 3D 이미지이다.

그림 2-16 회전모델링을 적용한 컵모양 제작

③ 생성된 객체를 병합하고 수정한다.

회전 모델링으로 컵 몸통이 완성되면, 폴리곤 편집을 통해 손잡이를 병합할 수 있다. 컵 몸통 중 손잡이를 병합할 면을 선택하고, 선택한 면에서 손잡이 라인을 따라 3D 모델링을 수행한 후 마무리한다. 병합 후 수정 도구를 이용하여 크기, 두께, 부드러움의 정도를 조절한다. 완성된 컵은 [그림 2-17]과 같다.

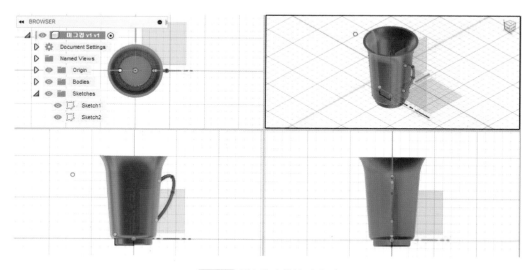

그림 2-17 컵손잡이 생성 및 수정

2) 테이블 3D형상 모델링

(1) 지급된 작업지시서를 분석하고 3D 소프트웨어 환경설정을 수행한다.

① 작업지시서의 요구 사항, 모델링 방식 등을 분석하여 3D 객체 모델링을 위한 뷰포트, 좌표계 등의 소프트웨어 환경 설정을 수행한다.

② 작업지시서의 크기 단위를 고려하여 작업 환경 스케일을 설정한다.

(2) 작업지시서에 따라 3D 객체를 모델링한다.

테이블은 윗면과 테이블 다리로 구성되어 있다. 테이블 윗면은 박스 도형을 이용하고 모서리를 부드럽게 처리해 준다. 테이블 다리는 다리의 시작 부분은 원형, 다리의 끝 부분은 사각형 단면이 들어가야 하므로 로프트 모델링으로 제작할 수 있다.

① 스케치된 2D 이미지를 이용하여 테이블 다리 라인을 형성한다.
[그림 2-18]은 테이블 다리를 만들기 위해 라인을 제작한 것이다.

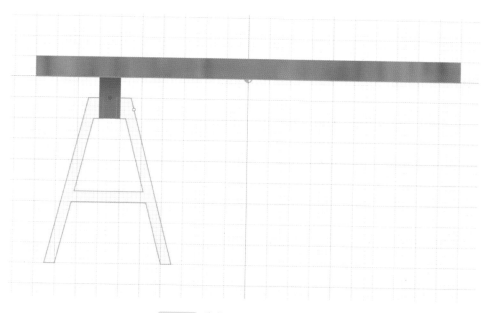

그림 2-18 테이블 다리 만들기 _ 스케치

② 로프트 도구를 이용하여 다리 형상 만들기

로프트 도구를 이용하여 라인의 시작 부분에는 원 모양의 도형을 적용시키고, 라인의 끝부분에는 사각형 모양의 도형을 적용시킨다. 로프트 객체가 완성되면 부분별 두께를 조정할 수 있다. [그림 2-19]는 로프트 적용 후 결과 화면을 나타낸다.

그림 2-19 대칭기능으로 한쪽 다리 완성

③ 생성된 객체를 병합하고 수정한다.

테이블 윗면은 박스를 이용하여 생성하고 모서리 부분은 부드럽게 처리한다. 테이블 다리 각도를 정하여 적절히 배치한다. 테이블 다리를 배치할 때는 좌우 앞뒤 대칭이 되도록 도구를 이용한다. 마지막으로 테이블 윗면과 다리의 비율, 크기, 두께, 각도를 확인하면서 수정한다. 최종 완성된 화면은 [그림 2-20]과 같다.

그림 2-20 최종 완성

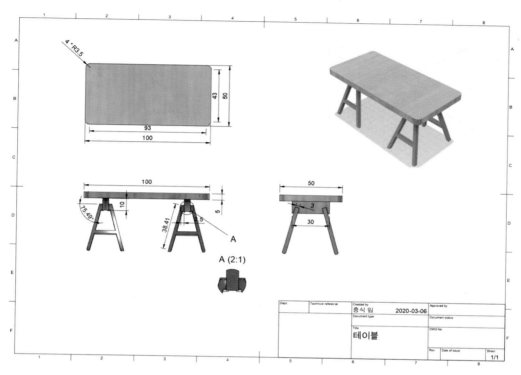

그림 2-21 통합 객체 완성

Chapter

03 출력용 데이터 수정

3D프린터 방식과 재료를 고려하여 출력용 데이터 중 형상 데이터의 공차, 크기, 두께를 수정할 수 있다.

🎲 예상문제

3D프린터 방식과 재료를 고려하여 출력용 데이터를 수정하여야 한다. 수정할 데이터에 속하지 않는 것은?

① 공차   ② 크기
③ 두께   ④ 위치

해설
3D프린터 방식과 재료를 고려하여 출력용 데이터 중 형상 데이터의 공차, 크기, 두께를 수정할 수 있다.

정답   ④

---

1. 편집된 객체의 수정

1) 3D프린터에 따른 객체의 수정

3D프린터에 따라 출력 가능 해상도가 다르다. 처음부터 특정 3D프린터의 출력 해상도를 고려하여 제작한 경우라면 문제가 없겠지만, 그 외의 경우는 3D 모델링 데이터를 출력할 프린터의 해상도에 맞추어 데이터를 변경해야 한다. 출력할 3D프린터의 특성을 고려하지 않고 정밀하게 모델링된 데이터의 경우 가장 작은 부분의 크기가 0.1mm 정도이고, 3D프린터의 출력 가능 해상도가 0.4mm인 경우에는 3D 모델링 데이터를 최소 0.4mm 이상으로 변경해야 한다. 3D 디자인 소프트웨어의 스케일 기능을 이용하여 두께와 크기를 변경한다.

2) 슬라이서 프로그램에서 객체의 수정

슬라이서 프로그램은 3D 프린팅이 가능하도록 데이터를 층별로 분류하여 저장해준다. 대부분의 슬라이서 프로그램이 오픈 소스에 기반하여 개발되었기 때문에 유사한 설정과 인터페이스를 가지고 있다.

예상문제

슬라이서 프로그램에서 객체의 수정이 가능한 요소를 나열한 것이다. 아닌 것은?

① 출력물의 정밀도 설정(레이어 높이, 벽 두께)
② 출력물의 채움방식[출력물 내부 채움 밀도(%)]
③ 출력 속도, 노즐과 베드판의 온도를 설정
④ 리모델링(데이터수정 및 편집)

해설
(1) 출력물의 정밀도 설정 : ① 출력 시 적층의 높이를 지정한다. ② 출력물의 벽 두께를 설정한다.
(2) 출력물의 채움방식 : 출력물의 내부를 채울 때 밀도를 설정한다(%).
(3) 속도와 온도 : 출력 속도, 노즐과 베드판의 온도를 설정한다.
(4) 출력할 재료에 대한 설정 : 프린팅 필라멘트(재료)의 직경과 압출되는 재료의 양을 설정한다.

정답 ④

(1) 출력물의 정밀도 설정

① Layer height(mm) : 출력 시 적층의 높이를 지정한다. 최소 높이 값은 각 프린터 사용 설명서를 참조해야 한다. 높이 값이 작을수록 프린팅 해상도는 좋아지지만 프린팅 속도는 느려질 수밖에 없다.
② 벽 두께(mm) : 출력물의 벽 두께를 설정한다. 노즐 구경보다 작은 값을 설정할 수 없다. 구경이 0.4mm라면 벽 두께는 그 이상을 설정해야 한다.

(2) 출력물의 채움방식

① 출력물 내부 채움 밀도(%) : 출력물의 내부를 채울 때 밀도를 설정한다. 수치가 높을수록 밀도가 높고 내부에 재료를 꽉 채우게 된다. ABS 등의 경우, 밀도가 높을수록 재료 수축률이 높아져 갈라짐 현상이 발생할 수 있다.

(3) 속도와 온도

출력 속도, 노즐과 베드판의 온도를 설정한다. 각 축의 모터 이동 속도를 너무 높이면 표면의 결속 상태가 좋지 않게 되는 문제가 발생할 수 있다.

(4) 출력할 재료에 대한 설정

프린팅 필라멘트(재료)의 직경과 압출되는 재료의 양을 설정한다. 노즐에서 분사되는 양이 많으면 흐름현상이 생기고, 너무 적으면 출력물이 갈라지거나 그물같이 구멍이 뚫릴 수도 있다. 1을 기준으로 출력 테스트를 해 보는 것이 좋다.

3) 3D 형상 데이터 분할

3D프린터는 기기마다 최대 출력 사이즈가 정해져 있다. 최대 출력 크기보다 큰 모델링 데이터는 분할 출력의 과정을 거쳐야 한다. 분할 출력이란 하나의 3D 형상 데이터를 나누어 출력하는 것이다. 출력물이 3D프린터의 최대 출력 사이즈를 넘으면 분할 출력을 해야 하고, 이 경우에는 분할 출력 후 다시 하나의 형태로 만들어지는 것을 고려하여 분할해야 한다. 분할된 개체를 다시 하나로 연결시켜 줄 때 주로 접착제를 사용한다. 하지만 모델링의 수정을 통해 접착제 없이 결합이 될수 있는 구조로 수정할 수 있다.

🔷 예상문제

3D프린팅 과정에서 분할 출력하는 경우를 설명한 것이다. 틀린 것은?

① 최대 출력 크기보다 큰 모델링 데이터는 분할 출력하여야 한다.
② 하나의 3D 형상 데이터를 나누어 출력하는 것이다.
③ 분할 출력 후 다시 하나의 형태로 만들어지는 것을 고려하여 분할해야 한다.
④ 3D프린터는 기기마다 최대 출력 사이즈가 정해져 있다.

해설

최대 출력 크기보다 큰 모델링 데이터는 분할 출력의 과정을 거쳐야 한다. 분할 출력이란 하나의 3D 형상 데이터를 나누어 출력하는 것이다. 출력물이 3D프린터의 최대 출력 사이즈를 넘으면 분할 출력을 해야 하고, 이 경우에는 분할 출력 후 다시 하나의 형태로 만들어지는 것을 고려하여 분할해야 한다.

정답 ④

(1) 큰 사이즈 출력물 분할

아래 [그림 2-22]의 의자 모델링 데이터는 338 × 232 × 495mm이다. 슬라이서 프로그램에서 열어보면 아래와 같이 출력 범위를 벗어남을 알 수 있다. 이런 경우, 형상 데이터를 분할하여 출력 해야 한다(예 : 프린터 출력사양 최대 275 × 265 × 230 경우).

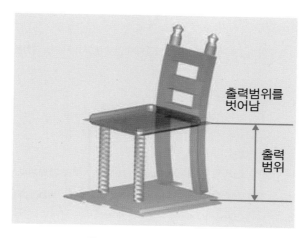

그림 2-22 큰사이즈 출력물 분할

(2) 캐릭터 모델링 분할 출력

사람이 서 있는 형태의 캐릭터를 출력하려고 하면 서포트가 많이 필요하다. 어깨로부터 이어지는 팔과 손가락은 반드시 서포트가 필요하다. 이러한 경우, 캐릭터를 큰 덩어리로 나누어 분할 출력하는 것이 효율적이다. 서포트를 설치한 후 출력을 했을 때, 서포트를 제거하는 과정에서 출력물이 손상되기도 하기 때문이다.

2. 출력용 데이터 저장

1) 3D형상데이터에 부가요소 추가

3D프린터는 적층 방식으로 출력이 이루어지므로 모델의 구조에 따라 서포트와 같은 부가 요소를 추가해야 한다. 적층이 되려면 바닥면부터 레이어가 차례로 쌓여야 하는데, 바닥면과 떨어져 있는 레이어는 갑자기 허공에 뜨게 되어 출력이 제대로 이루어지지 않는다. 이러한 문제점을 보완하고자 하는 것이 서포트이다. 3D 프린팅에서 서포트는 바닥면과 모델에서 지지대가 필요한 부분을 이어 주는 역할을 한다.

3D프린팅 과정에서 서포트가 필요 없는 방식이 있다. 맞는 것은?

① FDM 방식 　　　　　　② DLP 방식
③ SLA 방식 　　　　　　④ SLS 방식

해설
SLS 방식은 분말타입으로 별도의 서포트가 필요 없으며 가공되지 않은 분말이 서포트 역할을 한다.

정답　④

(1) FDM 방식

　FDM 방식을 지원하는 출력 소프트웨어 Cura, Makerbot, Meshmixer 등에서 자동 서포트가 실행된다. 최근에는 출력용 3D모델링을 DFAM(Design for Additive Manufacturing) 방식을 이용하여 서포트 생성을 최소화하고 있는 추세이다.

(2) DLP 방식

　DLP 방식을 지원하는 출력 소프트웨어 Meshmixer, B9Creator, Stick+ 등에서 자동 서포트를 지원하거나 직접 서포트를 설치할 수 있다. 서포트를 모델에 직접 설치하면 자동으로 설치하는 것에 비해 소재의 비용 절감과 함께 높은 품질의 출력물을 얻을 수 있다.

(3) SLA 방식

　자동 서포트를 지원하고 직접 서포트도 설치할 수 있다. 광원이 다른 점 외에는 DLP와 비슷하기 때문에 DLP 출력 보조 소프트웨어 B9Creator, Stick+ 등에서 서포트를 설치할 수 있다.

2) 출력용 디자인 데이터로 저장

　여러 3D디자인 소프트웨어에서 작업한 형상을 3D프린터용 데이터로 저장하려면 3D프린터 표준 파일로 저장해야 한다. 3D 설계 툴은 설계 목적에 따라 다양한 툴들이 존재하며, 기본적으로 슬라이서 프로그램에서 호환 가능한 *.stl, *.obj 파일로 변환이 가능하다면 어떠한 툴도 상관없다. 슬라이서 프로그램에서 STL 파일의 레이어 분할 및 출력 환경을 설정할 수 있다. 슬라이서 프로그램에서 레이어 및 출력 환경이 결정되면 G-Code로 변환한다.

3) 슬라이서 프로그램으로 출력용 데이터 저장

슬라이서 프로그램은 입체 모델링을 단면별로 나누어 프린팅 소프트웨어에서 동작할 수 있게 G코드를 생성하는 프로그램이다. 슬라이서 프로그램은 출력물이 정상적인 3D형태를 유지하기 위해 필요한 서포트의 설치를 지원한다.

🧊 예상문제

입체 모델링을 단면별로 나누어 프린팅 소프트웨어에서 동작할 수 있게 G코드를 생성하는 프로그램으로서 출력물이 정상적인 3D형태를 유지하기 위해 필요한 서포트의 설치를 지원하는 프로그램은?

① 슬라이서 프로그램　　　② 전송 프로그램
③ 분할 프로그램　　　　　④ 매직 프로그램

해설

슬라이서 프로그램은 입체 모델링을 단면별로 나누어 프린팅 소프트웨어에서 동작할 수 있게 G코드를 생성하는 프로그램이다. 슬라이서 프로그램은 출력물이 정상적인 3D형태를 유지하기 위해 필요한 서포트의 설치를 지원한다.

정답　①

(1) [그림 2-23]은 의자 객체에 서포트를 설정한 것이다.

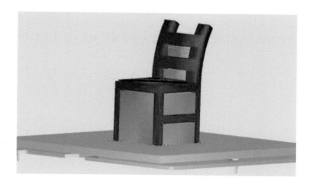

그림 2-23 의자에 서포트 설치 모습

위 [그림 2-23]은 서포트가 잘못된 예를 보여주고 있다. 어느 방향으로 설치해도 서포트가 많이 생성될 경우는 부품을 분할해서 서포트를 최소화시켜서 출력하는 것이 효율적인 방법이다.

아래 [그림 2-24]처럼 출력데이터를 분할해서 출력하는 것이 바람직한 방법이다.

그림 2-24 출력 데이터 분할(서포트 최소화)

슬라이싱 과정에서 어느 방향으로 설치해도 서포트가 많이 생성될 경우가 있다. 가장 바람직한 방법은?

① 부품을 분할해서 서포트를 최소화시켜서 출력하는 것이 효율적인 방법이다.

② 부품의 크기를 조절하여 출력하는 것이 효율적인 방법이다.

③ 출력데이터를 확대하여 출력하는 것이 효율적인 방법이다.

④ 자동서포트를 설치하여 출력하는 것이 효율적인 방법이다.

해설

어느 방향으로 설치해도 서포트가 많이 생성될 경우는 부품을 분할해서 서포트를 최소화시켜서 출력하는 것이 효율적인 방법이다.

정답 ①

(2) [그림 2-25]는 서포트를 고려하지 않고 자동 서포트를 설치한 모습이다.

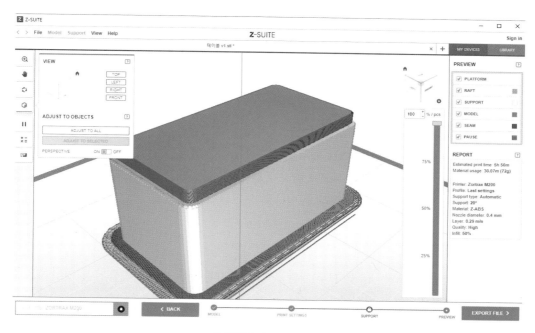

그림 2-25 서포트 나쁜 예

(3) [그림 2-26]은 서포트를 최소화하기 위하여 테이블의 위치를 뒤집은 것이다.

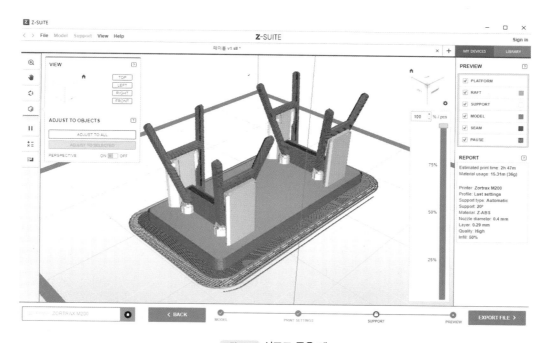

그림 2-26 서포트 좋은 예

(4) 슬라이싱 프로그램에서 출력물이 정상적으로 출력이 가능한지 여부와 재료의 낭비가 우려되는 부분 등을 고려하여 서포트가 최소화될 수 있게 분할하거나 출력과 관련된 파라미터를 최적 상태로 조정한 후 최종 출력용 파일로 저장한다.

4) 성공적인 프린팅을 위한 고려사항

(1) 외곽선의 끊김을 확인한다.

3D 프린팅을 위한 모델링 데이터는 모든 면이 닫혀 있어야 한다. 3D프린팅에서 모든 출력은 폴리곤 모델링으로 전환해 출력하게 되므로 메시가 갈라지지 않도록 유의해야 한다. 별도의 메시 점검 프로그램을 사용하여 끊김을 확인할 수 있다.

(2) 두께 지정하기

두께를 지정하지 않으면 내부를 모두 채워 출력하게 된다. 모든 면에 두께를 주는 것이 재료를 아끼고 형태 변형을 줄이는 방법이다.

(3) 정확한 치수를 확인해 모델링한다.

정확한 치수로 각 부품을 모델링한 후 출력하여 각 부품을 조립하면 실제 사용 가능한 제품을 제작할 수 있다. 재료의 수축률은 일일이 알기 어렵다. 따라서 정확한 치수에 따른 모델링을 하고 재료의 수축률로 생기는 오차에 대비하는 것이 좋다.

(4) 슬라이싱 간격

슬라이서 프로그램에서 프린팅 설정 시 Z축의 최소치와 최대치를 알아야 한다. 적층 높이의 수치가 낮을수록 출력물 품질은 좋아지지만 프린팅 속도는 느려진다. 보통 0.2~0.3mm 간격으로 적층 높이를 설정하면, 거칠지만 상대적으로 빠른 속도로 결과를 얻을 수 있다. 0.1~0.15mm의 높이는 좋은 품질의 출력물을 얻을 수 있다.

(5) 내부 채움 방식

기본 채움 정도는 20%로 재료의 온도 변화에 따른 수축률과 속도, 강도를 테스트한 경험에서 나온 수치이다. 이것을 기본값으로 프린팅해 본 후 필요에 따라 채움의 정도를 변경하는 것이 좋다. 내부 채움 방식 설정은 경험치에 의한 것이므로 많은 시험 출력이 필요하다. ABS 재료는 수축률이 크고 PLA 재료는 수축률이 적다.

성공적인 프린팅을 위한 고려사항이다. 적당하지 않은 것은?

① 3D프린팅을 위한 모델링 데이터는 모든 면이 닫혀 있어야 한다.

② 두께를 지정하지 않으면 내부를 모두 채워 출력하게 된다.

③ 정확한 치수에 따른 모델링을 하고 재료의 수축률로 생기는 오차에 대비하는 것이 좋다.

④ 적층 높이의 수치가 높을수록 출력물 품질은 좋아지지만 프린팅 속도는 빨라진다.

해설

적층 높이의 수치가 낮을수록 출력물 품질은 좋아지지만 프린팅 속도는 느려진다.

정답 ④

Craftsman
3DPrinter
Operation
3D프린터운용기능사

PART

03

엔지니어링 모델링

엔지니어링 모델링이란 정형화된 객체를 설계하기 위하여
도면을 이해하고 2D스케치, 3D객체형성, 객체조립, 출력
용 설계 수정하기를 수행하는 일이다.

도면이란 표준화된 문자와 기호 등을 통하여 설계자의 생각을 작업자에게 정확하게 전달하는 수단으로 사용되는 종이 형태의 그림이다. 이렇게 설계자와 작업자 사이에서 의사소통이 가능하도록 약속한 규정이 국가 표준규격(KS)에서 제정한 제도규격이다. 모든 분야의 이공학도는 제도통칙을 기본적으로 숙지하여야 하며 또한 각자의 부문별 제도규격을 알아야 설계자의 의도를 도면을 통하여 이해가 가능하고 제품을 제작할 수 있는 것이다.

1. 도면해독

도면해독이란 도면에서 해당 부품의 주요 가공부위를 선정하고, 주요 가공치수를 파악할 수 있으며 가공공차에 대한 가공 정밀도를 이해하고 그에 적합한 가공 설비 및 치공구를 선정할 수 있는 것을 말한다. 이 장에서는 도면해독에 있어서 기본적인 정투상도법과 치수 기입법을 알아보기로 한다.

1) 정투상도법의 이해

(1) 투상도의 정의

물품(대상물)에 일정한 법칙으로 광선을 비추어 그 형상의 그림자를 평평한 화면에 비치는 것을 투상이라고 한다. 도면에서는 투상도를 이용하여 물품(대상물)의 형상을 표시하는데, [그림 3-1]과 같이 평행투상의 원리에 따라 투상하여 표시하는 데 시점과 투영면의 위치에 따라 1각법과 3각법으로 구분한다.

엔지니어링 모델링을 설명한 것이다 아닌 것은?

① 정형화된 객체를 설계하기 위하여 도면을 이해하고 2D스케치를 할 수 있다.

② 3D모델링 소프트웨어를 활용하여 3D객체를 형성할 수 있다.

③ 3D모델링 프로그램을 활용하여 객체 조립과 출력용 설계 등을 할 수 있다.

④ 일러스트나 포토샵 등의 소프트웨어를 활용하여 엔지니어링 모델링을 할 수 있다.

해설

엔지니어링 모델링이란 정형화된 객체를 설계하기 위하여 도면을 이해하고 2D스케치, 3D객체 형성, 객체 조립, 출력용 설계 수정하기를 수행하는 일이다.

정답 ④

도면을 설명한 것이다. 맞지 않는 것은?

① 표준화된 문자와 기호 등을 통하여 설계자의 생각을 작업자에게 정확하게 전달하는 수단으로 사용되는 종이 형태의 그림을 말한다.

② 설계자와 작업자 사이에서 의사소통이 가능하도록 국가 표준규격(KS)으로 그려진 그림을 말한다.

③ 부문별 제도규격을 알아야 설계자의 의도를 이해하고 제품을 제작할 수 있도록 그려진 그림을 말한다.

④ 각 국가별, 회사별 기준에 따라 도면을 작성하여 사용한다.

해설

도면이란 표준화된 문자와 기호 등을 통하여 설계자의 생각을 작업자에게 정확하게 전달하는 수단으로 사용되는 종이 형태의 그림이다. 이렇게 설계자와 작업자 사이에서 의사소통이 가능하도록 약속한 규정이 국가 표준규격(KS)에서 제정한 제도규격이다. 모든 분야의 이공학도는 제도통칙을 기본적으로 숙지하여야 하며 또한 각자의 부문별 제도규격을 알아야 설계자의 의도를 도면을 통하여 이해가 가능하고 제품을 제작할 수 있는 것이다.

정답 ④

도면해독에 대한 설명 중 틀린 것은?

① 도면에서 해당 부품의 주요 가공부위를 선정하고, 주요 가공치수를 파악할 수 있다.

② 가공공차에 대한 가공 정밀도를 이해하고 그에 적합한 가공 설비 및 치공구를 선정할 수 있다.

③ 도면해독의 기본인 정투상법을 이해하고 치수와 가공방법 등을 파악할 수 있다.

④ 원점투상 방식으로 그려진 투상도를 기준으로 도면해독을 할 수 있다.

해설

도면해독이란 도면에서 해당 부품의 주요 가공부위를 선정하고, 주요 가공치수를 파악할 수 있으며 가공공차에 대한 가공 정밀도를 이해하고 그에 적합한 가공 설비 및 치공구를 선정할 수 있는 것을 말한다.

정답 ④

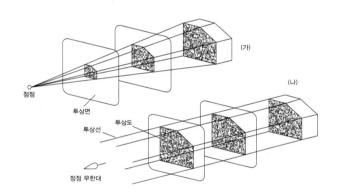

그림 3-1 원점투상과 평행투상의 비교

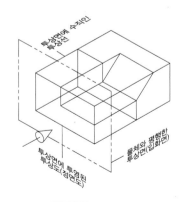

그림 3-2 평행투상의 예

(2) 제1각법

대상물의 도형을 표시할 때, 대상물을 1상한에 두고 투상하는 방식으로 투상면의 앞쪽에 물품이 있는 경우를 말한다. 1각법은 정면도를 중심으로 아래쪽에는 평면도, 위쪽에는 저면도, 왼쪽에는 우측면도, 오른쪽에는 좌측면도를 배열하고, 배면도는 형편에 따라 왼쪽 또는 오른쪽에 두는 방법이다.

🗿 예상문제

제1각법을 설명한 것이다. 아닌 것은?

① 대상물을 1상한에 두고 투상하는 방식으로 투상면의 앞쪽에 물품이 있는 경우를 말한다.
② 1각법은 정면도를 중심으로 아래쪽에는 평면도, 오른쪽에는 좌측면도가 위치한다.
③ 1각법은 정면도를 중심으로 위쪽에는 평면도, 오른쪽에는 우측면도가 위치한다.
④ 투시순서가 눈 – 물체 – 투영면 순으로 배치된다.

해설

대상물의 도형을 표시할 때, 대상물을 1상한에 두고 투상하는 방식으로 투상면의 앞쪽에 물품이 있는 경우를 말한다. 1각법은 정면도를 중심으로 아래쪽에는 평면도, 위쪽에는 저면도, 왼쪽에는 우측면도, 오른쪽에는 좌측면도를 배열하고, 배면도는 형편에 따라 왼쪽 또는 오른쪽에 두는 방법이다.

정답 ③

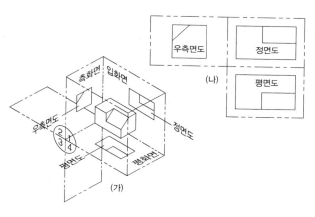

그림 3-3 제1각법의 투상도 표준배치

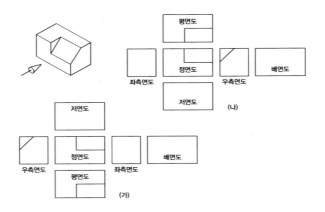

그림 3-4 제1각법(가)과 제3각법(나)의 투상도 표준배치도

(3) 제3각법

대상물의 도형을 표시할 때, 대상물을 3상한에 두고 투상하는 방식으로 투상면의 뒤쪽에 물품이 있는 경우를 말한다. 3각법은 정면도를 중심으로 아래쪽에는 저면도, 위쪽에는 평면도, 오른쪽에는 우측면도, 왼쪽에는 좌측면도를 배열하고, 배면도는 형편에 따라 왼쪽 또는 오른쪽에 두는 방법이다. 한국산업규격(KS)에서는 3각법의 사용을 표준으로 하고 있다.

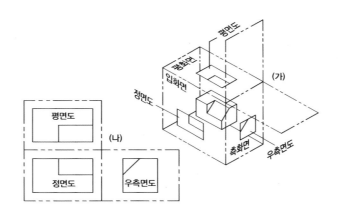

그림 3-5 제3각법의 투상도 표준배치

제3각법을 설명한 것이다. 아닌 것은?

① 대상물을 3상한에 두고 투상하는 방식으로 투상면의 뒤쪽에 물품이 있는 경우를 말한다.

② 3각법은 정면도를 중심으로 아래쪽에는 저면도, 오른쪽에는 우측면도가 위치한다.

③ 3각법은 정면도를 중심으로 위쪽에는 평면도, 왼쪽에는 우측면도가 위치한다.

④ 투시순서가 눈 – 투영면 – 물체 순으로 배치된다.

해설

대상물의 도형을 표시할 때, 대상물을 3상한에 두고 투상하는 방식으로 투상면의 뒤쪽에 물품이 있는 경우를 말한다. 3각법은 정면도를 중심으로 아래쪽에는 저면도, 위쪽에는 평면도, 오른쪽에는 우측면도, 왼쪽에는 좌측면도를 배열하고, 배면도는 형편에 따라 왼쪽 또는 오른쪽에 두는 방법이다. 한국산업규격(KS)에서는 3각법의 사용을 표준으로 하고 있다.

정답 ③

표 3-1 제3각법과 제1각법 비교

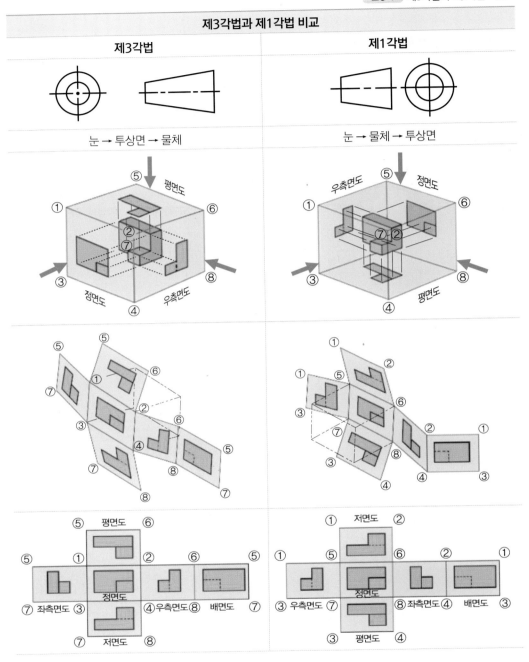

(4) 투상도 연습(3각법)

우리나라 KS에서는 3각법 사용을 표준으로 하고 있으므로 다음에 차례대로 주어지는 투상도 연습과제 [그림 3-6 ~ 10]을 통해 3각법에 의한 정면도, 평면도, 측면도를 연습한다.

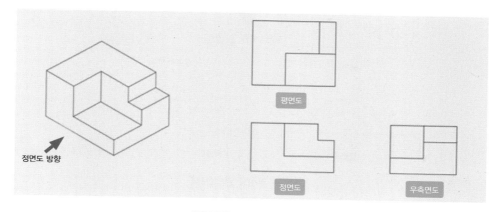

그림 3-6 투상도 연습과제1

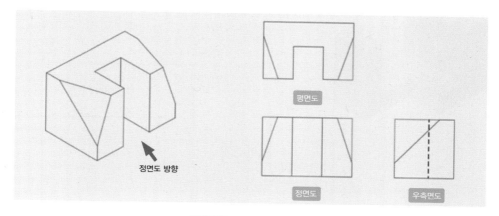

그림 3-7 투상도 연습과제2

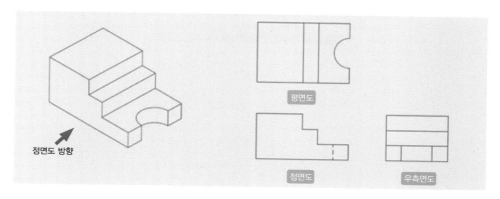

그림 3-8 투상도 연습과제3

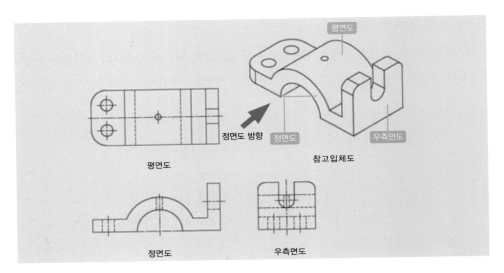

평면도

정면도 방향

정면도

우측면도

평면도

참고입체도

정면도

우측면도

그림 3-9 투상도 연습과제4

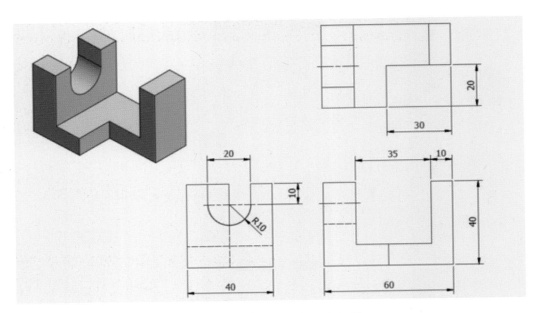

그림 3-10 투상도 연습과제5(치수기입포함)

2) 치수 기입법

치수의 기입 방법은 KS A0113 일반 원칙에서 치수의 정의와 원칙을 기술하고 있다.

(1) 치수의 정의

① 정의 : 적절한 측정 단위로 나타내는 선, 기호, 주서로 도면에 기입하는 수치
② 분류 : 기능치수(functional dimension : [그림 3-11]의 "F" 참조)와 비기능치수(non-functional dimension : [그림 3-11]의 "NF" 참조), 참고치수(auxiliary dimension : [그림 3-11]의 "AUX" 참조)로 구분된다.

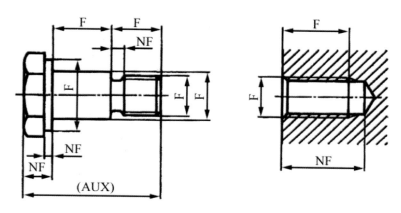

그림 3-11 기능치수(F), 비기능 치수(NF), 참고치수(AUX) 구분

🟦 예상문제

치수의 정의와 분류로 맞지 않는 것은?

① 치수의 정의는 적절한 측정 단위로 나타내는 선, 기호, 주서로 도면에 기입하는 수치를 말한다.
② 치수는 기능치수와 비기능 치수가 있다.
③ 치수는 참고치수로 (   ) 안에 치수를 기입한다.
④ 치수는 참고치수와 기능치수만으로 분류한다.

해설
① 정의 : 적절한 측정 단위로 나타내는 선, 기호, 주서로 도면에 기입하는 수치
② 분류 : 기능치수(functional dimension)와 비기능치수(non-functional dimension), 참고치수(auxiliary dimension)로 구분된다.

정답 ④

(2) 치수의 종류

치수의 종류에는 재료치수, 소재치수, 다듬질치수가 있다.

① 재료치수는 탱크, 압력용기, 철골 구조물 등을 제조할 때 필요한 각종 재료의 치수로서 잘림살, 다듬살 등이 포함된 치수를 말한다.
② 소재치수는 반제품에 사용되는 치수로서 기계가공과정이 남아있는 미완성제품의 치수를 말하며 잘림살을 포함하고 있는 치수이다.
③ 다듬질치수는 마무리치수라고도 하며 완성치수로 사용된다. 일반적으로 도면에 사용되는 모든 치수는 특별한 명시가 없는 한 다듬질치수인 완성치수로 기입하되 기능성 등의 조건에 따라 공차와 함께 기입된다.

(\square) 예상문제

다음 중 치수의 종류가 아닌 것은?

① 다듬살치수   ② 소재치수
③ 다듬질치수   ④ 재료치수

해설
치수의 종류에는 재료치수, 소재치수, 다듬질치수가 있다.

정답   ①

(\square) 예상문제

반제품에 사용되는 치수로서 기계가공과정이 남아있는 미완성제품의 치수를 말하며 잘림살을 포함하고 있는 치수이다. 다음 중 어느 치수를 설명하고 있는가?

① 재료치수   ② 소재치수
③ 다듬질치수   ④ 완성치수

해설
소재치수는 반제품에 사용되는 치수로서 기계가공과정이 남아있는 미완성제품의 치수를 말하며 잘림살을 포함하고 있는 치수이다.

정답   ②

(3) 치수기입의 원칙

① 단품이나 구성 부품을 명확하고도 완전하게 정의하는 데 필요한 치수 정보는, 관련 문서에서 명시하지 않더라도 도면에 모두 표시해야 한다.

② 각 형체의 치수는 하나의 도면에서 한 번만 기입한다.

③ 치수는 해당 형체를 가장 명확하게 보여줄 수 있는 투상도나 단면도에 기입한다.

④ 각 도면은 모든 치수에 대해 동일한 단위(mm 등)를 사용하고 단위 기호는 사용하지 않는다. 잘못 해석되는 것을 막기 위해서 도면에 주요 단위 기호를 주서로 표시할 수 있다. 도면 명세의 일부로서 다른 단위(예를 들면, 토크의 N.m, 압력의 kPa)를 사용해야 하는 곳에서는, 해당하는 단위 기호를 수치와 함께 표시한다.

⑤ 부품이나 최종 제품의 형체는 임의의 한 방향에 하나의 치수로만 기입한다.

⑥ 만족할 만한 기능이나 교환 가능성을 명확히 하기에 충분하지 않은 가공 공정 또는 검사 방법은 지정하지 않는다.

⑦ 기능 치수는 대응하는 도면에 직접 기입해야 한다[그림 3-12].
필요한 경우에는 기능치수를 간접적으로 기입한다. 이 경우 직접적으로 나타낸 기능 치수의 효과가 유지되도록 주의한다. [그림 3-13]은 [그림 3-12]에서 요구한 치수를 유지하는 허용 가능한 간접적인 기능 치수의 기입 결과를 나타낸다.

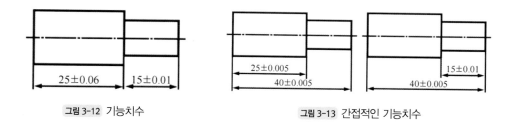

그림 3-12 기능치수   그림 3-13 간접적인 기능치수

⑧ 비기능치수는 가공과 검사를 위해 가장 편리하도록 표시해야 한다.

⑨ 연관되는 치수는 되도록 한 곳에 모아 기입한다.

⑩ 치수는 되도록 가공 공정마다 배열을 분리해서 기입한다.

⑪ 치수는 중복기입을 피해서 기입하고 도면을 보는 사람들의 혼란을 야기하지 않는다.

⑫ 치수 중 참고 치수에 대해서는 치수 수치에 괄호를 붙여 나타낸다.

치수기입의 원칙으로 맞지 않는 것은?

① 각 형체의 치수는 하나의 도면에서 한 번만 기입한다.
② 치수는 해당 형체를 가장 명확하게 보여 줄 수 있는 투상도나 단면도에 기입한다.
③ 연관되는 치수는 되도록 한 곳에 모아 기입한다.
④ 치수는 중복기입을 해서라도 정확하게 기입한다.

해설
치수는 중복기입을 피해서 기입하고 도면을 보는 사람들의 혼란을 야기하지 않는다.

정답 ④

(4) 치수기입의 요소

치수 기입 요소에는 치수 보조선, 치수선, 지시선, 치수선의 단말 기호(dimension line termination: 화살표), 기준점 기호, 치수가 있다. 아울러 치수 기입 시 모양이나 두께 등을 표시하는 치수 보조 기호를 사용한다 [표 3-2].

표 3-2 치수 보조 기호

구분	기호	사용 예
지름	∅	∅50
반지름	R	R50
구의 지름	S∅	S∅50
구의 반지름	SR	SR50
정사각형의 변	□	□50
판의 두께	t	t6
원호의 길이	⌒	⌒50
45° 모따기	C	C3
이론적으로 정확한 치수	☐	50
참고 치수	( )	(50)

다음은 치수 보조 기호를 나타낸 것이다. 구의 반지름을 나타낸 것은?

① SR　　　　　② R　　　　　③ C　　　　　④ ∅

해설

SR(Sphere Radius : 구의 반지름), R(Radius : 반지름), C(Chamfer : 모따기), ∅(지름표시)

정답　①

(5) 치수기입 방법

① 치수 보조선, 치수선, 지시선은 [그림 3-14]와 같이 가는 실선으로 그린다. 치수 보조선은 각각의 치수선보다 약간 길게 끌어내어 그린다.

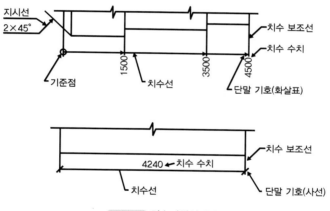

그림 3-14 치수기입의 요소

치수기입의 5요소를 나타낸 것이다. 아닌 것은?

① 치수선   ② 치수보조선
③ 화살표   ④ 치수보조기호

해설
치수기입의 5요소는 치수선, 치수보조선, 치수숫자, 화살표, 지시선을 말한다.

정답 ④

② 치수 보조선과 치수선의 교차는 피해야 한다. 불가피한 경우에는 끊김없이 그려야 한다. 부품의 중심선이나 외형선은 치수선으로 사용해서는 안 되며, 치수 보조선으로는 사용할 수 있다[그림 3-15].

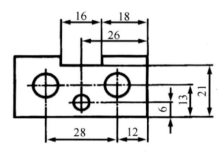

그림 3-15 불가피한 치수기입의 예

③ 치수선에는 분명한 단말 기호(화살표 또는 사선)를 표시하고, 적용 가능하다면 기준점 기호를 표시한다.

그림 3-16 화살표, 사선, 기준기호 표시

※ 화살표는 15° ~ 90° 사이각으로 그리고 사선은 45° 경사 짧은 선으로 그리며 기준 기호는 지름이 약 3mm인 작은 원으로 그린다.

④ 반지름을 치수로 기입할 때는 원호상에 있는 치수선의 끝에 하나의 화살표 단말 기호를 사용한다. 화살표 단말 기호는 형체의 크기에 따라 형체의 외형선(또는 치수 보조선)의 안쪽이나 바깥쪽에 모두 사용할 수 있다[그림 3-17].

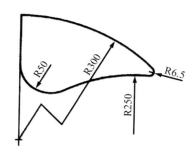

그림 3-17 반지름 치수

⑤ 치수 수치는 치수선에 평행하게 기입하고, 되도록 치수선의 중앙의 위쪽에 치수선으로부터 조금 띄어 기입한다. 누진 치수 기입법의 경우는 제외한다[그림 3-18].

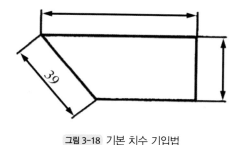

그림 3-18 기본 치수 기입법

🧊 예상문제

치수기입방법이다. 틀린 것은?

① 수평치수는 치수선에 평행하게 기입하고, 되도록 치수선의 중앙의 위쪽에 조금 띄어 기입한다.
② 수직치수는 치수선을 중심으로 왼편에 기입하는데 치수의 방향이 아래에서 위쪽으로 향하도록 기입한다.
③ 치수 도면의 아래쪽이나 오른쪽으로부터 읽을 수 있도록 나타낸다. 경사진 치수선은 같은 방향으로 기입한다.
④ 반지름 화살표는 반드시 안쪽에 기입한다.

해설
반지름을 치수로 기입할 때는 원호상에 있는 치수선의 끝에 하나의 화살표 단말 기호를 사용한다. 화살표 단말 기호는 형체의 크기에 따라 형체의 외형선(또는 치수 보조선)의 안쪽이나 바깥쪽에 모두 사용할 수 있다.

정답 ④

⑥ 치수 수치는 도면의 아래쪽이나 오른쪽으로부터 읽을 수 있도록 나타낸다. 경사진 치수 선에서의 치수 수치는 [그림 3-19]과 같은 방향으로 기입한다.

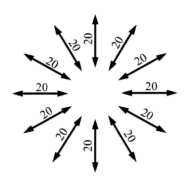

그림 3-19 경사진 치수기입법

⑦ 각도 치수는 [그림 3-20]과 같이 기입한다.

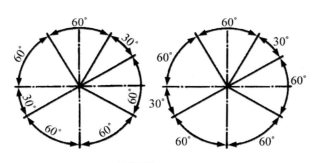

그림 3-20 각도 치수

⑧ 치수 수치는 공간이 부족할 경우, 한 쪽의 기호를 넘어서 연장하는 치수선의 위쪽에 기입할 수 있다[그림 3-21].

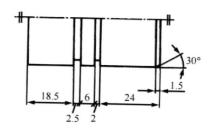

그림 3-21 치수공간이 부족할 경우

⑨ 적절한 형체 식별과 도면 해석을 쉽게 하기 위해서 다음의 기호를 사용한다. 지름과 정사각형 기호는 형체가 명확히 표시된 곳에서 생략 가능하다. 적용 가능한 기호는 치수 수치의 앞에 쓴다.

Φ:지름   SR:구의 반지름
R:반지름   SΦ:구의 지름
□:정사각형의 변

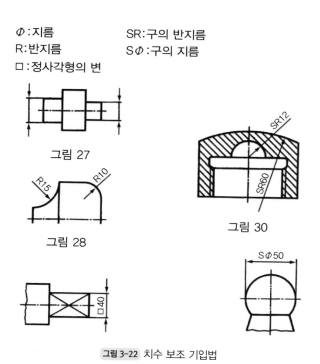

그림 3-22 치수 보조 기입법

⑩ 직렬 치수 기입법은 공차의 누적이 부품의 기능적 요구에 영향이 없을 경우에 한하여 사용해야 한다. 직렬 치수 기입법에서는 90° 화살표를 제외한 어떤 단말 기호도 사용할 수 있다[그림 3-23].

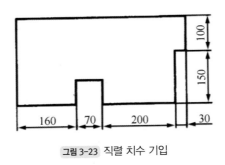

그림 3-23 직렬 치수 기입

⑪ 두 방향으로 누진 치수 기입법을 사용하는 것이 유용할 경우가 있다. 이 경우 기준점은 [그림 3-24]와 같이 표시할 수 있다.

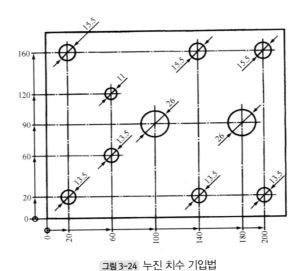

그림 3-24 누진 치수 기입법

⑫ [그림 3-25]과 같이 좌표 치수 수치의 표를 만드는 것이 유용할 수 있다.

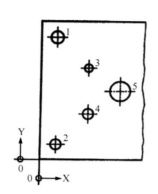

	X	Y	ϕ
1	20	160	15.5
2	20	20	13.5
3	60	120	11
4	60	60	13.5
5	100	90	26
6			
7			
8			
9			
10			

그림 3-25 좌표치수 기입

⑬ 현, 원호, 각도의 치수 기입법은 [그림 3-26]과 같다.

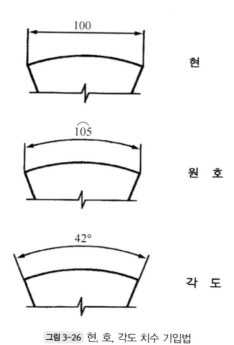

그림 3-26 현, 호, 각도 치수 기입법

02 2D 스케치

3D 엔지니어링 소프트웨어는 분야별 특성에 따라 많은 종류가 있으나 작업자나 부품 모델링 작업에 가장 적합한 소프트웨어를 선택해야 목적에 맞는 3차원 형상 모델을 손쉽게 그릴 수가 있다. 2D 스케치에서는 관련 소프트웨어 선택과 기능 파악, 기본 스케치요소, 도면작성과 구속조건의 순서로 필요한 관련 지식을 살펴본다.

🎲 예상문제

엔지니어링 3D모델링 작업 시 기본적인 2D작업을 해야 한다. 맞는 것은?

① 2D스케치
② 3D스케치
③ 2D모델링
④ 3D모델링

해설
3D 엔지니어링 모델링 작업 전에 2D스케치 작업은 모든 소프트웨어에서 이루어지는 기본적인 작업이다.

정답 ①

1. 소프트웨어 기능 파악

현재 가장 많이 사용되고 있는 3D 엔지니어링 소프트웨어는 CATIA, SolidWorks, UG-NX, Inventor, Solidedge, Cimatron, Fusion 360 등이 있으며 기능별로 파트 작성, 조립품 작성, 도면 작성을 할 수 있도록 작성 툴을 기본적으로 제공하고 있다.

1) 파트(Part) 작성

3D 엔지니어링 소프트웨어에서 파트는 부품 형상을 모델링하는 곳으로, 3D 엔지니어링 소프트웨어에서 3D형상을 표현하는 가장 중요한 요소이다. 우리가 보편적으로 3D형상을 모델링하는 곳이 바로 파트 툴이다.

2) 조립품(Assembly) 작성

파트 작성을 통해 생성된 3D모델링 부품을 조립하는 곳으로, 3D 엔지니어링 소프트웨어를 통해 부품간 간섭 및 조립 유효성 검사 및 시뮬레이션 등 의도한 디자인대로 동작하는지 체크할 수 있는 어셈블리 툴이다.

3) 도면(Drawing) 작성

작성된 3D부품 또는 3D조립품 파일을 도면 기능으로 불러오기만 하면 2D로 자동변환하여 도면화시키는 기능이다. 현장에서 형상을 제작하기 위한 2차원 도면을 완성하기 위해서는 추가적인 치수작업이 필요하다.

❖ 예상문제

현재 3D엔지니어링 소프트웨어로 사용되는 대부분의 기능으로 다음과 같은 것들이 있다. 아닌 것은?

① 파트(Part) 작성
② 조립품(Assembly) 작성
③ 도면(Drawing) 작성
④ 적층(Additive Manufacturing)

해설

현재 가장 많이 사용되고 있는 3D 엔지니어링 소프트웨어는 CATIA, SolidWorks, UG-NX, Inventor, Solidedge, Cimatron, Fusion 360 등이 있으며 기능별로 파트 작성, 조립품 작성, 도면 작성을 할 수 있도록 작성 툴을 기본적으로 제공하고 있다.

정답 ④

2. 검정용 소프트웨어 선택과 기능 파악

현재 진행되고 있는 3D프린터 운용기능사 시험은 FDM(FFF)방식에 한정된 검정으로 실시될 예정이다. 그러므로 위에서 언급한 전문적인 3D 엔지니어링 소프트웨어보다는 향후 3D프린터 작업에 많이 사용이 예상되는 Fusion 360 소프트웨어를 선택하고 그 기능을 중심으로 살펴보기로 한다. Fusion 360은 학생, 애호가, 취미용, 스타트업 기업에는 무료로 제공되는 소프트웨어의 장점이 있으며 최근 3D모델러나 크리에이터들의 활용도가 높은 소프트웨어이다.

1) Fusion 360의 기능 파악

(1) Fusion 360 시작화면 알아보기

Autodesk Fusion 360 시작 화면은 [그림 3-27]과 같이 여러 개의 작업메뉴, 신속 도구 막대, 모델링 툴바, 화면 조정 툴바, 모델 정보, 모델링 작업창 그리고 뷰 조정 상자로 이루어져 있다.

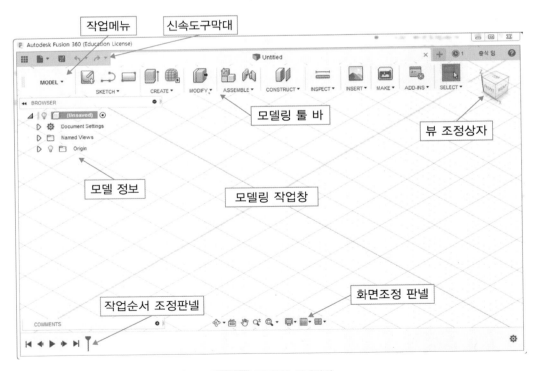

그림 3-27 퓨전360 시작화면

Fusion 360에서 마우스의 기능

마우스 버튼

왼쪽 버튼
메뉴와 아이콘 선택,
그래픽 객체 선택

오른쪽 버튼
보조 메뉴 선택

중간 버튼 / 휠
화면을 회전시키거나 Zoom 기능

Shift + 휠 = Orbit(자유 회전이 된다)

그림 3-28 퓨전 360에서 마우스 기능

(2) Fusion 360 작업메뉴(Workspace) 알아보기

① 작업메뉴 중 Model을 클릭하면 아래와 같이 Model 작업 관련 툴이 나타난다. 또한 각 툴마다 서브(하위)메뉴가 있다[그림 3-29].

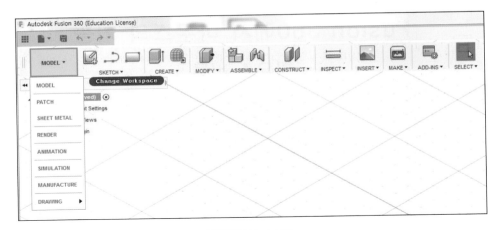

그림 3-29 Model 메뉴

② Model 메뉴 중 Create sketch( ) 아이콘 위에 마우스 커서를 올려 놓거나 XY평면
선택 전 화면이 아래 순서대로 나타난다[그림 3-30].

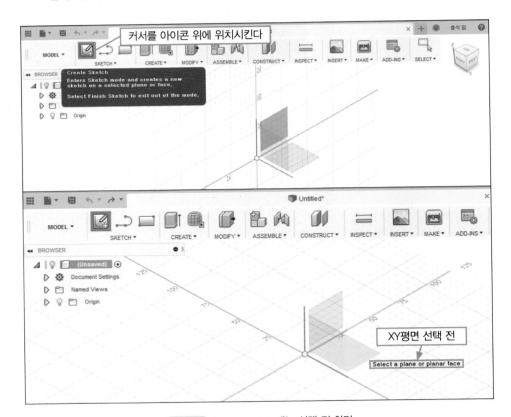

그림 3-30 Create sketch 메뉴 선택 전 화면

③ [그림 3-30]에서 XY평면을 선택하면 화면이 [그림 3-31]처럼 스케치할 때 필요한 스케치용 팔레트가 준비된 화면으로 나타난다(평면도).

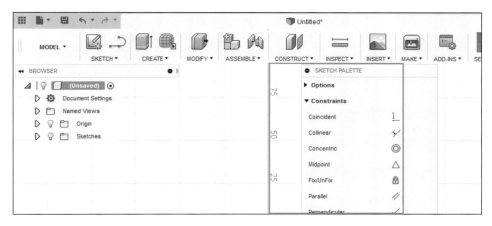

그림 3-31 스케치용 XY평면 선택완료

④ 위 [그림 3-30, 31]과 같은 방법으로 ZX평면(정면도), YZ평면(측면도)을 선택한다.

3. 기본 스케치 요소

1) Fusion 360 Sketch 메뉴(Drawing) 알아보기

선택한 평면(XY)에 스케치 툴을 이용하여 그리기(Drawing)를 따라하기 한다.

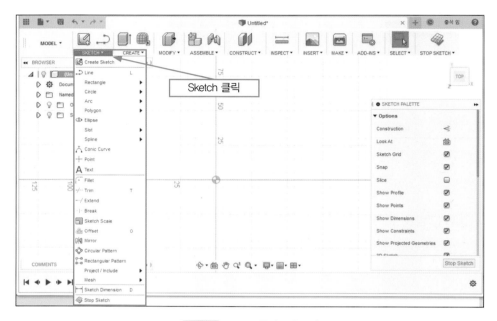

그림 3-32 Sketch 툴과 구속조건

(1) 라인을 선택 후 마우스로 임의의 선과 원호를 자유롭게 클릭하면서 그려본다. 순서대로 따라하기 해본다.

① 선그리기 시작점을 마우스 왼쪽버튼으로 클릭한다.

② 마우스만 움직여보면 시작점부터 시작하는 선이 보인다.

③ 선그리기 끝점을 마우스 왼쪽버튼 클릭하여 원하는 지점에 선을 그릴 수 있다.

④ 선긋기와 원호그리기를 혼합해서 그릴 수 있다. 직선을 그리다가 직선의 끝점을 선택하여 왼쪽버튼을 누른 채 드래그하면 원하는 방향으로 원호를 그릴 수 있다.

⑤ 그리기를 종료하려면 마우스의 오른쪽버튼을 누르고 [그림 3-33]과 같이 부메뉴 창이 뜰 때 ✔ OK 혹은 Cancel ✗ 버튼을 누르면 된다.

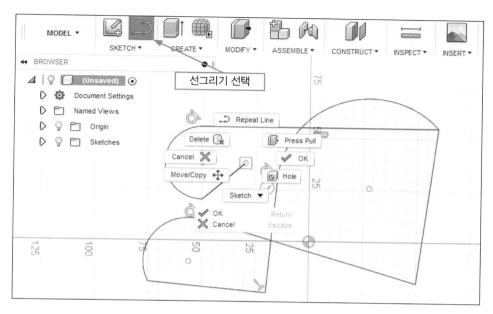

그림 3-33 직선그리기와 원호그리기

(2) 선이나 원호를 그리는 방법을 익혔으니 지우는 방법을 알아보자. 선이나 원호를 하나하나 선택해서 마우스의 오른쪽 버튼을 눌러 부메뉴에서 Delete 을 선택해서 지우거나 키보드의 Delete 키를 눌러 삭제한다. 여러 개를 동시에 지우고자 할 때에는 Ctrl 키나 ↑ Shift 키를 누르고 선택한 후 삭제한다.

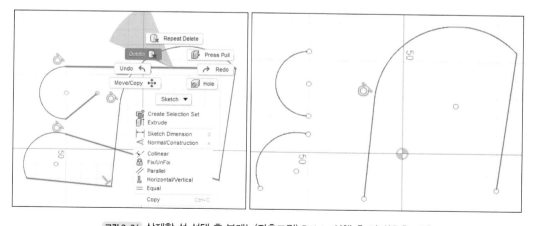

그림 3-34 삭제할 선 선택 후 부메뉴(좌측그림) Delete 실행 후 결과(우측그림)

(3) 도형의 객체를 윈도우 방식과 크로싱 방법으로 삭제하는 방법이 있다. [그림 3-35] 윈도우 방식 참조. [그림 3-36] 크로싱 방식 참조

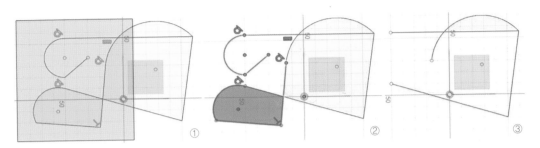

그림 3-35 ① 윈도우 ② 윈도우 클릭 ③ 부메뉴(Delete) 혹은 키보드(Delete) 결과

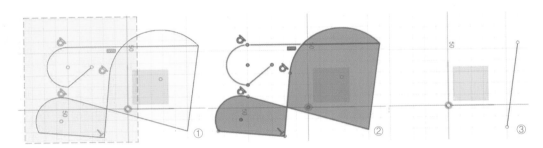

그림 3-36 ① 크로싱(걸치기) ② 크로싱 클릭 ③ 부메뉴(Delete) 혹은 키보드(Delete) 결과

(4) 직사각형 그리기와 수정도구인 필렛, 트림, 연장, 옵셋 기능을 함께 알아보자.

① Rectangle을 선택하면 3가지 방법이 있는데 기본적인 방법만 따라 해본다.

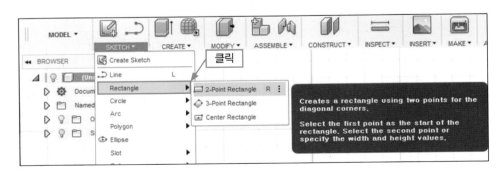

그림 3-37 Rectangle 선택

② 2-Point Rectangle을 클릭한다. 직사각형의 첫 번째 구석점을 찍고 표시되는 치수를 확인하면서 적당한 위치를 잡고 두 번째 구석점을 클릭한다.

그림 3-38 직사각형 그리기

③ [그림 3-39]은 도형 수정용 샘플 도면이다.

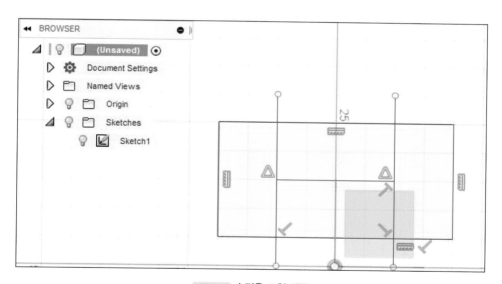

그림 3-39 수정용 도형 샘플

④ 필렛 툴을 선택한 후 ①번과 ②번 선분을 클릭하면 [그림 3-40]과 같이 5mm의 필렛이 된다.

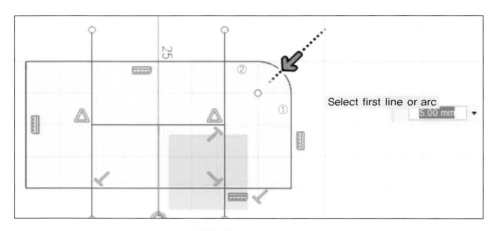

그림 3-40 모서리 필렛하기

⑤ 트림 툴을 선택한 후 ①번을 선택하면 왼쪽 그림처럼 잘려질 부분을 표시해줄 때 클릭하면 표시된 부분이 오른쪽 ②번 장소처럼 자르기가 된다.

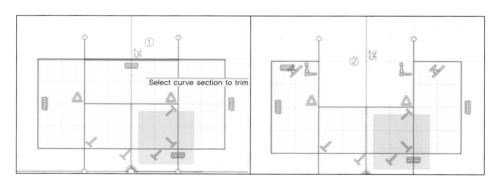

그림 3-41 트림 전과 트림 후

⑥ 연장 툴을 선택한 후 ①번을 선택하면 왼쪽 그림처럼 연장될 부분을 표시해줄 때 클릭하면 표시된 부분이 오른쪽 ②번 장소처럼 연장된다.

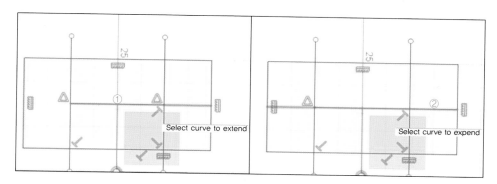

그림 3-42 연장하기 전 과 연장 후 모습

⑦ 옵셋 툴을 선택한 후 ①번을 선택하면 왼쪽 그림처럼 옵셋될 부분을 표시해줄 때 클릭하면 표시된 부분이 오른쪽 ②번 장소처럼 간격 띄우기가 된다.

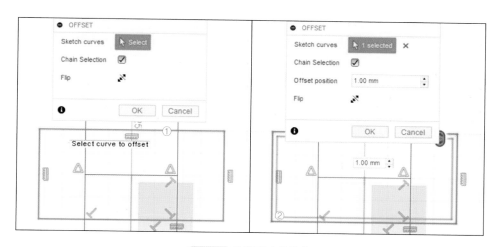

그림 3-43 옵셋 전과 옵셋 후

4. 도면작성과 스케치 구속조건

1) 도면작성

(1) 도면작성과 치수기입

① [그림 3-44]는 도면그리기와 치수기입의 예를 보여주고 있다.

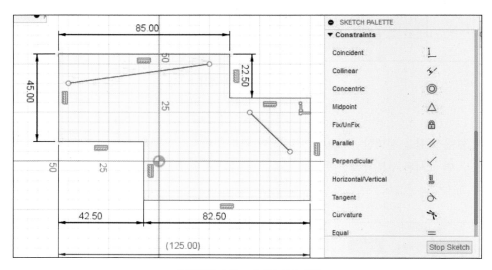

그림 3-44 도면그리기와 치수기입

2) 스케치 구속조건

(1) 스케치와 구속조건

① [그림 3-45]은 스케치 작업 중 평행 구속과 수직 구속의 예를 보여주고 있다.

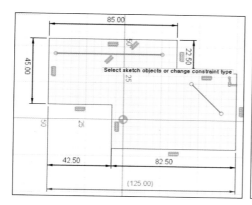 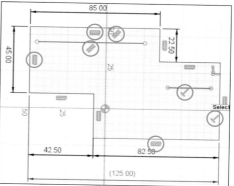

그림 3-45 평행 구속과 수직 구속

(2) 스케치 구속 종류

▼ Constraints

				Constraints (구속)
Coincident	i	①	①	점과 점, 점과 곡선 등을 일치한다.
Collinear		②	②	동일선상으로 직선을 정렬한다.
Concentric	○	③	③	원, 호, 타원의 중심점이 같은 동심원을 만든다.
MidPoint	△	④	④	곡선과 곡선,곡선과 점을 선택 중간점으로 일치
Fix/UnFix	🔒	⑤	⑤	스케치 요소를 고정/고정해제 한다.
Parallel	//	⑥	⑥	2개 직선을 평행하게 한다.
Perpendicular	∠	⑦	⑦	2개 직선을 직각으로 한다.
Horizotal/Vertical		⑧	⑧	직선을 스케치의 수평/수직 방향으로 정렬한다.
Tangent		⑨	⑨	원, 호와 직선을 접선으로 연결한다.
Curvature		⑩	⑩	스플라인 곡선과 다른 곡선을 곡률 구속조건에 적용하여 연결한다.
Equal	=	⑪	⑪	2개 요소의 길이와 지름을 동일하게 한다.
Symmetry	[‡]	⑫	⑫	선택한 두 객체를 구성선을 기준으로 대칭하게 한다.

그림 3-46 스케치 구속명령

3D 엔지니어링 객체 형성이란 드로잉(Drawing)한 형상을 바탕으로 설계 조건을 고려하여 파트(Part)를 만드는 순서를 정할 수 있고 정해진 작업순서에 따라 드로잉(Drawing)한 형상을 활용하여 입체화할 수 있으며 입체화된 파트의 관리가 용이하도록 부품명, 속성을 부여할 수 있는 것을 말하며 여기서는 출제기준에 따라 형상 입체화와 파트 부품명과 속성부여를 기준으로 알아본다.

📦 1. 형상 입체화

여기서 다루고자 하는 형상입체화는 3D프린팅을 위한 3D 모델링을 의미한다. 3D 모델링 프로그램은 여러 가지 종류가 있으나 각각 툴의 차이가 조금씩 있을 뿐이며 형상과 형상을 결합(합치기)하는 합집합(Union/Fusion), 형상에서 형상을 제거(빼기)하는 차집합(Subtract/ Defference), 형상과 형상의 공통집합인 교집합(Intersect/Common) 등의 형상 조합의 방법을 불린 작업(Boolean Operation)이라고 하며, 형상을 입체화하기 위한 기본적인 방법이다.

"3D 모델링 프로그램은 여러 가지 종류가 있으나 각각 툴의 차이가 조금씩 있을 뿐이며 형상과 형상을 조합하고 편집하기 위하여 불린 작업(Boolean Operation)을 한다." 다음 중 불린 작업(Boolean Operation)이 아닌 것은?

① 형상과 형상을 결합(합치기)하는 합집합(Union/Fusion)
② 형상에서 형상을 제거(빼기)하는 차집합(Subtract/ Defference)
③ 형상과 형상의 공통집합인 교집합(Intersect/Common)
④ 형상과 형상을 분리시키는 분리집합(Sweep/Divide)

해설

형상과 형상을 결합(합치기)하는 합집합(Union/Fusion), 형상에서 형상을 제거(빼기)하는 차집합(Subtract/Defference), 형상과 형상의 공통집합인 교집합(Intersect/Common)등의 형상 조합의 방법을 불린 작업(Boolean Operation)이라고 하며 형상을 입체화하기 위한 기본적인 방법이다.

정답 ④

1) 형상 입체화를 위한 도면 준비

3D프린터 운용기능사 수험서인 만큼 공개도면을 활용하여 형상 입체화를 진행한다.

〈사전공개용 도면〉

①

(70)

②

주서

1. ①, ② 파트를 각각 3D모델링하고
   조립도와 같이 어셈블리 하시오.

그림 3-47 3D프린터 운용기능사 실기 공개도면

2) 공개도면을 제작도면으로 완성(2D CAD)

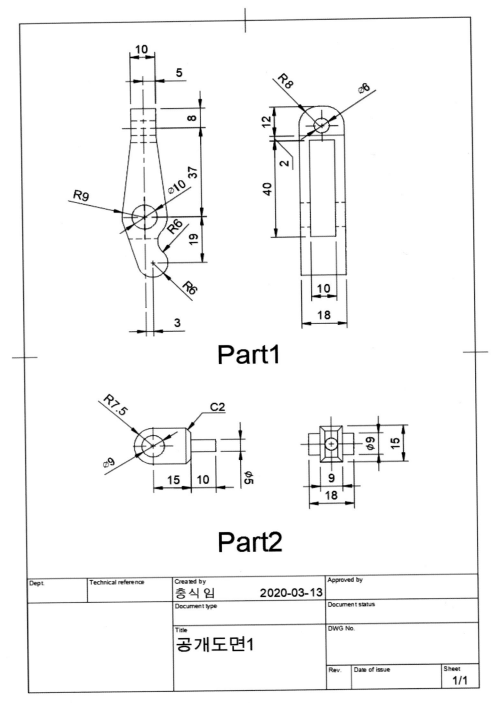

Part1

Part2

Dept.	Technical reference	Created by 충식 임 2020-03-13		Approved by	
		Document type		Document status	
		Title 공개도면1		DWG No.	
				Rev.	Date of issue	Sheet 1/1

그림 3-48 공개도면

3) Fusion 360을 활용한 입체 형상화(3D 모델링)

(1) 1번 부품 스케치(Sketch)작업

공개도면을 기준으로 1번 부품을 스케치한 것이 [그림 3-49]이다.

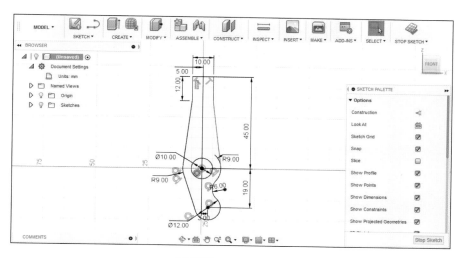

그림 3-49 1번 부품 스케치

(2) 1번 부품 돌출(Extrude-New body) 작업

완성된 스케치를 기준으로 돌출(Extrude)작업을 수행한 것이다[그림 3-50].

뷰 큐브 옆에 있는 홈뷰를 클릭한 뒤에 Model-Create-Extrude(돌출)를 순서대로 클릭하여 실행시키면 [그림 3-50]과 같은 결과가 나타난다.

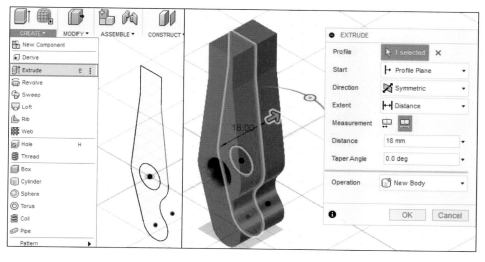

그림 3-50 돌출 작업 전과 작업 후

(3) 1번 부품 제거할 부분 스케치 작업

1번 부품의 제거할 부분을 스케치하기 위해 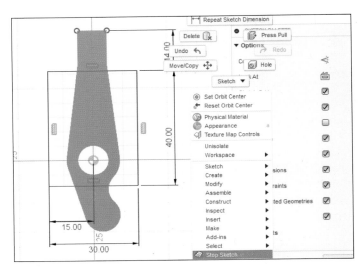 (Create sketch) 도구를 클릭하여 ZX 평면을 선택하고 [그림 3-51]와 같이 스케치한다.

그림 3-51 Extrude(cut) 부분 스케치

(4) 1번 부품 돌출(Extrude-cut) 작업

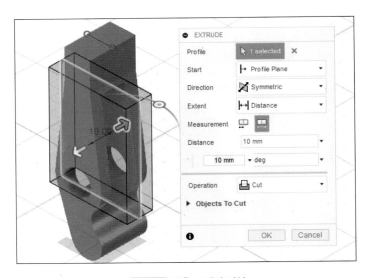

그림 3-52 돌출 – 제거 작업

(5) 솔리드면을 선택하여 스케치면으로 활용

[그림 3-53]의 ①은 [그림 3-52] 돌출(Extrude-cut) 작업 후의 결과물이다. ②번 그림은 윗부분의 구멍을 스케치하기 위하여 마우스 왼쪽 버튼으로 스케치할 면을 직접 선택한 것이고 ③번 그림은 부품의 좌우 중간부분과 윗부분으로부터 7mm 떨어진 지름이 6mm인 구멍을 스케치한 것이다.

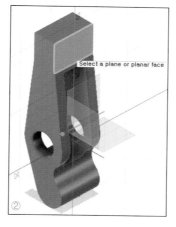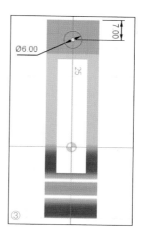

그림 3-53 솔리드면을 선택하여 스케치면으로 활용

(6) 1번 부품 구멍 돌출(Extrude-cut) 작업

[그림 3-54]의 왼쪽 그림은 구멍 돌출 제거 작업을 하기 위한 파라메타를 입력한 것이고 오른쪽 그림은 실행 후 모습이다.

그림 3-54 Cut파라메타 입력과 결과

(7) 1번 부품 편집-모깎기(Modify-fillet) 작업

2D도면에서 주어진 모서리를 라운드 처리하기 위하여 Model-Modify-Fillet 순서대로 클릭한 다음 필렛하고자 하는 모서리를 클릭한다[그림 3-55].

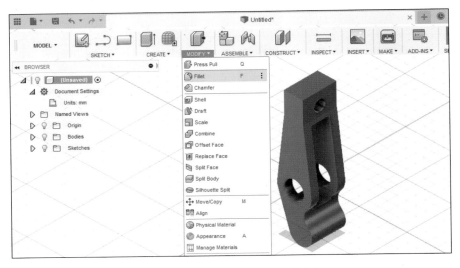

그림 3-55 솔리드 모서리 필렛 작업하기

(8) 1번 부품 편집-모깎기(Modify-fillet) 작업(파라메타 입력)

필렛 하고자 하는 모서리를 선택하면 [그림 3-56]과 같은 파라메타 입력 상자가 나타난다. 여기에 사용자가 원하는 데이터를 입력하고 실행시키면 다음 그림처럼 완성된다.

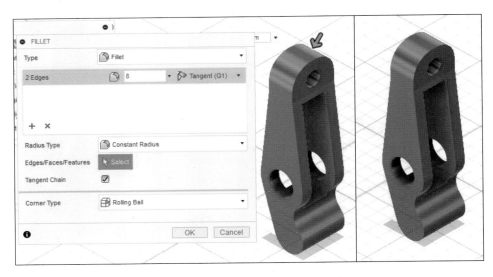

그림 3-56 필렛 파라메타 입력 후 실행 결과

(9) 2번 부품 스케치와 돌출하기

아래 [그림 3-57]와 같이 완성된 스케치를 이용하여 오른쪽 그림처럼 돌출하기를 수행하는데 연속적인 돌출하기를 할 때는 한 단계씩 나누어서 하되 왼쪽 ▷ 💡 📁 Sketches 스케치 메뉴처럼 On/Off 기능을 이용하여 스케치 원본을 필요에 따라 활용할 수 있다.

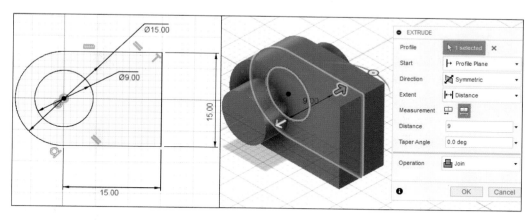

그림 3-57 2번 부품 스케치와 돌출(공차적용 : −0.5mm)

(10) 2번 부품 스케치와 축 돌출하기[그림 3-58].

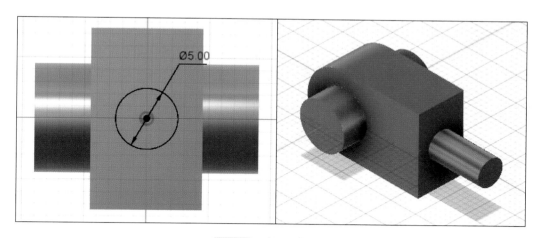

그림 3-58 2번 부품 축 돌출

(11) 2번 부품 모따기와 완성하기

부품의 모델링이 완성되기 전에 부품의 각 모서리는 0.2mm 정도의 필렛으로 마무리가 일반적임을 기억하자.

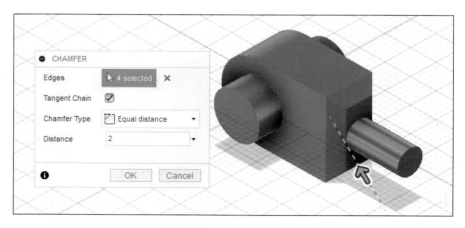

그림 3-59 Chamfer(모따기) 작업

2. 파트 부품명과 속성 부여

입체화된 파트의 관리가 용이하도록 부품명, 속성을 부여하기 위하여 부품마다 하나의 파일로 이루어지고 있다. 하나의 부품이 완성되면 프로그램에서 제공하는 저장 기능을 이용하여 컴퓨터 로컬 디스크나 이동식 저장 장치에 저장하여야 한다. 퓨전360 프로그램은 클라우드 버전이라서 온라인(On-Line)상에 있는 클라우드 서버에서 계산되고 저장되지만 오프라인 (Off-Line)에서도 저장할 수 있다[그림 3-60, 61].

1) 파트 부품명 확정하고 파일 저장하기(Off-Line)

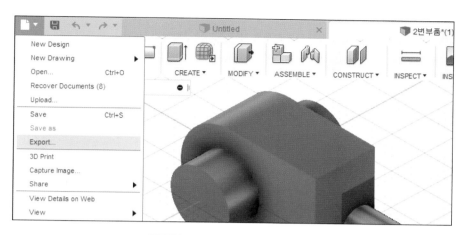

그림 3-60 내 컴퓨터에 저장하기(Export)

(1) 파트 부품명 지정과 저장 폴더 경로선택

그림 3-61 파일저장 경로(C:/Users/user/desktop)

2) 3D 프린팅을 위한 속성 부여

일반적으로 3D 엔지니어링 프로그램에서의 저장 기능은 해당 프로그램의 작업 원본 파일을 저장하는 기능으로, 3D프린팅을 위한 슬라이싱 프로그램과는 파일이 호환되지 않는다. 그러므로 저장된 원본 부품을 3D프린터로 출력하기 위해서는 부품의 파일 형식을 슬라이싱 프로그램에서 받을 수 있도록 속성을 변경해 주어야 한다.

3D 엔지니어링 프로그램에서 저장된 원본 부품을 3D프린터로 출력하기 위해서는 부품의 파일 형식을 슬라이싱 프로그램에서 받을 수 있도록 속성을 변경해 주어야 한다. 슬라이싱이 불가능한 파일형식은?

① STL

② OBJ

③ AMF

④ STEP

해설

STEP(Standard for the exchange of Product model data) 파일이란 CAD/ CAM/CAE 프로그램 간 공통의 데이터 활용을 목적으로 국제적으로 사용 중인 표준 규격이다. 3D프린팅용 데이터 파일을 주고 받을 때 가장 많이 사용되는 파일이다.

정답 ④

(1) STL 파일이나 OBJ 파일로 저장하기

일반적으로 3D 모델링 프로그램에서 제공하는 '다른 이름으로 저장'기능을 이용하여 슬라이싱 프로그램에서 받을 수 있는 STL, OBJ 파일 형식으로 변경하고, 사용자가 원하는 파일 이름을 작성하여 저장한다. 다음 [그림 3-62]와 [그림 3-63]는 퓨전 360의 3D프린팅용 파일저장 방법이다.

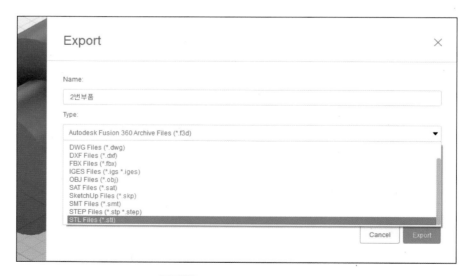

그림 3-62 STL 파일 저장하기(Export)

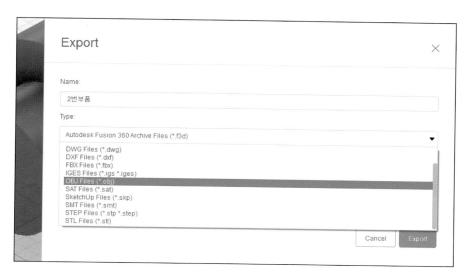

그림 3-63 OBJ 파일 저장하기(Export)

(2) STEP 파일로 저장하기

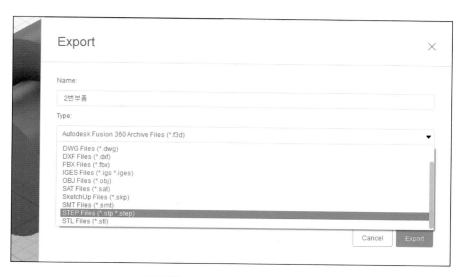

그림 3-64 STEP 파일로 저장하기(Export)

Chapter 04 객체(Part) 조립

여러 개의 모델링된 객체 중에서 조립의 기준이 될 파트(part)를 우선 배치 및 고정시킨 후 기준 파트를 중심으로 나머지 파트를 조립할 수 있으며 조립된 파트 간의 정적 간섭, 틈새 여부, 충돌 여부를 파악하여 파트를 수정할 수 있다. 일반적으로 3D모델링 프로그램은 [Part], [Assembly], [Drawing] 등의 기능을 갖고 있다.

1. 파트(Part) 배치

1) 기준 부품 배치

기준 부품 배치는 조립품에서 기준이 되는 부품을 제일 먼저 가져와 배치하는 것을 말하며, 이 기준 부품은 조립품 상에서 자유롭게 움직이지 않도록 자동으로 고정되어 있다. 아래 [그림 3-65]은 기준 부품 파일 불러오기를 나타낸 것이다.

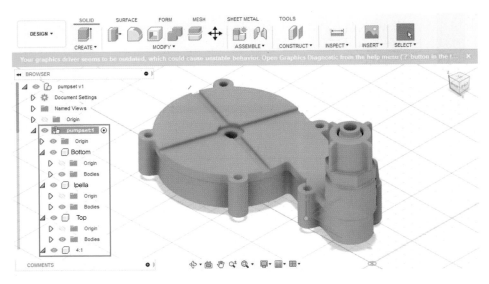

그림 3-65 기준 부품 불러오기

2) 기타 부품 배치

기준 부품이 배치된 이후, 조립에 사용될 나머지 부품을 현재 조립품 상에 가져온다. 부품삽입은 조립 순서에 맞게 부품을 하나씩 가져올 수도 있고, 여러 부품을 한 번에 가져올 수도 있다. 조립 순서 또는 부품에 대한 내용을 숙지하고 있는 상태라면 부품을 하나씩 가지고 와서 배치와 동시에 조립을 수행하는 것이 수월하며, 그렇지 못한 경우 필요한 부품을 [그림 3-66]과 같이 전부 가져와 대략적으로 화면에 배치 후 조립품을 생성하는 것이 편리하다.

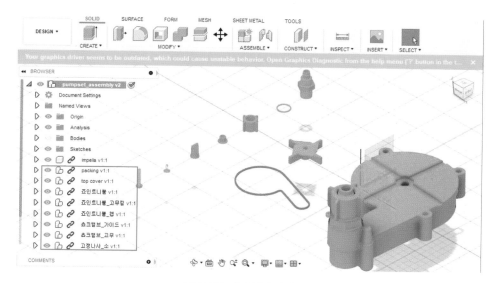

그림 3-66 기타 부품 가져오기

2. 파트(Part) 조립

1) 파트 조립

우선 배치된 기준파트를 중심으로 나머지 파트를 조립할 수 있다. 조립에 필요한 부품을 조립순서와 조건에 맞게 조립을 완성한다. 부품 간 조립은 프로그램마다 조금씩 양상은 차이가 있으나 조립 구속 조건에 의해서 조립이 이루어진다.

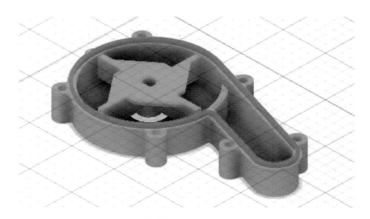

그림 3-67 파트조립 과정

2) 어셈블리 구속조건

3D모델링 프로그램마다 구속 조건은 부품과 부품 간 위치 구속을 목적으로 적용하는 기능으로, 부품 간 정확한 조립과 동작 분석을 위해서 사용한다. 제약 조건 적용은 부품의 면과 면, 선(축)과 선(축), 점과 점, 면과 선(축), 면과 점, 선(축)과 점 등 부품의 다양한 요소를 선택하여 조건에 맞는 제약 조건을 부여할 수 있다.

(1) 구속 조건

일반적으로 가장 많이 사용되는 구속 조건은 일치 구속 조건, 접촉 구속 조건, 오프셋 구속 조건이다. 부품의 조립과 동작의 조건에 따라 구속 조건이 두 개 이상 적용될 수 있으며, 과도하게 부품과 부품 사이에 구속 조건을 걸면 오류가 나는 원인이 된다.

여러 가지 구속 조건을 통해 부품과 부품을 구속시켜 사용자가 원하는 최종 조립품으로 조립할 수 있으며 일반적으로 다음과 같은 구속조건들이 있다.

3D모델링 프로그램마다 구속 조건은 부품과 부품 간 위치 구속을 목적으로 적용하는 기능으로, 부품 간 정확한 조립과 동작 분석을 위해서 사용한다. 구속 조건으로 맞지 않는 것은?

① 면과 면, 선과 선, 축과 축 등을 선택하면 일치시켜 주는 구속 조건
② 선택한 면과 면, 선과 선 사이에 오프셋으로 거리를 주는 구속 조건
③ 면과 면, 선과 선을 선택해 각도로 구속하는 조건
④ 선택한 파트를 분해시켜 주는 구속 기능

해설

일반적으로 가장 많이 사용되는 구속 조건은 일치 구속 조건, 접촉 구속 조건, 오프셋 구속 조건이다. 부품의 면과 면, 선(축)과 선(축), 점과 점, 면과 선(축), 면과 점, 선(축)과 점 등 부품의 다양한 요소를 선택하여 조건에 맞는 제약 조건을 부여할 수 있다. 선택한 파트를 고정시켜 주는 구속기능은 있으나 분해시키는 구속조건은 없다.

정답 ④

① 면과 면, 선과 선, 축과 축 등을 선택하면 일치시켜 주는 구속 조건

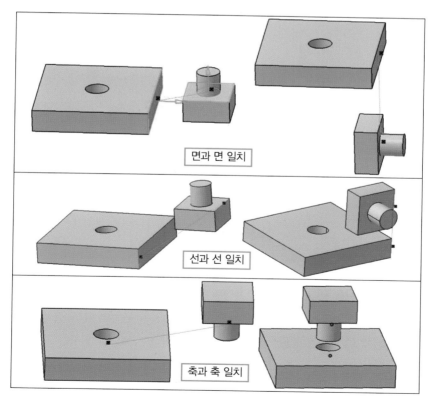

면과 면 일치

선과 선 일치

축과 축 일치

그림 3-68 일치 구속 조건

② 선택한 면과 면, 선과 선을 접촉하도록 하는 구속 조건

원기둥 면과 유면체 면을 선택하면 면과 면이 접촉하게 되며, 원기둥 면의 경우 외접하는지 내접하는지 선택할 수 있다.

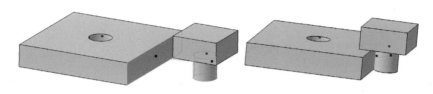

그림 3-69 접촉 구속 조건

③ 선택한 면과 면, 선과 선 사이에 오프셋으로 거리를 주는 구속 조건

오프셋 구속 조건은 부품 간 일정한 간격으로 조립되어야 할 때 사용하는 구속으로, 면과 면, 선과 선, 점과 점의 형태로 선택하여 구속을 정의한다. 일반적으로 면과 면을 선택하여 오프셋 구속 조건을 부여한다.

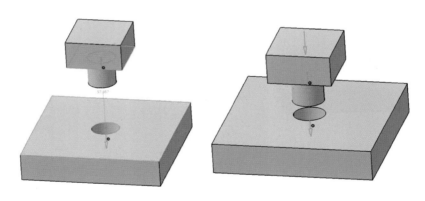

그림 3-70 오프셋 구속 조건

④ 면과 면, 선과 선을 선택해 각도로 구속하는 조건

각도 구속 조건은 부품 간 동심 구속이나 선과 선의 일치 구속인 경우, 조립된 부품은 기본적으로 회전에 대한 자유도를 가지고 있으며, 이 회전 자유도를 원하는 각도로 구속할 때 사용 한다.

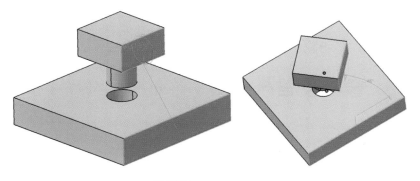

그림 3-71 각도 구속 조건

⑤ 선택한 파트를 고정시켜 주는 구속 기능

3) 부품배치와 어셈블리 완성

3D 엔지니어링 프로그램에서 구속 조건은 디자인 변경 및 수정 시 발생하는 문제를 최소화시킬 수 있으며, 부품 간 동작을 확인해 볼 수 있도록 해 준다. 다음 [그림 3-72]는 조립용 부품을 불러오기 해서 차례대로 구속조건에 의해 조립된 완성품을 보여준다.

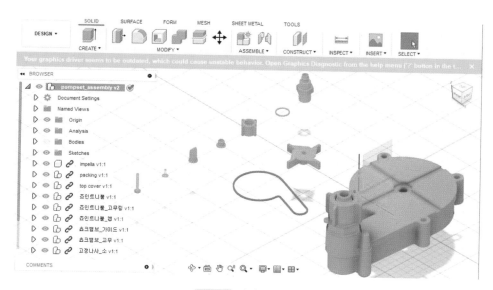

그림 3-72 어셈블리 완성

Chapter 05

출력용 설계 수정

출력용 설계 수정은 3D프린터 방식과 재료를 고려하여 파트의 공차, 크기, 두께를 변경할 수 있으며 3D프린팅 출력물 후가공 작업 편리성을 위하여 파트를 분할할 수 있다. 그리고 3D 프린팅 출력물의 품질을 고려하여 최근에는 DFAM(Design for Additive Manufacturing) 방식을 적용해서 설계하는 것이 최신 세계적인 추세이다.

🎲 예상문제

출력용 설계 수정은 3D프린터 방식과 재료를 고려하여 파트의 ( ), ( ), ( )를 변경할 수 있으며 3D프린팅 출력물 후가공 작업 편리성을 위하여 파트를 분할할 수 있다. 그리고 3D 프린팅 출력물의 품질을 고려하여 최근에는 DFAM(Design for Additive Manufacturing)방식을 적용해서 설계하는 것이 최신 세계적인 추세이다. ( ) 안에 맞는 것은?

① 공차, 크기, 두께
② 공차, 외벽, 폭
③ 편차, 크기, 두께
④ 틈새, 크기, 두께

해설
출력용 설계 수정은 3D프린터 방식과 재료를 고려하여 파트의 공차, 크기, 두께를 변경할 수 있으며 3D프린팅 출력물 후가공 작업 편리성을 위하여 파트를 분할할 수 있다.

정답 ①

1. 공차, 크기, 두께 변경

3D프린터 운용기능사 국가기술자격 시험용으로 사용되는 3D프린터 출력 방식은 FDM(Fused Deposition Modeling, 열가소성 적층 방식)으로, ABS나 PLA계열로 되어 있는 플라스틱을 노즐 안에서 높은 온도로 녹여 적층한다. 즉, 플라스틱을 녹여 쌓아올리는 방식으로 적층 후 식으면서 나타나는 수축 현상이 FDM 3D프린터에서 발생한다. 그러므로 FDM 방식에서 사용하는 재료 특성에 따라 공차와 크기, 두께 등을 고려하여 설계하여야 한다.

1) 공차 적용 설계

재료별, 장비별 조금씩 차이가 있으나 평균적으로 0.2mm~0.5mm 정도의 공차를 부여하고 있으나 이것이 표준은 아니며 경험적 데이터의 축적이 필요한 부분이다. 조립 부품 중에서 두 개의 부품을 모두 수정하는 것이 아니라, 두 부품 중에서 하나의 부품에만 공차를 적용하는 것이 바람직하다. 수정할 조립 부품의 형태를 예로, 모델링 지름이 작은 축과 구멍으로 조립이 되는 경우 구멍을 조금 더 키워 출력하고, 구멍의 벽이 얇은 형태와 축의 경우라면 축을 조금 줄이는 공차를 적용하는 것이 바람직하다.

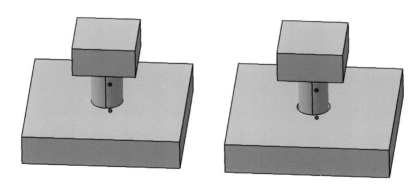

그림 3-73 출력 공차 적용

2) 최소 크기 고려한 설계

FDM 방식의 3D프린터 특성상 아주 작은 구멍이나 간격이 좁은 부품 요소들의 경우 제대로 출력이 되지 않는 경우가 발생한다. 이럴 경우에도 앞에서 수정한 조립 공차 적용과 동일하게 출력을 위해서 부품 요소의 크기를 변경해야 한다. FDM 방식의 3D프린터로 출력할 경우, 구멍이 지름 1mm 이하이면 출력이 되지 않을 수 있으며, 축은 지름 1mm 이하에서 출력되지 않는다. 또한, 형상과 형상 사이의 간격은 최소 0.5mm 떨어지게 해야 하며 가능하면 1mm 이상 간격을 유지하도록 설계와 수정 시 고려하여야 한다.

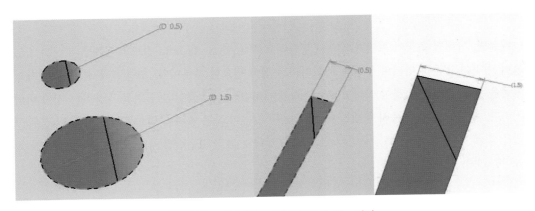

그림 3-74 구멍의 최소 크기와 형상 간 최소 간격

3) 두께를 고려한 설계

FDM 방식의 보급형 3D프린터는 출력 시간을 고려하여 대다수 0.4mm 노즐을 사용하여 출력하기 때문에 외벽 두께가 노즐 크기보다 작은 벽면 두께로 모델링된 경우 출력이 되지 않는 경우가 발생할 수 있으며, 출력이 된다 하더라도 품질을 신뢰할 수 없는 결과물이 나올 수 있다. 너무 얇은 외벽 두께를 가진 부품은 외벽 두께를 변경해야 하며, 최소한 2~3mm 이상의 벽면으로 출력될 수 있도록 수정한다. 또한 출력 방향에 따라 외벽의 두께가 변경될 수 있으므로, 부품의 모든 외벽 두께를 변경하는 것이 안전하다.

🔲 2. 파트 분할

3D프린터로 출력을 하기 위한 설계는 최근 트랜드인 DFAM 설계 방식으로 하는 것이 바람직하다. DFAM 방식은 출력물의 형상을 최적화하기 위하여 파트를 분할하거나 경량화를 이루기 위한 설계방식이다. 또한 서포트를 최소화하기 위해 파트를 효율적으로 분할한다. 적층 방식으로 출력되는 3D프린터는 형상을 제대로 출력하기 위해서 지지대를 생성하는데, 이 지지대를 제대로 제거할 수 없는 형상의 경우에 파트를 분할하여 출력한다. 즉, 파트를 분할하여 조각으로 출력하는 경우, 하나의 파트를 그대로 출력했을 때 생성되는 지지대를 최소한 줄일 수 있으며, 지지대의 제거 또한 손쉽게 이루어질 수 있다. 그리고 출력된 형상의 표면을 최대한 깨끗하게 유지한 상태로 출력할 수 있는 장점이 있기 때문에 파트를 분할하여 출력한다. 파트 분할은 출력될 모든 부품에 적용되는 것이 아니고, 모델링 내부에 공간이 발생되어 있고, 내부 공간에서 조립이나, 동작 등이 이루어져야 하는 경우에 파트 분할 방법을 많이 사용한다. [그림 3-75]은 파트 분할이 필요한 부품이다.

🔲 예상문제

DFAM(Design for Additive Manufacturing) 설계 방식을 설명한 것이다. 옳은 것은?

① 출력물의 형상을 최적화하기 위하여 파트를 분할하거나 경량화를 이루기 위한 설계방식이다.
② 서포트를 최소화하기 위해서도 파트를 수정 및 변경하는 방식이다.
③ 모델링 내부에 공간이 발생되도록 하기 위한 설계방식이다.
④ 지지대를 최대화하기 위한 설계방식이다.

해설

DFAM 방식은 출력물의 형상을 최적화하기 위하여 파트를 분할하거나 경량화를 이루기 위한 설계방식이다. 또한 서포트를 최소화하기 위해서도 파트를 효율적으로 분할한다. 적층 방식으로 출력되는 3D프린터는 형상을 제대로 출력하기 위해서 지지대를 생성하는데, 이 지지대를 제대로 제거할 수 없는 형상의 경우에 파트를 분할하여 출력한다.

정답 ①

그림 3-75 파트 분할 전 슬라이싱(서포트 생성)

아래 [그림 3-76]은 서포트를 줄이기 위하여 파트를 분할한 것이고 [그림 3-77]은 파트를 분할한 후에 슬라이싱을 통해 서포트 생성이 현저하게 줄어든 모습을 보여주고 있다.

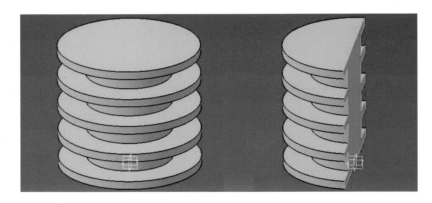

그림 3-76 파트의 분할

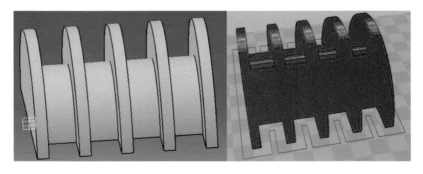

그림 3-77 분할 후 슬라이싱(서포트 생성)

1) 파트 분할 판단하기

모델링된 부품 중에서 파트 분할할 부품을 선정하고, 만약 출력 조건을 파악하기가 힘든 경우 3D프린터 슬라이싱 프로그램을 이용하여 출력 상태를 미리 파악한 후 파트 분할을 적용한다. [그림 3-78]은 슬라이싱을 통해 파트 분할의 필요성을 파악한 것이다.

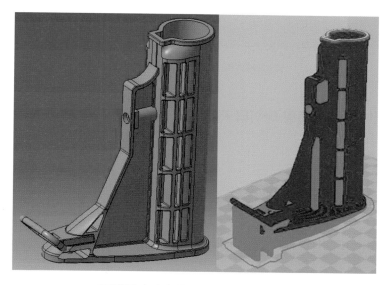

그림 3-78 슬라이싱을 통한 파트 분할 분석 예

2) 파트 분할하기

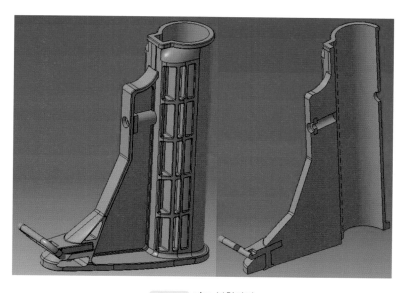

그림 3-79 파트 분할하기

3) 파트 슬라이싱으로 서포트 생성 확인하기

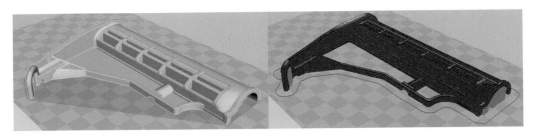

그림 3-80 파트 분할 후 서포트 생성 확인

💎 3. 엔지니어링 모델링 데이터 저장

1) 3D프린팅을 위한 모델링 데이터 변환

  3D프린터에서의 출력은 3D 엔지니어링 프로그램에서 모델링된 부품 파일을 일반 2D프린터처럼 인쇄 버튼을 눌러 바로 출력할 수 있는 것이 아니라, 3D프린터가 인식할 수 있는 동작 코드와 좌표가 있는 파일, 즉 G코드라는 파일로 변환해서 3D프린터로 전송해야 출력이 되는 장비이다. 3D프린터 또한 슬라이싱 프로그램이라는 프로그램을 통해서 G코드를 생성할 수 있다. 3D프린터 슬라이싱 프로그램은 3D 엔지니어링 프로그램에서 모델링된 파일을 직접 가져올 수 없기 때문에, 3D 엔지니어링 프로그램에서 부품 파일을 슬라이싱 프로그램에서 인식할 수 있는 형식으로 변경해서 저장해야 한다.

🎲 예상문제

3D프린터 슬라이싱 프로그램은 3D 엔지니어링 프로그램에서 모델링된 파일을 직접 가져올 수 없기 때문에, 3D 엔지니어링 프로그램에서 부품 파일을 슬라이싱 프로그램에서 인식할 수 있는 형식으로 변경해서 저장해야 한다. 슬라이싱 프로그램에서 인식할 수 있는 파일로 맞는 것은?

① STL   ② FDM   ③ SLS   ④ SLA

> **해설**
> 3D프린터에서의 출력은 3D 엔지니어링 프로그램에서 모델링된 부품 파일을 일반 2D프린터처럼 인쇄 버튼을 눌러 바로 출력할 수 있는 것이 아니라, 3D프린터가 인식할 수 있는 동작 코드와 좌표가 있는 파일, 즉 G코드라는 파일로 변환해서 3D프린터로 전송해야 출력이 되는 장비로서 STL파일이나 OBJ, VRML등의 파일로 저장하여야 슬라이싱 파일로 사용할 수 있다.

정답 ①

2) 모델링 데이터 변환 저장하기

3D 엔지니어링 프로그램들마다 변환 저장하는 기능은 조금씩 다르지만, 대부분 저장(Save)기능에서 파일형식을 변경해서 저장하거나, 내보내기(Export)를 통해서 파일을 다른 형식으로 저장하는 방식으로 사용한다. 이 두 가지 저장 형식은 동일한 내용을 가지고 있음으로, 3D 엔지니어링 프로그램 특성에 맞춰 파일을 변환 저장할 수 있다.

(1) 파일 변환 저장 명령

파일형식 변환은 저장 또는 내보내기(Export)를 이용하여 파일을 변환 저장할 수 있으며, 일반적인 파일 저장 기능과 동일하다. 3D프린터 슬라이싱 프로그램에서 불러올 수 있는 파일 형식은 크게 2가지 형식으로 *.STL 형식과 *.OBJ 형식을 사용한다. *.STL 형식은 주로 3D CAD 프로그램에서 제공하며, *.OBJ 형식은 3D 그래픽 프로그램에서 많이 사용이 된다. 3D 엔지니어링 프로그램에서는 대부분 *.STL 파일을 기본적으로 제공하고 있어, 3D프린터 슬라이싱 프로그램으로 변환 저장은 *.STL 파일형식으로 선택한다.

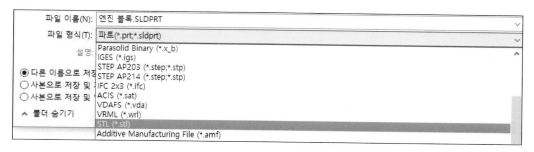

그림 3-81 내보내기(STL)

(2) STL 파일 옵션 변경

STL 파일로 저장하기 전에 꼭 한 번은 체크하고 넘어가야 하는 부분이, STL 파일 형식에 대한 옵션의 내용을 확인하고 필요한 부분을 수정하여 저장할 수 있어야 한다.

그림 3-82 STL 파일 옵션

모든 3D 엔지니어링 프로그램에서 STL 파일 형식을 선택했을 경우 위와 같은 내용을 가지고 있는 옵션 설정 버튼이 있으며, 옵션 버튼을 클릭하면 3D 엔지니어링 프로그램마다 조금씩 다르지만 거의 같은 내용으로 위 그림과 같은 창이 나타난다. 일반적으로 옵션내용에서 맞춰야 하는 내용은 단위와 해상도 부분을 설정한다. 3D 엔지니어링 프로그램에서의 부품 모델링의 단위는 mm로 되어 있는 상태이기 때문에 변환 파일의 단위도 mm로 설정이 되어있어야 한다. 해상도는 기본 설정된 내용으로 거침, 보통, 부드러움 정도로 표시가 된다. 거침은 STL로 변환했을 때 곡면의 부드러움이 많이 없어진 상태, 즉 곡면에 다각형처럼 각으로 이루어진 상태로 출력이 되며, 양호 또는 부드러움을 선택하면 3D프린터로 출력되는 형상의 곡면이 매끄러운 곡면을 유지하면서 출력이 이루어진다. 이는 STL 파일의 용량에 변화가 생기는 것이지 3D프린터에서의 출력 속도를 결정하는 것은 아니다.

STL 파일 형식을 설명한 것이다. 아닌 것은?

① 3D프린터 출력용 파일이다.
② 슬라이싱용으로 사용하는 파일이다.
③ STL(Standard Triangle Language)
④ 3D프린터용 모델링파일이다.

해설

3D프린터 또한 슬라이싱 프로그램이라는 프로그램을 통해서 G코드를 생성할 수 있다. 3D프린터 슬라이싱 프로그램은 3D 엔지니어링 프로그램에서 모델링된 파일을 직접 가져올 수 없기 때문에, 3D 엔지니어링 프로그램에서 부품 파일을 슬라이싱 프로그램에서 인식할 수 있는 STL 형식으로 변경해서 저장해야 한다.

정답 ④

Craftsman
3DPrinter
Operation
3D프린터운용기능사

PART

04

3D프린터 SW 설정

3D프린터 SW 설정이란 고품질의 제품을 출력하기 위하여
슬라이서 프로그램에서 지지대를 설정하고 슬라이싱하여
G코드 파일을 생성하는 능력을 말한다.

Chapter

01 출력보조물 설정

확정된 출력용 데이터를 근거로 출력보조물의 필요성을 판단할 수 있으며 출력 보조물이 필요할 경우 슬라이서(Slicer) 프로그램으로 형상을 분석할 수 있다. 또한 분석된 형상을 토대로 지지대 (Support)와 바닥받침대(Raft), 내부채움(Infill), 스커트와 브림(Skirt and brim) 등을 설정할 수 있고 슬라이서 프로그램에서 출력 보조물을 설정할 수 있다.

🎲 예상문제

확정된 출력용 데이터를 근거로 출력보조물의 필요성을 판단할 수 있으며 출력 보조물이 필요할 경우 슬라이서(Slicer) 프로그램으로 형상을 분석할 수 있다. 슬라이서에서 설정하는 보조물이 아닌 것은?

① 지지대(Support)　　　　　② 바닥받침대(Raft)
③ 내부채움(Infill)　　　　　④ 로브(Rob)

해설
분석된 형상을 토대로 지지대(Support)와 바닥받침대(Raft), 내부채움(Infill), 스커트와 브림(Skirt and brim) 등을 설정할 수 있고 슬라이서 프로그램에서 출력 보조물을 설정할 수 있다.

정답　④

📦 1. 출력보조물(Support)의 필요성 판별

3D프린팅 과정에서 가장 중요한 부분이 출력보조물(Support)의 최소화를 위하여 3D모델링 과정부터 단품으로 출력할 것인지 어셈블리로 출력할 것인지를 고려하여야 한다는 것이다. 3D프린터의 종류, 방식, 재료에 따라 나타나는 오차 및 제품의 치수 등이 다르기 때문에 사용자는 먼저 사용하는 3D프린터의 특징 및 오차 범위를 숙지하고 있어야 한다. 또한 최근에 3D프린팅 설계 분야에서 필수적인 DFAM(Design for Additive Manufacturing) 설계기법을 익히게 함으로서 지지대를 최소화하는 것도 하나의 판별 방법이라 하겠다.

출력보조물(Support)의 필요성에 관한 내용이다. 판별 내용에 속하지 않는 것은?

① 단품으로 출력할 것인지 어셈블리로 출력할 것인지를 고려한다.

② 사용하는 3D프린터의 특징 및 오차 범위를 숙지하고 있어야 한다.

③ 3D프린터의 종류, 방식, 재료에 따라 나타나는 오차 및 제품의 치수 등이 다름을 고려한다.

④ 출력보조물(Support)은 반드시 설치한다.

해설

3D프린팅 과정에서 가장 중요한 부분이 출력보조물(Support)의 최소화를 위하여 3D모델링 과정부터 단품으로 출력할 것인지 어셈블리로 출력할 것이지를 고려하여야 한다는 것이다. 3D프린터의 종류, 방식, 재료에 따라 나타나는 오차 및 제품의 치수 등이 다르기 때문에 사용자는 먼저 사용하는 3D프린터의 특징 및 오차 범위를 숙지하고 있어야 한다. 또한 최근에 3D프린팅 설계분야에서 필수적인 DFAM(Design for Additive Manufacturing) 설계기법을 익히게 함으로서 지지대를 최소화하는 것도 하나의 판별 방법이라 하겠다.

정답 ④

1) 형상설계 오류

3D프린터로 제품제작을 하고자 할 때 3D프린터에 따른 형상설계 오류를 고려해야 한다. 이는 3D프린터 방식에 따라 특징이 모두 다르기 때문이다. 또한 프린팅 방식에 따라 제품의 제작 오류 또한 달라진다. 예를 들어 FDM 방식의 프린터는 최대 정밀도가 0.1mm 정도로 정밀도가 좋지 않다. 그러나 SLA 방식은 정밀도가 최대 1~5µm 로 아주 좋은 정밀도를 가진다. 그러므로 사용자가 가지고 있는 3D프린터의 방식이 FDM이라면, 설계에 정밀도보다 작은 치수를 표현하려면 이는 불가능하다. 이렇게 프린터의 방식 및 표현방식에 따라 사용자가 적절한 형상 설계 및 3D프린터 선택이 중요하다. 그리고 SLA 방식으로 제품을 제작할 때에는 제품 정밀도는 좋지만 재료의 특징을 잘 파악하여 제품을 제작하여야 한다. SLA 방식은 광경화 방식으로 제품을 아주 정밀하게 만들 수 있다. 그러나 광경화성 수지의 특징 및 성질을 이해하지 않고 제품의 형상 설계를 하면 제품의 뒤틀림 오차 등이 생길 수 있다.

2) 베이스 면에 따른 제품 제작 특성

　제품의 형상에 따라 어떤 면을 베이스로 선택하느냐에 따라 제품의 특징 및 품질이 달라진다. 이는 3D프린터가 가공하는 방향이 달라지기 때문이다. 예를 들어 원뿔모양의 제품을 제작한다고 가정할 때 원뿔의 아랫면 및 윗면을 베이스로 선택하여 제작하면 제작 형상 및 오차 등이 달라진다. 이는 원뿔 모양의 제품의 아랫면을 베이스로 선택하여 제품을 제작할 때에는 별도의 지지대 및 가공 경로가 단순하다. 왜냐하면 3D 프린팅 기술은 층층이 적층하는 기술로서 아래의 층이 크고 위의 층이 작으면 완벽하다고 할 수 있다. 때문에 원뿔 모양의 제품을 제작할 때 아랫면을 베이스로 선택하고 제품을 제작하면 가공면과 치수 정밀도가 좋다. 그러나 윗면을 베이스로 선택하고 제품을 제작하였을 때에는 별도의 지지대가 필요하고 가공 경로 역시 복잡하다. 때문에 제품 형상을 설계할 때 베이스면에 따른 제품의 특징을 고려하는 것이 중요하다[그림 4-1, 2].

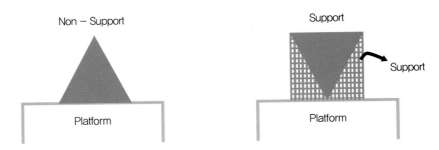

그림 4-1 원뿔모양 지지대(기준면에 따른) 형상

그림 4-2 삼각모양의 기준면에 따른 지지대 생성

2. 슬라이싱(Slicing)

　슬라이싱이란 3D모델링된 입체형상의 Z방향의 높이를 XY평면의 얇은 단면(보통 0.1mm)으로 자르기하는 것을 슬라이싱이라고 한다. 이렇게 한 층 한 층으로 나뉘어진 면을 레이어(Layer)라고 하며, 이러한 레이어를 한 층 한 층(Layer by layer) 적층하여 다시 3차원적 형상물을 얻는 방식을 적층 생산 방식(Additive Manufacturing)이라고 한다. 따라서 원하는 3차원 제품을 3D프린팅 하기 위해서는 장비의 특성이나 재료의 물성 등을 고려하여 슬라이싱 두께를 정하여야 한다[그림 4-3].

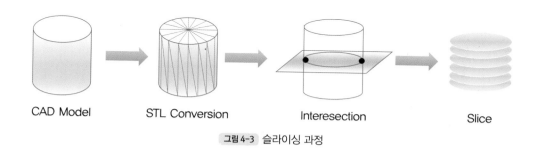

CAD Model　　　STL Conversion　　　Interesection　　　Slice

그림 4-3 슬라이싱 과정

📦 예상문제

슬라이싱(Slicing)에 대한 설명이다. 옳게 설명한 것은?

① 한 층 한 층(Layer by layer) 적층하는 방식을 슬라이싱이라고 한다.
② 3D모델링된 입체형상의 Z방향의 높이를 XY평면으로 자르기하는 것을 슬라이싱이라고 한다.
③ 3D모델링 데이터를 STL데이터로 변환하는 것을 슬라이싱이라고 한다.
④ 가공방법을 설정하는것을 슬라이싱이라고 한다.

해설
슬라이싱이란 3D모델링된 입체형상의 Z방향의 높이를 XY평면의 얇은 단면(보통 0.1mm)으로 자르기하는 것을 슬라이싱이라고 한다. 이렇게 한 층 한 층으로 나뉘어진 면을 레이어(Layer)라고 하며 이러한 레이어를 한 층 한 층(Layer by layer) 적층하여 형상물을 얻는 방식을 적층 생산 방식(Additive Manufacturing)이라고 한다.

정답 ②

3. 출력 보조물 선정

출력 보조물(infill, raft, brim, skirt 등) 선정은 프린터 기본 세팅 시 정해져 있으나 사용자의 필요에 따라 변경해서 사용할 수 있도록 수정이 가능하다.

1) 지지대(Support)의 이용

3D프린팅 방식에 따라 오류가 존재할 수 있다. 이러한 오류를 제거하기 위해 지지대를 이용한 제품을 제작하면 제품의 품질을 향상시킬 수 있다. 3D프린팅은 제작 방식에 따라 오차가 있을 수 있다. 이를 해결하기 위해서 지지대를 형상 제작에 이용하면 오차를 줄일 수 있다. 그래서 FDM 방식에서 구조물을 제작할 때 제품의 아랫면이 크거나 뒤틀림이 존재할 때에는 지지대를 이용하여 제품을 제작하면 제품의 뒤틀림과 오차를 줄일 수 있다. 그리고 SLA 방식으로 제품을 제작할 때 지지대를 설치하느냐 안하느냐에 따라 형상의 오차 및 처짐 등이 발생할 수 있다. 그러므로 제품에 따른 지지대 유무에 따라 더 나은 품질의 제품을 제작할 수 있다. SLS 방식은 이러한 지지대 설치가 필요 없다.

예상문제

지지대(Support)의 설치가 필요없는 적층방식은?

① FDM　　　② SLS　　　③ SLA　　　④ DLP

해설

FDM 방식에서 구조물을 제작할 때 제품의 아랫면이 크거나 뒤틀림이 존재할 때에는 지지대를 이용하여 제품을 제작하면 제품의 뒤틀림과 오차를 줄일 수 있다. 그리고 SLA 방식으로 제품을 제작할 때 지지대를 설치하느냐 안하느냐에 따라 형상의 오차 및 처짐 등이 발생할 수 있다. 그러므로 제품에 따른 지지대 유무에 따라 더 나은 품질의 제품을 제작할 수 있다. SLS 방식은 이러한 지지대 설치가 필요 없다.

정답　②

2) 지지대(Support)의 구조 형식

3D프린팅 장치는 소프트웨어와 하드웨어를 포함하여 일체화된 기기이다. CAD 데이터에서 2차원 슬라이스 데이터를 추출할 뿐만 아니라 실제의 조형에서는 헤드 및 보조 장치를 제어할 많은 데이터를 생성한다. 또한 액체상태의 광경화성 수지를 사용하는 광조형법이나 녹인 재료를 주사하여

형상을 제작하는 경우에는 조형물이 완성되어서 분리시킬 때까지 조형물의 고정은 물론, 파손, 지붕형상과 돌출부분에서의 처짐 등을 방지하기 위해서 지지대가 반드시 필요하다. 하지만 불필요한 부분에 지지대가 형성되거나 필요한 부분에 지지대가 형성되지 않는 경우가 발생하였으며 정밀도에서 있어서도 좋지 않는 영향을 미쳤다. 이러한 문제점을 해결하고자 많은 전문가들이 노력한 결과로 현재는 적절한 지지대를 자동으로 생성하는 소프트웨어가 개발되었다.

그러나 어떤 지지대 자동 생성 프로그램도 완벽하지 못하므로 전문가에 의한 수정이 필요한 경우가 많다. 지지대는 형상과 기능에 따라 [그림 4-4]와 같이 나눌 수 있다. 가장 일반적인 경우로 (a)는 외팔보와 같이 새로 생성되는 층이 받쳐지지 않아 아래로 휘게 되는 경우이다. 물론 (b)와 같이 양단이 지지되는 경우도 이를 받치는 기둥의 간격이 크면 가운데 부분에서 처짐이 과도하게 발생하게 된다. (c)는 이전에 단면과는 연결되지 않는 단면이 새로이 등장하는 경우로, 지지대가 받쳐주지 않으면 허공에 떠 있는 상태가 되어 제대로 성형되지 않는다. (d)는 특별히 지지대가 필요한 면은 없지만 성형 도중에 자중에 의하여 스스로 붕괴하게 되는 경우다. (e)는 기초 지지대로 성형 중 진동이나 충격이 가해졌을 경우 성형품의 이동이나 붕괴를 방지하기 위한 지지대이다. 마지막으로 (f)는 성형플랫폼에 처음으로 만들어지는 구조물로서 성형 중에는 플랫폼에 대한 강한 접착력을 제공하고, 성형 후에는 부품의 손상 없이 플랫폼에 분리하기 위한 지지대의 일종이다.

지지대와 관련한 성형 결함으로는 제작 중 하중으로 인해 아래로 처지는 현상을 'Saging'라 하며, 소재가 경화하면서 수축에 의해서 뒤틀림이 발생하게 되는데 이러한 현상을 'Warping' 이라고 한다.

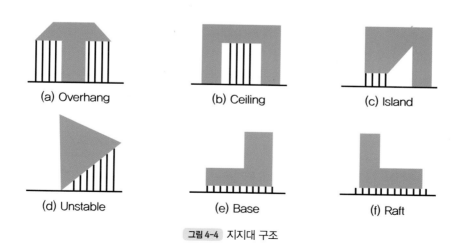

그림 4-4 지지대 구조

지지대와 관련한 성형 결함으로는 3D프린팅 중 소재가 경화화면서 수축에 의해서 뒤틀림이 발생하게 되는데 이러한 현상을 무엇이라 하는가?

① Saging
② Warping
③ Ceiling
④ Overhang

해설

지지대와 관련한 성형 결함으로는 제작 중 하중으로 인해 아래로 처지는 현상을 'Saging'라 하며, 소재가 경화하면서 수축에 의해서 뒤틀림이 발생하게 되는데 이러한 현상을 'Warping'이라고 한다. 'Overhang'은 외팔보와 같이 새로 생성되는 층이 받쳐지지 않아 아래로 휘게 되는 경우이고 'Ceiling'은 양단이 지지되는 경우도 이를 받치는 기둥의 간격이 크면 가운데 부분에서 처짐이 과도하게 발생하는 경우이다.

정답 ②

3) 지지대(Support)의 제거

지지대는 3D프린터의 출력 시 지지대로 나오는 부산물을 말한다. 출력 후 생기는 지지대를 제거하는 것이 후가공이다. 3D프린터는 적층성형 방식이므로 표면에 레이어 자국이 남는다. 따라서 후가공이 필요하다. 사용자가 어떤 목적으로 사용할지에 따라 후가공은 3D프린팅에서 굉장히 중요하다. 또한, 대부분의 3D프린터 제작물들은 지지대를 제거해야 하기 때문에 기본적인 후가공이 필수적이며, 그리고 염색이나 코팅 등이 가능한 것이다. 가장 먼저 이루어지는 지지대 제거 작업은 어려운 작업이 아니다. 하지만 조형방식과 재료에 따라 지지대 제거 방식은 상이하다. SLA의 경우, 광경화성 수지를 사용하기 때문에 모델재료와 지지대 재료가 같고, 가는 기둥형으로 쉽게 떨어지게 되어 있다. 3DP방식이나 SLS 방식과 같은 적층기술은 지지대를 사용하지 않고 파우더만 털어주면 즉시 출력물을 얻을 수 있다.

지지대를 제거할 때, 지지대를 제거한 표면이 거칠거나 손상이 갈 수 있으므로 주의가 필요하다. 특히 보급형으로 널리 쓰이는 FDM 방식에서는 강도가 강한 경화된 플라스틱을 제거하므로, 이런 현상이 자주 일어난다. 따라서 출력물의 완성도를 높이려면 후가공 과정은 필수적이다.

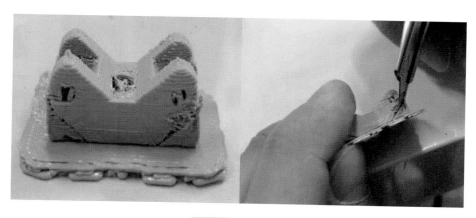

그림 4-5 지지대 제거

지지대는 3D프린터의 출력 시 지지대로 나오는 부산물을 말한다. 출력 후 생기는 지지대를 제거하는 것이 ( )이다. 3D프린터는 적층성형 방식이므로 표면에 레이어 자국이 남는다. 따라서 (   )이 필요하다. ( ) 안에 알맞은 단어는?

① 후가공
② 사전가공
③ 도장작업
④ 조립작업

해설

지지대는 3D프린터의 출력 시 지지대로 나오는 부산물을 말한다. 출력후 생기는 지지대를 제거하는 것이 후가공이다. 3D프린터는 적층성형 방식이므로 표면에 레이어 자국이 남는다. 따라서 후가공이 필요하다.

정답 ①

🔷 4. 슬라이서 프로그램 운용

3D 프린팅은 적층가공으로 3D모델을 층층이 적층하여 물체를 제작한다. 즉 3D모델을 프린팅하기 위해선 프린팅이 가능한 일정한 높이의 층(Layer)으로 잘라 그 XY 단면을 한 층 한 층 쌓아서 프린팅을 해야 한다는 것이다. 이때에 프린팅에 필요한 조건인 슬라이싱하는 높이(두께), 외벽의 두께, 내부 채움 정도, 인쇄속도 등 프린팅하는 조건과 사용하는 필라멘트의 조건, 3D프린터의 조건 등을 포함시키는 과정을 슬라이싱(slicing)이라 한다. 이렇게 만들어진 파일을 G-code 파일이라 한다. 이 파일은 기계를 제어하는 G-code 명령으로 구성되어 있으며 이를 툴패스라 한다. 이런 툴패스를 만들기 위해 사용하는 프로그램을 슬라이서(slicer) 또는 G-code 생성기라 하며, Slic3r, Cura, Skeinforge, KISSlicer 등이 있다. 여기에서는 오픈 슬라이싱 프로그램인 Slic3r을 사용하여 설명한다[그림 4-6].

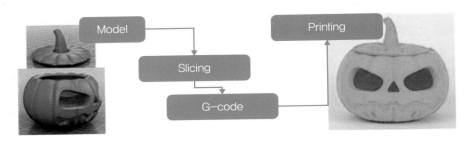

그림 4-6 슬라이싱 과정

🔷 예상문제

프린팅에 필요한 슬라이싱하는 높이(두께), 외벽의 두께, 내부 채움정도, 인쇄속도 등 프린팅하는 조건과 사용하는 필라멘트의 조건, 3D프린터의 조건 등을 포함시키는 과정을 슬라이싱(slicing)이라 한다. 이렇게 만들어진 파일을 (   )파일이라 한다. ( ) 안에 들어가는 용어로 맞는 것은?

① G-code
② H-code
③ P-code
④ L-code

해설
이렇게 만들어진 파일을 G-code 파일이라 한다.

정답 ①

1) 슬라이싱 SW 설정하기

래피티어 호스트 프로그램에 포함되어 있는 슬라이서는 Slic3r와 Cura Engine이 있다. 여기에서는 보다 자세한 내용을 포함하고 있는 Slic3r의 사용법을 설명한다.

(1) 슬라이서(Slic3r) 실행

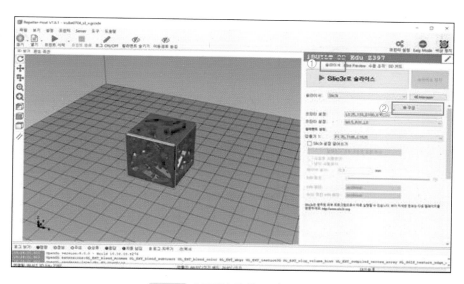

그림 4-7 슬라이서 선택(Slic3r)과 구성

[그림 4-7]의 ① 슬라이서가 Slic3r로 선택된 상태에서 ② 구성을 실행시키면 [그림 4-8]과 같은 창이 실행된다. 이 Slic3r은 프린팅 조건 설정, 사용하는 필라멘트 조건 설정과 3D프린터 제원을 설정하는 3개의 시트로 구성되어 있다.

(2) Print Settings(프린팅 조건설정)

① 층과 외벽(Layers and perimeter)

Print Settings은 모델을 출력하는 데 요구되는 조건들인 층과 외벽(Layers and perimeter), 내부채움(Infill), 스커트와 브림(Skirt and brim), 지지대 설정(Support material), 출력속도(Speed), 압출(Extruder)의 조건을 설정한다.

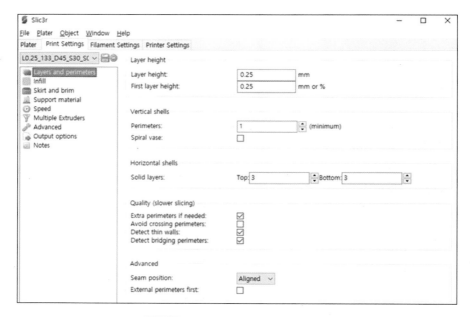

그림 4-8 층과 외벽(Layers and perimeters)

- Layer height : 슬라이싱하는 층의 높이를 결정하는 값으로, 프린터에 사용하고 있는 노즐의 직경의 약 60%로 설정한다.
- First layer height : 첫번째 층 높이 mm 또는 % 단위로 지정 가능(%일 경우 숫자 뒤에 % 입력)
- Perimeters : 외벽두께 (외곽선 횟수)를 결정하는 값으로 이 값에 노즐크기(압출폭)을 곱하면 외벽두께가 된다.
- Spiral vase : 꽃병과 같은 형상을 출력할 때 사용하는 옵션으로 외벽두께는 1회로 고정되며 내부 채움 등 관련 옵션은 모두 무시된다.
- Solid layers : 꼭대기(Top) 층과 바닥(Bottom) 층의 두께
- Avoid crossing perimeter : 노즐 이동 시 외벽을 넘어가지 않고 돌아서 간다. 보우덴 방식에서 활성화 시 찌꺼기를 덜 흘린다. 사용 시 노즐이 불필요하게 더 움직여야 하기 때문에 출력시간이 증가한다.
- External perimeter first: 보통 외벽을 나중에 출력하나, 먼저 출력하도록 하는 옵션이다.

② Print Settings(프린팅 조건설정)

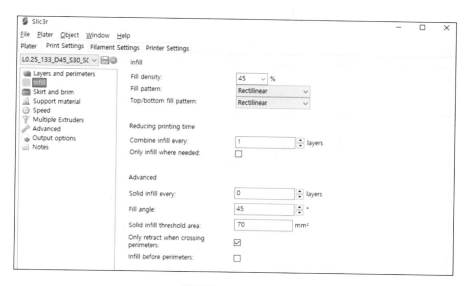

그림 4-9 내부 채움(Infill)

- Fill density : 채움 밀도(0~100%),0 이면 채움 없음, 100 이면 Solid infill
- Fill pattern : 내부 채움 모양설정
- Top/Bottom : 꼭대기/바닥 층의 채움 모양설정
- Combine infill every : 채움 합침 허용, 정밀도 증가
- Only infill where needed : 필요한 위치에만 채움 실행 (내부 지지대 역할)
- Solid infill every : 지정 레이어 간격으로 솔리드 채움 강제 실행
- Fill angle : 채움 시 사용하는 패턴의 각도 (브릿지는 적용 안됨)
- Solid infill threshold area : 채움 면적이 이보다 작으면 솔리드 채움 강제 실행
- Only retract when crossing perimeters : 노즐 이동경로가 윗 레이어의 외벽을 지나가지 않으면 리트렉션 안함
- Infill before perimeters : 외벽보다 내부 채움을 먼저 실행

③ 스커트와 브림(Skirt and Brim)

노즐 안에 오랜시간 채워져 있어 노화된 필라멘트를 압출시켜 제거하는 기능과 출력물의 첫 번째 층이 베드에 잘 붙이기 위해 사용하는 설정이다[그림 4-10].

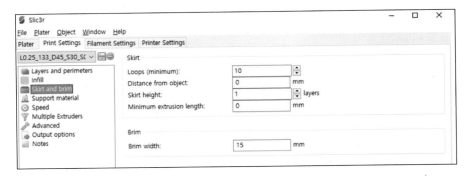

그림 4-10 스커트와 브림 설정

- Loops : 스커트의 원을 그리는 횟수
- Distance from object : 스커트와 출력물과의 거리
- Skirt height: 스커트의 높이를 결정하는 값으로 층의 단위로 결정
- Minimum extrusion length : 스커트의 원을 그리는 수를 필라멘트의 길이로 계산함
- Brim width : 출력물 테두리에 붙여서 외부로 그려지는 brim의 폭을 결정하는 값

🎲 예상문제

Print Settings(프린팅 조건설정) 설정기능 중 노즐 안에 오랜시간 채워져 있어 노화된 필라멘트를 압출시켜 제거하는 기능과 출력물의 첫 번째 층이 베드에 잘 붙이기 위해 사용하는 설정이다. 다음 중 설명과 맞는 용어는?

① 스커트와 브림(Skirt and Brim)
② 층과 외벽(Layers and perimeter)
③ 지지대 설정(Support Material)
④ 내부채움(Infill)

정답 ①

④ 지지대 설정(Support Material)

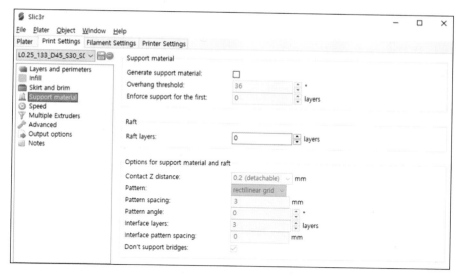

그림 4-11 지지대 설정

- Generate support material : 설정하면 출력물의 지지대 필요 여부를 Overhang threshold 를 적용하여 자동 판단하여 지지대 생성
- Overhang threshold : 경사각이 이 값보다 큰 경우에만 서포트를 생성
- Enforce support for the first : 첫 층부터 지정한 레이어 높이까지 서포트를 강제로 만든다.
- Raft layers : 바닥에 만드는 레프트의 높이를 설정
- Pattern : 지지대의 모양 선택
- Pattern spacing : 선택한 지지대 모양 사이의 간격
- Pattern angle : 선택한 지지대의 출력 각도
- Interface layers : 지지대와 출력물 사이의 두께(지지대의 제거를 쉽게 하기 위한 용도)
- Interface pattern spacing : 인터페이스의 패턴 간격 (0 = 솔리드 인터페이스).

⑤ 출력설정(Output options)

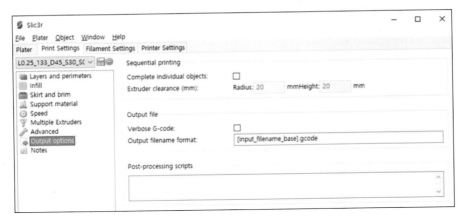

그림 4-12 출력 옵션

- Complete individual objects : 이 값을 체크하면 각각의 STL 오브젝를 한개씩 완료하
  며 출력함(동시 출력 안함)
- Extruder clearance(mm) : 출력물을 각각 또는 동시에 출력할지를 결정. 한 개씩 출력
  하는 경우 각 출력물이 effecter와의 충돌을 방지하기 위해 effecter(heating block, heatsink)
  의 반경 및 높이를 입력해야 함
- Verbose G-Code : 체크하면 Gcode 생성 시 상세 설명(주석) 추가됨
- Output filename format : 출력파일명의 형식 필요시 확장자 변경가능, 파일명에 날짜,
  시간 등을 추가로 지정 가능함
- Post Processor : Gcode 후처리기. 사용 시 명령입력

⑥ 노트(Notes)
G-code 생성 시 노트의 내용이 포함됨

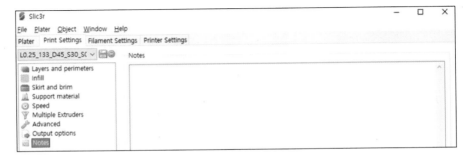

그림 4-13 노트(Notes)

(3) 필라멘트 설정(Filament setting)

① 필라멘트(Filament)

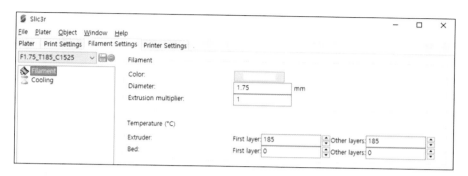

그림 4-14 필라멘트 설정

- Diameter : 필라멘트 직경, 1.75mm
- Extrusion multiplier : 압출배율, PLA는 1.0, ABS는 1.2 부근이라 생각되나 최적값을 구할 필요가 있음
- Extruder : 노즐의 온도설정, 최초 레이어와 다른 레이어의 온도를 다르게 줄 수 있음. 초기 레이어의 온도를 올리면 베드(유리판)에 쉽게 달라붙을 수 있음
- Bed : 히트베드의 온도설정, 최초 레이어와 다른 레이어 출력 시 온도를 다르게 줄 수 있음

② 냉각(Cooling)

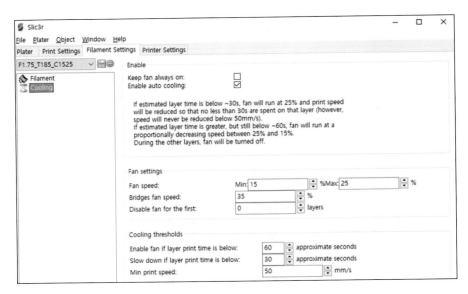

그림 4-15 냉각

- Keep fan always on : 노즐냉각팬을 항상 켤 경우 체크(사용 안하는 게 좋음)
- Enable auto cooling : 냉각팬과 출력속도를 프로그램이 알아서 조절하게 할 때 체크
- Fan speed : 팬의 최소, 최대값, PWM 제어의 특성상 최소 출력이 30% 이상 되지 않으면 FAN이 회전하지 않으므로 35%에서 시작(FAN 종류에 따라 다름)
- Bridges fan speed : 브릿지 출력 시의 팬 출력. 이 값은 100% 로 되어 있으나 실험에 의해 더 좋은 값을 찾아낼 수도 있음
- Disable fan for the first : 이 값으로 설정한 레이어들에서는 FAN 이 돌지 않음, 일반적으로 초기 1~2 레이어는 베드에 잘 달라붙게 하기 위해 냉각을 안함
- Enable fan if layer print time is below : 레이어가 이 시간보다 빨리 완성되면 FAN을 회전시킴
- Slow down if layer print time is below : 레이어가 이 시간보다 빨리 완성되면 속도를 늦추고 FAN을 회전시킴
- Min print speed : 냉각을 위해 속도를 늦출 때 이 값 이하로는 늦추지 않음

(4) 프린터 설정(Printer settings)

① 일반(General)

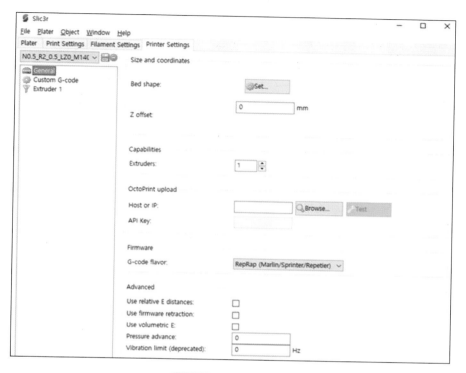

그림 4-16 프린터 설정(일반)

- Bed shape : 베드의 모양과 인쇄 영역 설정
- Z offset : 베드와 노즐 간의 높이가 안 맞을 때, 이 값을 설정함으로써 노즐의 높이를 강제로 지정 가능
- Extruders : 설치된 압출기의 수
- G-code flavor : 펌웨어 타입
- Use relative E distances : 필라멘트의 압출량(길이)을 상대값으로 지정할 필요가 있을 때 사용, 대부분은 절대값 사용함
- Vibration limit : 진동수 제한. 기계적인 공진(resonance) 방지용. 축의 움직임이 1초당 설정값 이상일 경우 속도를 늦춰서 진동간격이 빨라지지 않도록 함

② 사용자 G-code(Custom G-code)

그림 4-17 사용자 G코드

- Start G-code : 프린팅 시작 전에 실행하는 G-code 설정

  G24; X, Y, Z 축 HOMING

- End G-code : 프린팅 완료 후 실행하는 G-code 설정

  M104 S0; 출력 종료 후, Hotend의 히터 OFF

  M140 S0; 빌드 플랫폼의 히터 OFF

  M106 S150; 냉각 팬 회전 전체 256 중 150으로 ON

  G1 X0; G1 Z200; M84;

- Layer change G-code : 레이어가 바뀔 때마다 추가되는 G-code
- Tool change G-code : 노즐이 바뀔 때마다 추가되는 G-code

③ 압출기(Extruder)

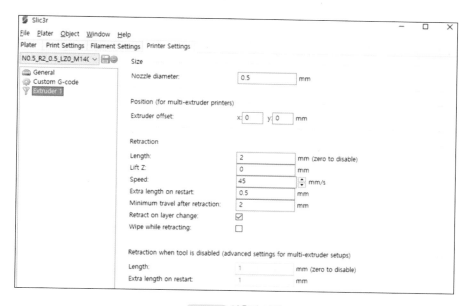

그림 4-18 압출기 설정

- Nozzle diameter : 노즐 직경
- Extruder offset : 멀티노즐일 경우에 익스트루더의 상대위치, 싱글노즐일 경우는 0,0이고 두번째 노즐부터는 정확한 값이 있어야 함
- Length : 리트렉션 길이(통상 4, 0이면 리트렉션 사용 안함)
- Lift Z : 리트렉션 할 때 노즐 들기(1mm 이하로)
- Speed : 리트렉션 속도(너무 빠르면 모터가 못 따라감)
- Extra length on restart : 리트렉션 후에 더 밀어낼 양(통상 0)
- Minimum travel after retraction : 노즐이 이 값 이상 이동하지 않으면 재리트렉션하지 않음
- Retract on layer change : 레이어 바뀔 때 리트렉션
- Wipe before retract : 리트렉션하기 전에 노즐 닦기
- 멀티노즐에서 노즐이 쉬게 될 때 리트렉션 값
- Length : 이 값만큼 필라멘트를 감아들임
- Extra length on restart : 노즐이 다시 사용될 때 감아들인 값에 이 값을 더해서 리트렉션 함

Chapter

02 슬라이싱

선정된 3D프린터에서 지원하는 적층 값의 범위를 파악할 수 있으며 파악된 적층 값의 범위 내에서 적층 값을 결정할 수 있다. 장비별, 재료별 차이는 있을 수 있으나 최종적으로 결정된 적층 값을 활용하여 제품을 슬라이싱 할 수 있다.

1. 제품의 형상 분석

제품의 형상 분석이란 슬라이서(Slicer) 프로그램에서 출력용 모델링 파일을 불러들여 형상을 분석하는 것을 말하며 제품의 품질을 향상시키기 위해서 형상물을 분석하여 재배치하는 것을 뜻한다. 또한 형상 분석에는 형상을 확대, 축소, 회전, 이동을 통하여 지지대 사용 없이 성형되기 어려운 부분을 찾는 역할을 한다. 여기서는 Zortrax M200의 슬라이싱 SW(Z-suite)를 활용한다.

예상문제

슬라이서 프로그램에서 제품의 형상 분석이란 무엇인가?

① 출력용 모델링 파일을 불러들여 형상을 분석하는 것
② 형상물을 분석하여 재배치하는 것
③ 형상을 확대, 축소, 회전, 이동으로 지지대를 최소화하는 것
④ 장비를 조정하기 위한 것

해설
제품의 형상 분석이란 슬라이서(Slicer) 프로그램에서 출력용 모델링 파일을 불러들여 형상을 분석하는 것을 말하며 제품의 품질을 향상시키기 위해서 형상물을 분석하여 재배치하는 것을 뜻한다. 또한 형상 분석에는 형상을 확대, 축소, 회전, 이동을 통하여 지지대 사용없이 성형되기 어려운 부분을 찾는 역할을 한다.

정답 ④

1) 출력용 모델링 파일 불러오기

3D모델링하는 프로그램은 사용자에 따라 다를 수 있으나 출력을 위한 파일의 형태는 같아야 한다. 이렇게 출력용 표준으로 사용하는 "STL" 파일을 슬라이서 화면으로 불러오기 방법을 알아보자.

(1) Zortrax M200의 슬라이서(Slicer) 프로그램(Z-suite)을 실행한다.

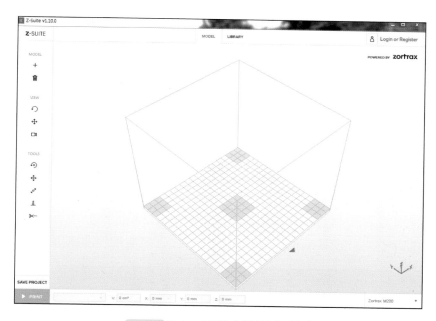

그림 4-19 Zortrax M200 슬라이서 초기화면

(2) 형상 분석할 파일을 불러온다.

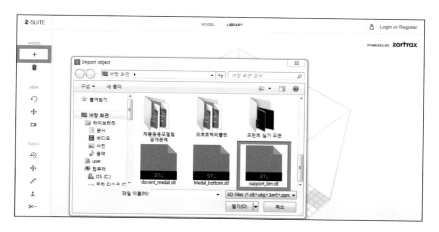

그림 4-20 파일 열기

(3) 슬라이싱 화면으로 받침대 파일을 불러온다.

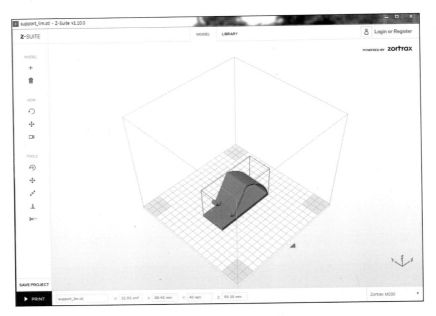

그림 4-21 불러온 형상 파일

(4) Zortrax 슬라이싱 SW에서 제공되는 형상 분석 기능을 차례대로 알아본다.

① 회전기능을 이용하여 형상 분석을 할 수 있다.

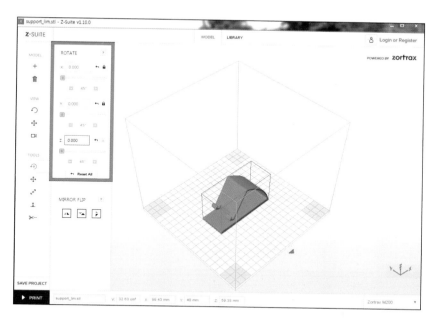

그림 4-22 회전기능 분석

㉠ 회전기능 실행화면(Z축기준 회전)

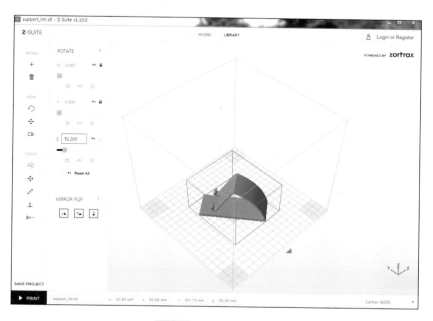

그림 4-23 Z축기준 회전 화면

② 형상 이동하면서 분석한다.

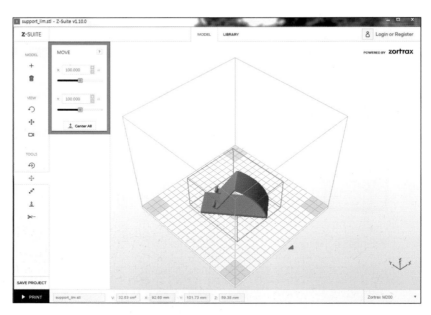

그림 4-24 이동하기 전 화면

㉠ 형상을 XY방향으로 이동하면서 분석한다.

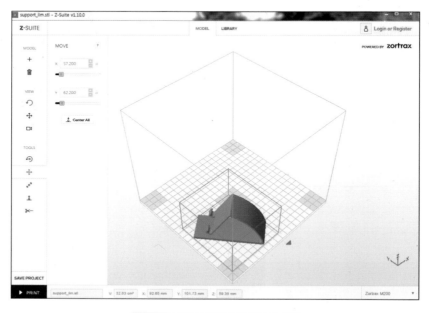

그림 4-25 각각 XY방향으로 이동한 화면

3D프린터운용기능사 필기 실기

③ 형상의 크기를 확대, 축소시키면서 분석한다.

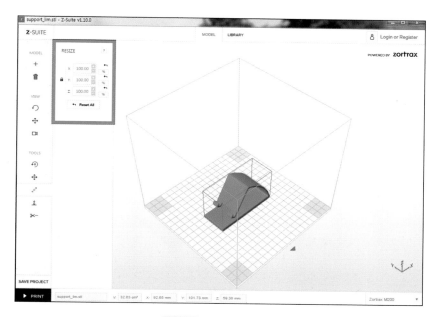

그림 4-26 형상 스케일 기능

㉠ 형상을 확대, 축소하여 분석한다.

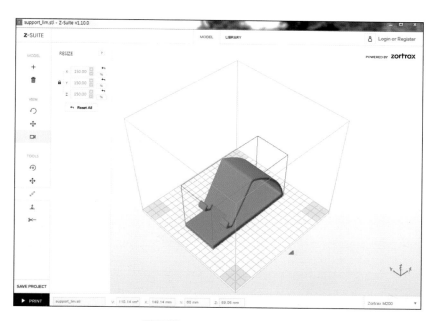

그림 4-27 형상을 150% 확대한 화면

④ 여러 개의 형상을 불러오기 한 후 자동배치 기능을 활용한다.

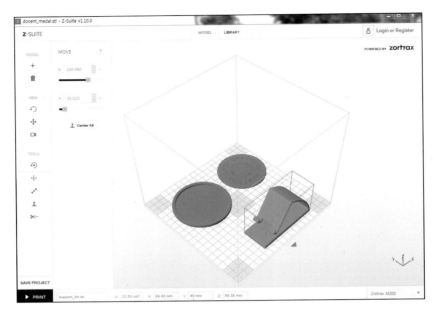

그림 4-28 여러 개의 형상 불러오기(자동배치 전)

㉠ 자동배치 기능을 이용한다.

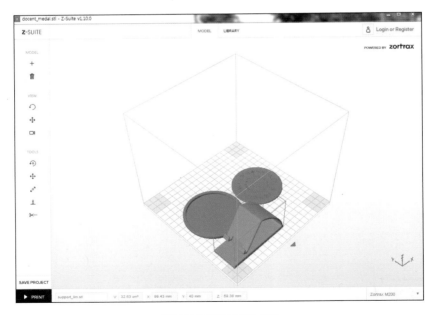

그림 4-29 형상 재배치 화면

3D프린터운용기능사 필기 실기

⑤ 형상이 클 경우 슬라이싱 형상 분석 과정에서 용량에 맞게 자르고 자동배치를 통해서 가능여부를 분석한다.

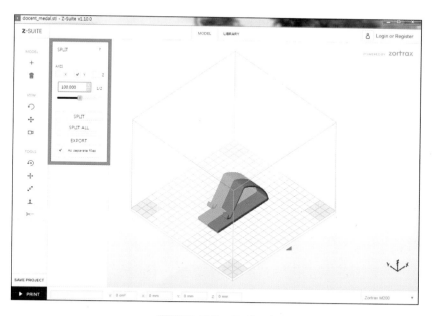

그림 4-30 형상 스플릿(Split)

㉠ 형상 스플릿 하기

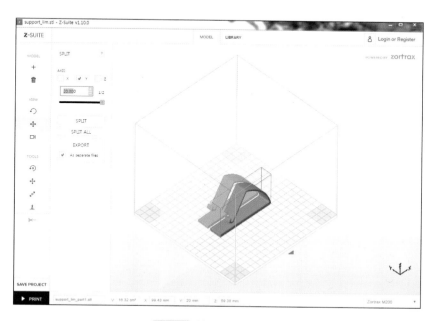

그림 4-31 형상 스플릿 후 화면

🔳 2. 최적의 적층값 설정

적층값이란 3D프린터가 출력하는 레이어 한 층의 두께를 말한다. 적층값은 3D프린터마다 각각 차이가 있으며 적층값이 클수록 정밀도가 떨어진다. 3D프린터 운용자는 각각의 3D프린터에서 지원하는 적층 값의 범위를 파악할 수 있어야 하며 또한 파악된 적층 값의 범위 내에서 최적의 적층 값을 결정할 수 있어야 한다.

1) 출력 두께

3D 프린팅을 이용하여 3차원 형상을 제작할 때 벽면이 두껍지 않으면 3D프린터에서 출력이 되지 않는다. 3차원 구조물 모델의 벽두께는 0.5mm보다 얇으면 출력이 되지 않거나 출력이 되어도 시제품으로서의 기능을 발휘하기 어렵다[그림 4-32].

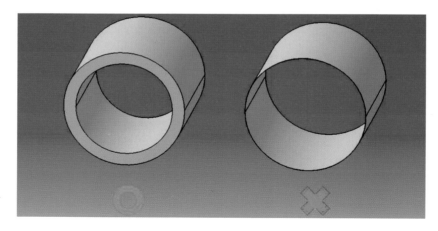

그림 4-32 출력 두께

2) 출력물 검토

출력파일을 저장할 때 STL(STereo Lithography) 파일로 저장되는 순간 폴리곤 모델링처럼 솔리드로 인식하는데, 종종 하나로 합쳐져 있지 않거나 면이 닫혀져 있지 않음으로서 에러가 발생하는 경우가 많음으로 출력물 검토를 반드시 해야 한다. 아울러 출력물은 솔리드형상으로 모델링 한 후 출력하는 것이 안정적이다. [그림 4-33]은 닫힌 모델과 열린 모델의 예이다.

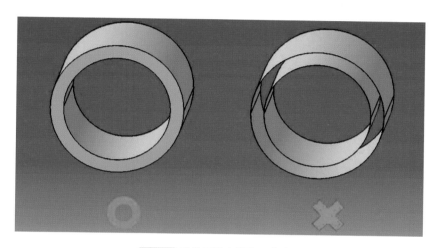

그림 4-33 닫힌 모델과 열린 모델의 예

예상문제

출력파일을 저장할 때 STL(STereo Lithography)파일로 저장되며 폴리곤 모델링처럼 솔리드로 인식한다. 이때 종종 일어나는 에러를 설명한 것이다. 아닌 것은?

① STL(STereo Lithography)파일이 하나로 합쳐져 있지 않을 때
② STL(STereo Lithography)파일의 면이 닫혀져 있지 않았을 때
③ STL(STereo Lithography)파일이 솔리드 형상으로 모델링 되었을 때
④ STL(STereo Lithography)파일의 면이 뒤집어져 있을 때

해설

출력파일을 저장할 때 STL(STereo Lithography) 파일로 저장되는 순간 폴리곤 모델링처럼 솔리드로 인식하는데 종종 하나로 합쳐져 있지 않거나 면이 닫혀져 있지 않음으로서 에러가 발생하는 경우가 많음으로 출력물 검토가 필수로 요구된다. 아울러 출력물은 솔리드형상으로 모델링한 후 출력하는 것이 안정적이다.

정답 ③

3) 출력물 간격 조정과 출력 범위 검사

    3D프린터를 이용하여 한 개 이상의 출력물을 한 번에 출력 할 때에는 출력물 간의 간격 조정은 필수적이다. 3D프린터 제조 회사별로 슬라이싱 프로그램이 조금씩 차이는 있으나 대부분 [그림 4-34]와 같이 출력물이 근접하여 출력 불량이 예상되는 경우(주황색)와 적정 거리를 유지하여 출력에 문제가 없는 경우(파랑색)로 표시된다. 아울러 3D프린터의 출력용량보다 출력물이 크거나 출력 플랫폼을 벗어나는 경우는 빨간색으로 표시된다. 최근에 출시되는 3D프린터들은 대부분 자동배치 기능이 있어서 효율적인 출력에 도움을 주고 있다. 그러나 수동배치를 할 경우는 출력물 간의 간격을 사용자가 적정한 배치가 가능해야 한다.

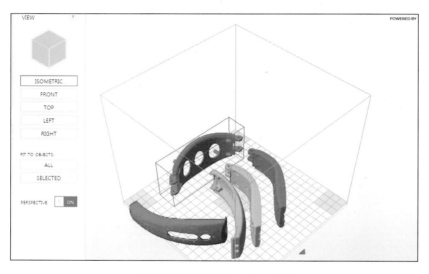

그림 4-34 출력물 간격조정 및 배치

출력물을 슬라이싱하기 전에 위치와 간격조정할 때 생기는 현상으로 옳지 않은 것은?

① 출력물이 근접하여 출력 불량이 예상되는 경우 출력물 색깔이 변한다.
② 적정 거리를 유지하여 출력에 문제가 없는 경우 보통 기본(파랑)색으로 표시된다.
③ 3D프린터의 출력용량보다 출력물이 크거나 출력 플랫폼을 벗어나는 경우는 빨간색으로 표시된다.
④ 출력물 간격과 관계없이 중복되어도 출력이 가능하며 기본색깔로 표시된다.

해설
최근에 출시되는 3D프린터들은 대부분 자동배치 기능이 있어서 효율적인 출력에 도움을 주고 있다. 그러나 수동배치를 할 경우는 출력물 간의 간격을 사용자가 적정한 배치가 가능해야 한다. 위 ①, ②, ③항의 경우가 간격 조정 시 생기는 현상을 잘 설명하여 주고 있다.

정답 ④

3. 슬라이싱

슬라이싱 SW는 오픈소스로 무료로 제공되는 것도 있고 회사의 특성에 따라 슬라이싱 SW가 장비 판매와 함께 제공되는 경우가 있다. 슬라이서 프로그램의 종류는 Cura, 메이커봇 SW, Zortrax SW, SIMPLIFY3D, Slic3r 등이 있다. 슬라이서의 종류별로 차이가 있으나 최적의 적층값을 활용하여 제품을 슬라이싱한다.

슬라이싱에 대한 설명이다. 틀린 것은?

① 슬라이싱이란 STL데이터의 Z축을 일정한 두께의 레이어로 자르는 작업이다.
② 슬라이싱된 레이어는 G코드 명령어에 의해 작동되는 것이 일반적이다.
③ 슬라이싱의 두께가 두꺼울수록 단단하고 정밀도가 좋은 제품이 출력된다.
④ 슬라이싱 프로그램은 오픈소스로 무료제공 되는 것도 있고 회사별, 장비별 고유의 전용 소프트웨어로 나뉜다.

해설
슬라이싱의 두께가 얇을수록 정밀도가 좋은 제품이 출력된다. 하지만 출력시간이 오래걸리는 것이 단점이다.

정답 ③

1) 슬라이서 프로그램을 실행하여 STL파일을 불러온다.

(1) 효율적인 3D프린팅을 위해서는 슬라이싱 할 파일이 한 개가 아니라 여러 개를 함께 슬라이싱한 후 출력하는 것이 일반적이다. [그림 4-35]처럼 불러온 파일을 출력이 가능한 영역으로 재배치하여 슬라이싱을 실행한다.

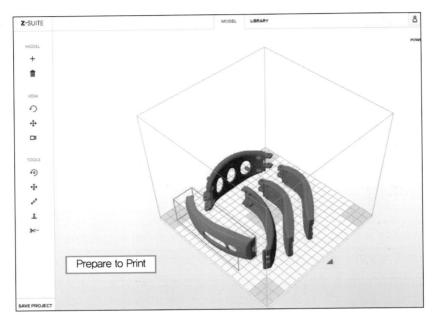

그림 4-35 슬라이싱 부품 재배치

(2) 재배치가 종료된 파일은 함께 슬라이싱을 실행한다. Prepare to Print 버튼을 클릭하면 아래[그림 4-36]과 같이 슬라이싱 결과를 보여준다.

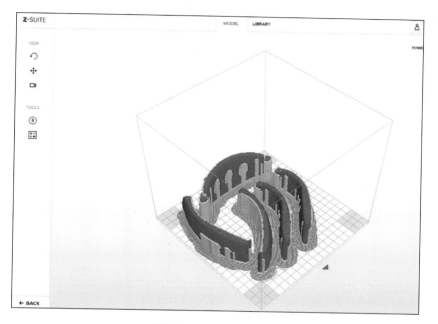

그림 4-36 부품 슬라이싱 결과

Chapter

03 G코드 생성

여기서 G코드란 슬라이싱 후 생성된 가공경로(CAM정보)를 말한다. 대부분의 경우에 각 3D프린터 제작사들은 해당 회사의 장비에서만 적용되는 CAM파일을 사용하고 있으며, 이 파일의 구조를 공개하는 곳은 드물다. 그러나 대부분의 경우 가공파일은 NC가공 기계에서 사용하는 G-code와 유사하며, 일부 G-code로 출력되는 경우도 있다. Zortrax는 G코드 형식을 Zcode로 저장하고 있으며 Makerbot은 G코드 형식을 Makebot으로 저장하여 사용한다.

🎲 예상문제

슬라이싱 프로그램에서 생성되는 G코드를 설명한 것이다. 틀린 것은?

① 슬라이싱 후 생성된 가공경로(Tool Path)
② CNC장비에서 사용하는 G코드와 유사한 명령어
③ 회사별, 장비별 전용 CAM파일을 사용
④ 슬라이싱 프로그램은 모두가 같다.

해설
슬라이싱 프로그램은 모두가 같지 않으며 회사별, 장비별로 전용프로그램을 사용하는 경우가 많고 기술적 이유로 구조를 공개하지도 않는다. 다만 오픈소스로 지원되는 슬라이싱 프로그램은 같다.

정답 ④

 1. 슬라이싱 상태 파악

슬라이싱된 파일을 활용하여 실제 적층을 하기 전 가상 적층을 실시하여 슬라이싱의 상태를 파악할 수 있다.

1) 가상적층

3D프린터에서 실제로 재료를 적층하기 전에 슬라이싱 소프트웨어를 통해 출력될 모델을 볼 수 있다. 가상적층을 통해 서포트 생성과 플랫폼 사이에 브림(Blim)이나 라프트(Raft) 등의 모양을 미리 알 수 있다. 실제 출력 시 시간과 에러를 줄여 주는 역할을 한다. 아래 [그림4-37, 38, 39]은 가상적층 과정을 나타낸 것이다.

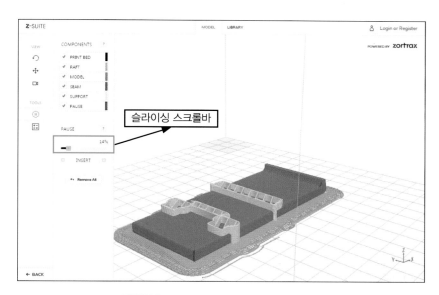

그림 4-37 가상적층 초기부분(스크롤바로 확인)

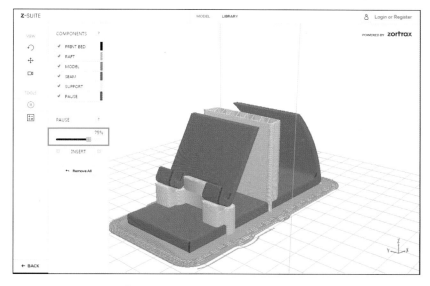

그림 4-38 가상적층 중간부분(스크롤바로 확인)

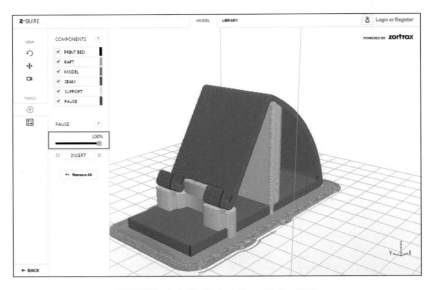

그림 4-39 가상적층 완성부분(스크롤바로 확인)

브림(Blim)을 설명한 것이다. 옳은 것은?

① 출력물을 출력할 때 벽두께 속을 채우는 비율(%)
② 핫 앤드 노즐이 비어져 있지 않게 하기 위해서 사용
③ 출력물이 베드에 잘 붙도록 첫 번째층을 넓게 하는 것
④ 출력물의 일부분을 지지해주기 위하여 사용

해설
①은 채우기(Infill), ②는 스커트(Skirt), ④는 지지대(Support)를 설명하고 있다.

정답 ③

🔷 2. 슬라이서 프로그램 운용

슬라이서 프로그램은 기본값이 정해져 있으나 헤드나 재료에 따라 최적의 프린팅이 될 수 있도록 각각 장비에 따라 추가적으로 옵션을 정해줄 수 있다. 여기서는 슬라이서 프로그램에서 공통적으로 적용되는 기본적인 내용을 기준으로 알아본다.

1) 품질(Quality)

(1) Layer 두께(mm)

Layer 두께는 3D프린터가 출력할 때 한 층의 높이를 설정하는 옵션이다. 3D프린터의 최대 높이와 최저 높이 사이의 값으로 설정하면 되고, 높이가 낮을수록 출력물의 품질이 좋아진다. 그러나 출력시간은 레이어 두께가 얇을수록 오래 걸린다.

(2) Shell 두께(mm)

Shell 두께는 출력물의 벽 두께를 설정하는 옵션으로, 속을 가득 채울 것이라면 설정할 필요가 없다. 하지만 속을 채우기를 적게 했을 때 출력물을 단단하게 하고 싶다면 Shell 두께 옵션 값을 두껍게 하면 된다.

(3) Enable retraction

서로 떨어져 있는 모델을 출력하면 헤드가 모델 사이를 이동하게 된다. 이때 모델과 모델 사이의 떨어져 있는 부분에 헤드에서 녹아 나온 필라멘트가 실처럼 생기게 되는데 Enable retraction은 이런 현상을 줄여주는 기능이다. 노즐이 허공을 지날 때 필라멘트를 되감는 기능으로 품질에 많은 영향을 미친다.

🎲 예상문제

서로 떨어져 있는 모델을 출력하면 헤드가 모델 사이를 이동하게 된다. 이때 모델과 모델 사이의 떨어져 있는 부분에 헤드에서 녹아 나온 필라멘트가 실처럼 생기게 되는데 (   )은 이런 현상을 줄여주는 기능이다. 노즐이 허공을 지날 때 필라멘트를 되감는 기능으로 품질에 많은 영향을 미친다. (   )안에 맞는 것은?

① 채움(Fill)
② 출력속도와 온도(Speed and Temperature)
③ 되감기 기능(Enable retraction)
④ 채움비율(Fill Density (%))

해설
되감기 기능(Enable retraction)을 설명하고 있다. 출력 시 종종 일어나는 현상으로 리트렉션 기능을 조정하여 보완할 수 있다.

정답 ③

2) 채움(Fill)

(1) Bottom/ Top 두께(mm)

출력물의 위(천장)/아래(바닥) 두께를 설정하는 기능이다.

(2) Fill Density(%)

출력물 속을 채우는 기능으로 채움 비율을 설정한다.

3) 출력속도와 온도(Speed and Temperature)

(1) Print speed(mm/s)

프린트 하는 속도를 조절하는 옵션으로 빠를수록 품질이 저하된다.

(2) Printing 온도

일반적으로 노즐의 온도를 설정하는 것을 말한다. 회사별, 재료별로 차이가 있다.

(3) Bed 온도

배드의 온도를 설정하는 것을 말한다.

4) 지지대(Support)

(1) 지지대 방식(Support Type)

① None
서포터를 생성하지 않도록 설정하는 기능이다.

② Touching buildplate
터치한 곳이나 바닥부터 시작하는 지지대를 설정할 때 사용하는 기능이다.

③ Everywhere
서포터가 필요한 모든 곳에 서포트를 생성하는 기능이다.

지지대 설정할 때 고려하는 일반적인 기능 및 방식이 아닌 것은?

① None(서포터를 생성하지 않도록 설정하는 기능)

② Touching buildplate(터치한 곳이나 바닥부터 시작하는 지지대를 설정할 때 사용하는 기능)

③ Everywhere(서포터가 필요한 모든 곳에 서포트를 생성하는 기능)

④ Everyone(자동으로 서포터를 생성시키는 기능)

해설

지지대 방식(Suport Type)으로는 ① None ② Touching buildplate ③ Everywhere 기능이 있다.

정답 ④

(2) 플랫폼 접착 방식(Platform adhesion type)

① Brim

첫 번째 레이어를 확장시켜 바닥 보조물을 만드는 옵션이다. 출력할 때 플레이트와 출력물이 잘 붙지 않을 때 사용한다. 하지만 제거가 어려운 것이 단점이다.

② Raft

출력물 아래에 베드 면을 깔아주는 옵션으로 출력 후 떼어낼 수 있게 되어 있다.

5) Machine

(1) Nozzle size(mm)

노즐의 구멍 크기를 설정하는 기능으로 보통 0.4~0.6을 많이 사용하고 있다. 노즐의 구멍이 작을수록 출력시간은 길어지지만 출력물의 품질은 좋게 된다.

3. G코드 생성

3D프린터에서 사용하는 G코드는 NC가공 기계에서 사용하는 G코드와 유사하며 일부는 같은 G코드로 출력되는 경우도 있다. G-code에서 지령의 한 줄을 블록(block)이라 한다. 사용자가 코드를 읽기 쉽도록 해석해 주는 문장으로 세미콜론 ';'과 괄호 '( )'가 사용된다. 세미콜론은 해당 블록의 끝(enter)을 의미하며 괄호 내의 모든 문자는 주석임을 뜻한다. 어드레스는 준비 기능(G), 보조기능(M), 기타 기능으로 이송(F), 속도(S), 공구(T) 그리고 좌표어로 X, Y, Z, I, J, K 등이 있다. 데이터는 숫자인데, 정수 또는 실수가 사용되며, 정수와 실수를 동시에 줄 수 있는 경우에는 소수점의 유무에 따라 단위가 달라지게 되므로 주의가 필요하다.

예상문제

다음 중 G코드에서 사용되는 어드레스로 사용되는 기능들이 아닌 것은?

① 준비기능(G)
② 보조기능(M)
③ 기타기능(이송(F), 속도(S), 공구(T), 좌표 등)
④ 절삭기능(C)

해설
어드레스는 준비기능(G), 보조기능(M), 기타기능으로 이송(F), 속도(S), 공구(T) 그리고 좌표어로 X, Y, Z, I, J, K 등이 있다.

정답 ④

1) G코드 일람표

표 4-1 G코드 일람표

G코드	그룹	기능	용도
▼ G00	01	위치결정	공구의 급속 이동
▼ G01		직선 보간	직선 가공
▼ G02		원호 보간	시계 방향으로 원호를 가공
▼ G03		원호 보간	반시계 방향으로 원호를 가공

▼ G04		드웰	지령시간 동안 절삭 이송을 일시정지
▼ G09	00	정위치 정지	블록 종점에서 정위치 정지
▼ G10		데이터 설정	L_에 따라 다양한 데이터 등록
▼ G11		데이터 설정 취소	다양한 데이터 프로그램 입력 취소
▼ G15	17	극좌표 지령 취소	G16 기능 취소
▼ G16		극좌표 지령	각도 값의 극좌표 지령
▼ G17		X-Y 평면	작업평면 지정 X-Y
▼ G18	02	Z-X 평면	작업평면 지정 Z-X
▼ G19		Y-Z 평면	작업평면 지정 Y-Z
▼ G20	06	인치 데이터 입력	단위를 인치로 지정
▼ G21		mm단위로 데이터 입력	mm로 좌표값의 단위를 지정
▼ G22	09	행정제한 영역 설정	안전을 위해 일정 영역 금지
▼ G23		행정제한 영역 off	G22기능 취소
▼ G27		원점 복귀 점검	원점으로 복귀 후 점검
▼ G28	00	자동 원점 복귀	원점으로 복귀
▼ G30		제2 원점 복귀	제2 원점 복귀
▼ G31		스킵(skip) 기능	블록의 가공 중 다음 블록으로 넘어간 후 실행
▼ G33	01	나사가공	헬리컬 절삭으로 나사가공
▼ G37	00	자동 공구 길이 측정	자동으로 공구 길이 측정
▼ G40		공구경 보정 취소	공구경 보정 해제
▼ G41		공구경 좌측 보정	좌측방향으로 공구 진행 방향 보정
▼ G42	07	공구경 우측 보정	우측방향으로 공구 진행 방향 보정
▼ G43		공구 길이 보정 +	공구 길이 보정이 Z축 방향으로 +
▼ G44		공구 길이 보정 −	공구 길이 보정이 Z축 방향으로 −
▼ G45		공구 위치 오프셋 신장	이동 지령을 정량만큼 신장
▼ G46	00	공구 위치 오프셋 축소	이동 지령을 정량만큼 축소
▼ G47		공구위치 2배 신장	이동 지령을 정량의 2배 신장
▼ G48		공구 위치 2배 축소	이동지령을 정량의 2배 축소
▼ G49	08	공구 길이 보정 취소	공구 길이 보정 모드 취소
▼ G50	11	스케일링 취소	크기 확대, 축소
▼ G51		스케일링	스케일링 및 미러 이미지 지령
▼ G52	00	로컬 좌표계 설정	절대 좌표계에서 다른 좌표계 설정
▼ G53		기계 좌표계 설정	기계 원점을 기준으로 좌표계 선택

▼ G54		공작물 좌표계 1 선택	
▼ G55		공작물 좌표계 2 선택	
▼ G56	14	공작물 좌표계 3 선택	원점으로 공작물 기준을 설정하여 좌표계를
▼ G57		공작물 좌표계 4 선택	6개까지 설정 가능
▼ G58		공작물 좌표계 5 선택	
▼ G59		공작물 좌표계 6 선택	
▼ G60	00	한 방향 위치 결정	공정밀도 위한 한 방향 위치 결정
▼ G61		정위치 정지 모드	정위치에 정지 확인 후 다음 가공
▼ G62	15	자동 코너 오버라이드	공구 권주부의 이송속도 차이 보정
▼ G63		tapping 모두	이송속도 고정, tapping 가공
▼ G64		연속 절삭 모드	연결된 교점부분을 가공
▼ G65	00	매크로 호출	지령된 블록에서만 단순 호출
▼ G66	12	매크로 모달 호출	각 블록에서 호출
▼ G67		매크로 모달 취소	매크로 해제
▼ G68	16	좌표 회전	기울어진 형상을 회전
▼ G69		좌표 회전 취소	좌표 회전 기능 취소
▼ G73		고속 심공 드릴 사이클	고속 드릴링 사이클
▼ G74		왼나사 태핑 사이클	왼나사 가공
▼ G76		정밀 보링 사이클	구멍이 있는 바닥에서 공구 시프트하는 사이클
▼ G80		고정 사이클 취소	고정 사이클 해제
▼ G81		드릴링 사이클	드릴 또는 센터드릴 가공의 사이클
▼ G82		카운터 보링 사이클	구멍바닥에서 공구 시프트 하는 사이클
▼ G83	09	심공 드릴 사이클	가공 고정 사이클
▼ G84		태핑 사이클	탭 나사 가공 고정 사이클
▼ G85		보링 사이클	절입 및 복귀 시 왕복 절삭 가능
▼ G86		보링 사이클	황삭 보링 작업용 고정 사이클
▼ G87		백 보링 사이클	구벙 바닥면을 보링할 때 사용
▼ G88		보링 사이클	수동 이송이 가능한 보링 사이클
▼ G89		보링 사이클	구멍이 난 바닥에서 드웰을 하는 보링 사이클
▼ G90	03	절대 지령	절대 지령 선택
▼ G91		중분지명	증분지령 선택
▼ G92	00	공작물 좌표계 설정	공작물 좌표계 설정
▼ G94	05	분당 이송	1분 동안 공구 이송량 지정
▼ G95		회전당 이송	회전당 공구 이송량 지정

▼ G96	13	주속 일정 제어	공구와 공작물의 운동속도를 일정하게 제어
▼ G97		주축 회전수 일정 제어	분당 RPM 일정
▼ G98	10	고정 사이클 초기점 복귀	종료 후 초기점으로 복귀
▼ G99		고정 사이클 R점 복귀	종료 후 R점으로 복귀

2) 준비기능(G)

준비기능(G : preparation function)은 로마자 G 다음에 2자리 숫자(G0~G9)를 붙여 지령한다. 제어장치의 기능을 동작하기 전 준비하는 기능으로 준비기능(G코드)이라고 부른다. 준비 기능은 17개의 모달그룹(modal group)으로 분류되어 있다. 이들 중 0번으로 분류된 명령들은 한번만 유효한 원샷(one-shot)명령이며 이후의 코드에 전혀 영향을 미치지 않는 것으로 좌표계의 설정이나 기계원점으로의 복귀 등 주로 기계 장치의 초기 설정에 관한 것이다. 1번부터의 모달(modal)그룹의 명령은 같은 그룹의 명령이 다시 실행되지 않는 한 지속적으로 유효하다.

3) 좌표 명령방법

좌표어에서 좌표를 지령의 방법에는 절대(absolute)지령과 증분(incremental)지령이 있다. 절대 지령은 "G90"을 사용하며, 증분 지령은 "G91"을 사용하며 모두 모달그룹 03에 해당한다. 절대 지령은 좌표를 지정된 원점으로부터의 거리로 나타내는 방식이다. 좌표값으로부터 현재 가공할 위치가 어디인지 직관적으로 알 수 있어 사람이 코드를 읽기 쉬운 장점이 있다. 반면, 증분지령은 현재 헤드가 있는 위치를 기준으로 해당 축 방향으로의 이동량으로 위치를 나타낸다. 따라서, 기계의 이동량을 나타내게 되어 기계가 해석하기에는 유리한 방식이지만 코드를 보고 현재 어떤 위치인지 알기가 어려운 단점이 있어 권장되지 않는다.

[그림 4-40]에서는 동일한 목표점의 좌표가 절대좌표와 상대좌표 지령에서 어떻게 달라지는가를 보여준다.

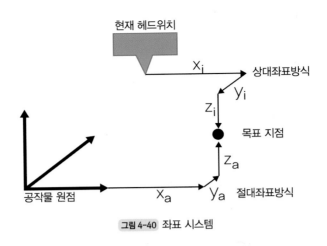

현재 헤드위치

x_i 상대좌표방식

y_i

z_i

목표 지점

z_a

공작물 원점 x_a y_a 절대좌표방식

그림 4-40 좌표 시스템

예상문제

좌표어에서 좌표를 지령의 방법에는 절대(absolute)지령과 증분(incremental)지령이 있다. 다음 중 절대지령은?

① G90
② G91
③ G92
④ G94

해설

절대 지령은 "G90"을 사용하며, 증분 지령은 "G91"을 사용한다. "G92"는 공작물좌표계 설정이고 "G94"는 분당이 송 속도를 의미한다.

정답 ①

4) 보간 기능(헤드이송 명령)

G-code 중 가장 많은 부분을 차지하는 명령이다. "G0"은 급속이송으로 설정된 장비 이송의 최대 속도로 정해진 좌표로 헤드를 급속 이동시키는 명령이다. 직선보간으로 불리는 "G01"은 'F'어드레스로 설정된 이송속도에 따라 X, Y, Z 등의 좌표어로 주어지는 위치까지 소재를 절삭하면서 직선으로 이동한다. 이 명령은 여러 축이 움직여도 항상 직선의 경로로 이동하도록 한다. 실제 3D 프린터의 슬라이싱된 레이어가공의 99% 정도가 "G0"과 "G01"의 블록으로 이루어지게 된다. 이외에 모달그룹 01에는 원호를 그리는 이송명령으로 "G02"와 "G03"과 헬리컬 곡선 "G3" 등이 있지만 3D 프린팅은 평면 삼각형으로 이루어진 STL파일을 단면화해서 사용하므로 곡선의 경로가 나타나지 않기 때문에 거의 사용되지 않는다.

5) 기타 준비기능

기계가 특정 시간 동안 아무 변화 없이 대기해야 할 경우 사용할 수 있는 대기(Dwel)지령은 "G04"를 사용한다. 대기지령은 동일한 블록에 'X'나 'P'로 대기시간을 지정해야 하며, 'X'는 소수점이 있는 실수로 초(second)단위로 정지 시간을 지령한다. 그리고 'P'는 소수점이 없는 정수로 밀리초(milisecond) 단위로 정지시간을 지령한다. 대부분의 3D프린터는 헤드의 현재 위치를 기억하는 기능이 없으며 이러한 경우 전원을 투입하고 최초 한번은 반드시 기계 원점으로 복귀를 해야만 정확한 위치로 이동할 수가 있다. 원점 복귀를 위한 명령은 "G28"이지만 대부분의 프린터는 G-code를 직접 입력하는 것이 아니라 장치의 운용기능으로 원점복귀를 할 수 있도록 설계되어 있다. 또한 대분의 경우 급속이송으로 기계원점까지 자동 복귀한다. 공작물좌표계(workpiece cordinate)를 설정하는 명령은 "G92"이며, 해당 블록에 존재하는 좌표어의 좌표를 주어진 데이터로 설정해 준다. 만일 "G92 X10 Z0" 라는 블록이 있다면 현재 헤드가 위치한 장소의 좌표의 X는 10, Z는 0이 되도록 원점을 이동시키게 되는 것이다.

6) 보조기능(M)

보조기능은 헤드 이외이 장치의 제어에 관련한 기능들로 구성되어 있다. M코드는 장치별로 다른 경우가 많지만 3D 프린팅에서 자주 사용되는 일부 M코드를 소개한다.

"M190"은 조형을 하는 플렛폼을 가열하는 기능이다. 동일 블록에 'S'어드레스를 이용하여 가열 최소 온도를 지정하거나 'R'어드레스를 이용하여 피드백 제어에 의하여 정확한 온도가 유지되도록 설정할 수 있다. "M109"는 ME방식의 헤드에서 소재를 녹이는 열선의 온도를 지정하고 해당 조건에 도달할 때까지 가열 혹은 냉각을 하면서 대기하는 명령이다. 동일한 블록에 어드레스로 'S'는 열선의 최소온도, 'R'은 최대온도를 설정할 수 있다. "M73"은 장치의 제작 진행률 표시창에 현재까지 제작이 진행된 정도를 백분율로 표시하는 지표이다. 동일한 블록에 어드레스로 P를 사용하여 진행률 값을 지정할 수 있다.

"M135"는 헤드의 온도 조작을 위한 PID제어의 온도 측정 및 출력 값 설정 시간간격을 지정하는 명령으로 'S'어드레로 밀리초 단위의 시간 값을 줄 수 있다. 만일 이 코드가 'T'어드레스와 함께 사용된다면 이것은 사용할 헤드를 데이터로 주어진 정수의 변경이라는 의미이다. 즉, "M135 T0"라는 예가 있다면, 이 블록 이후에는 0번 헤드를 사용한다는 의미이다. "M104"는 헤드의 온도를 지정하는 명령이며, 어드레스로 온도'S'와 헤드번호'T'가 이용 가능하다. "M13"은 특정 헤드를 "M109"로 설정한 온도로 다시 가열하도록 하는 기능으로 헤드의 번호를 나타내는 'T'어드레스와 함께 사용될 수 있다. "M126"과 "M127"은 헤드에 부착된 부가 장치(주로 냉각팬) 등을 켜고 끄는 기능이다. 어드레스로 'T'는 해당하는 헤드의 번호이다.

7) G코드 생성하기

① 슬라이싱된 파일과 기타 설정 값을 기준으로 G-Code를 생성할 수 있다. 아래 [그림 4-41]
은 오픈 슬라이스 프로그램의 G코드 설정메뉴를 보여주고 있다.

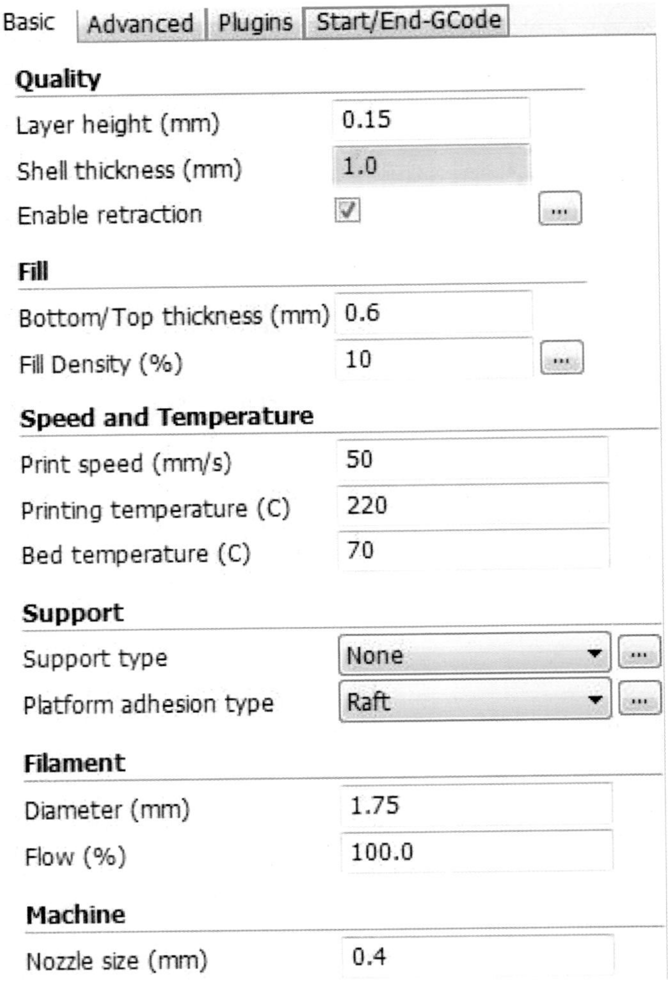

그림 4-41 G코드 설정

② Start/End-Gcode메뉴를 클릭하여 Start Gcode와 End Gcode를 생성할 수 있다.
Start. Gcode를 클릭하면 Start. Gcode를 생성할 수 있으며 End.Gcode를 클릭하면
End. Gcode를 생성할 수 있다. 아래 [그림 4-42]는 Start.gcode 화면이다.

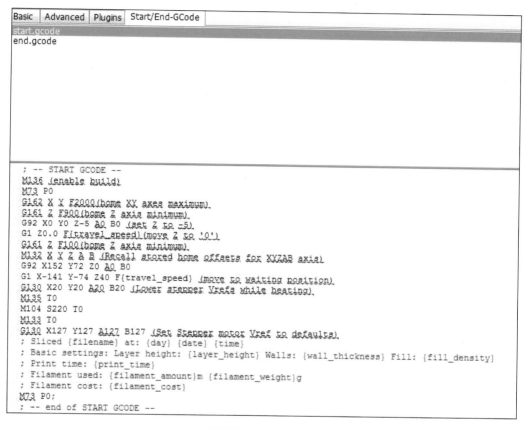

그림 4-42 Start.gcode 화면

Craftsman
3DPrinter
Operation
3D프린터운용기능사

PART
05

3D프린터 HW 설정

3D프린터 HW 설정이란 제품출력 전 3D프린팅 최적화를 위하여 3D프린터의 형식과 종류에 따라 출력이 가능한 소재를 장착하고 각각 장비의 특성을 고려하여 최적의 프린팅이 가능하도록 출력 옵션을 설정하는 능력을 말한다.

Chapter

01 소재 준비

🔳 1. 3D프린터 사용 소재

1) FDM(FFF)방식과 사용재료

보급형 3D프린터로 실생활에서 가장 많이 사용되고 있는 FDM 방식은 열에 용융되는 재료를 핫앤드 노즐을 통해 선택적으로 압출하여 적층하는 방식으로 모델을 조형한다. 일반적으로 FFF(-Fused Filament Fabrication)으로 불리는데 더 친숙하게는 Stratasys의 상표인 FDM(Fused Deposition Modeling)으로 잘 알려져 있다. 가정용 또는 취미용으로 사용하는 데스크 탑형의 저가의 3D프린터에 적용되는 일반적인 기술이다. 재료는 한 종류 또는 여러 종류를 복합 또는 개별적으로 사용할 수 있어 지지대 재료를 물에 녹는 Polyol을 사용할 수 있다. 사용되는 재료는 열가소성 고분자, ABS, Nylon, PC, PLA 등과 다른 재료들을 조합한 복합제품들이 있다.

(1) 렙랩(RepRap = Replicating Rapid-Prototyping) 프로젝트

3D프린터의 대중화의 기틀은 2004년 2월에 영국의 바스대학(Mechanical Engineering Department, Bath University)의 기계공학과 아드리안 보이어(Adrian Bowyer) 교수에 의해 시작된 렙랩(RepRap) 프로젝트가 핵심적인 역할을 하였다. 렙랩은 3D프린터 복제 프로젝트로 자신을 복제할 수 있도록 설계하여 개인이나 단체가 무료로 그 모델(부품)과 소프트웨어를 사용할 수 있도록 오픈소스 저작권으로 배포하였다.

렙랩 프로젝트로 만들어진 3D프린터는 다윈(Darwin, 2007), 멘델(Mendel, 2009), 프루사 멘델(Prusa Mendel, 2010), 프루사i3(Prusa i3, 2013), 델타봇(DeltaBot) 등이 있다. 렙랩을 기반으로 상업화된 대표적인 업체는 메이커봇(Makerbot, 2009)과 얼티메이커(Ultimaker, 2011)가 있다.

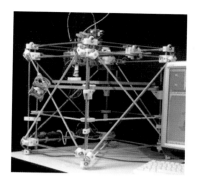

그림 5-1 다윈

그림 5-2 멘델

그림 5-3 프루사 i3

그림 5-4 델타봇

그림 5-5 메이커봇

그림 5-6 얼티메이커

예상문제

3D프린터의 대중화의 기틀은 2004년 2월에 영국의 바스대학(Mechanical Engineering Department, Bath University)의 기계공학과 아드리안 보이어(Adrian Bowyer) 교수에 의해 시작된 프로젝트가 핵심적인 역할을 하였다. 이 프로젝트의 이름은?

① 렙랩(RepRap) 프로젝트
② 멘델(Mendel) 프로젝트
③ 프루사(Prusa) 프로젝트
④ 델타봇(DeltaBot) 프로젝트

해설
아드리안 보이어(Adrian Bowyer) 교수에 의해 시작된 렙랩(RepRap) 프로젝트가 핵심적인 역할을 하였다. 렙랩은 3D 프린터 복제 프로젝트로 자신을 복제할 수 있도록 설계하여 개인이나 단체가 무료로 그 모델(부품)과 소프트웨어를 사용할 수 있도록 오픈소스 저작권으로 배포하였다.

정답 ①

(2) FDM용 사용재료 종류

① PLA 소재

옥수수 전분을 이용해 만든 재료로서 무독성 친환경적 재료이다. 열 변형에 의한 수축이 적어 다른 FDM 방식 재료에 비해 정밀한 출력이 가능하다. 경도가 다른 플라스틱 소재에 비해 강한 편이며 쉽게 부서지지 않는다. 표면에 광택이 있고 히팅 베드 없이 출력이 가능하며 출력 시 유해 물질 발생이 적은 편이다. 하지만 서포터 발생 시 서포터 제거가 어렵고 표면이 거칠다.

232 3D프린터운용기능사 필기 실기

옥수수 전분을 이용해 만든 재료로서 무독성 친환경적 재료이다. 히팅 베드 없이 출력이 가능하며 출력 시 유해물질 발생이 적은 편이다. 다음 소재 중 맞는 것은?

① PLA 소재
② ABS 소재
③ 나일론 소재
④ PC(Polycarbonate) 소재

해설

옥수수 전분을 이용해 만든 재료로서 무독성 친환경적 재료이다. 열 변형에 의한 수축이 적어 다른 FDM 방식 재료에 비해 정밀한 출력이 가능하다. 경도가 다른 플라스틱 소재에 비해 강한 편이며 쉽게 부서지지 않는다. 표면에 광택이 있고 히팅 베드 없이 출력이 가능하며 출력 시 유해 물질 발생이 적은 편이다. 하지만 서포터 발생 시 서포터 제거가 어렵고 표면이 거칠다.

정답 ①

② ABS 소재

FDM 방식 3D프린터에서 PLA소재와 더불어 가장 많이 사용되는 재료이다. 유독 가스를 제거한 석유 추출물을 이용해 만든 재료이다. 강하고 오래 가면서 열에도 상대적으로 강한 편이다. 우리가 일상적으로 사용하는 플라스틱의 소재이기 때문에 가전 제품, 자동차 부품, 파이프, 안전장치, 장난감 등 사용 범위가 넓다. 가격이 PLA에 비해 저렴하지만 출력 시 휨 현상이 있으므로 설계 시에는 유의해서 사용해야 한다. 가열할 때 냄새가 나기 때문에 3D프린터 출력 시 환기가 필요하다.

③ 나일론 소재

주로 사용되는 ABS나 PLA보다 강도가 높은 재질이라 기계 부품이나 RC부품 등 강도와 마모도가 높은 특성의 제품을 제작할 때 주로 사용된다. 강도가 높기도 하지만 원래 나일론은 옷을 만들 때도 쓰이는 재료로서 충격 내구성이 강하고 특유의 유연성과 질긴 소재의 특징 때문에 휴대폰 케이스나 의류, 신발 등을 출력하는 데 유용한 소재이다. 출력했을 때 인쇄물의 표면이 깔끔하고 수축률이 낮다.

우리가 일상적으로 사용하는 플라스틱의 소재이기 때문에 가전 제품, 자동차 부품, 파이프, 안전장치, 장난감 등 사용 범위가 넓다. 가격이 저렴하지만 출력 시 휨 현상이 있으므로 설계 시에는 유의해서 사용해야 한다. 가열 할 때 냄새가 나기 때문에 3D프린터 출력 시 환기가 필요하다. 다음 소재 중 맞는 것은?

① PLA 소재   ② ABS 소재
③ 나일론 소재   ④ PC(Polycarbonate) 소재

해설

FDM 방식 3D프린터에서 PLA소재와 더불어 가장 많이 사용되는 재료이다. 가격이 PLA에 비해 저렴하지만 출력 시 휨 현상이 있으므로 설계 시에는 유의해서 사용해야 한다. 가열할 때 냄새가 나기 때문에 3D프린터 출력 시 환기가 필요하다.

정답 **②**

④ PC(Polycarbonate) 소재

전기 절연성, 치수 안정성이 좋고 내충격성도 뛰어난 편이라 전기 부품 제작에 가장 많이 사용되는 재료이다. 연속적인 힘이 가해지는 부품에는 부적당하지만 일회성으로 강한 충격을 받는 제품에도 주로 쓰인다. 출력 시 발생하는 냄새를 맡을 경우 해로울 수 있으므로 출력 시 실내 환기는 필수적이다. 그리고 출력 속도에 따라 압출 온도 설정을 다르게 해야 하므로 다소 까다롭다.

전기 절연성, 치수 안정성이 좋고 내충격성도 뛰어난 편이라 전기 부품 제작에 가장 많이 사용되는 재료이다. 출력 시 발생하는 냄새를 맡을 경우 해로울 수 있으므로 출력 시 실내 환기는 필수적이다. 그리고 출력 속도에 따라 압출 온도 설정을 다르게 해야 하므로 다소 까다롭다. 다음 소재 중 맞는 것은?

① PVA(Polyvinyl Alcohol) 소재
② ABS 소재
③ 나일론 소재
④ PC(Polycarbonate) 소재

해설

PC(Polycarbonate) 소재를 설명한 것이다.

정답 **④**

⑤ PVA(Polyvinyl Alcohol) 소재

고분자 화합물로 폴리아세트산비닐을 가수 분해하여 얻어지는 무색 가루이다. 물에는 녹고 일반 유기용매에는 녹지 않는다. 물에 녹기 때문에 PVA소재는 주로 서포터에 이용된다. PVA소재를 서포터로 사용 시 FDM 방식의 3D프린터에는 노즐이 두개인 듀얼 방식을 사용한다. 한쪽에는 실제 모델링에 제작될 소재의 필라멘트, 다른 한 쪽에는 서포터 소재인 PVA소재의 필라멘트를 장착하여 PVA소재를 서포터 제작 사용에 설정하게 되면 출력물을 출력할 때 서포터는 PVA소재, 실제 형상에는 원하는 소재로 출력된다. 출력 후 출력물을 물에 담그게 되면 PVA소재의 서포터가 녹아 원하는 형상만 남아 다양한 형상 제작이 용이해진다.

🎲 예상문제

고분자 화합물로 폴리아세트산비닐을 가수 분해하여 얻어지는 무색 가루이다. 물에는 녹고 일반 유기 용매에는 녹지 않는다. 물에 녹기 때문에 PVA 소재는 주로 서포터에 이용된다. 다음 소재 중 맞는 것은?

① PVA(Polyvinyl Alcohol) 소재
② ABS 소재
③ 나일론 소재
④ PC(Polycarbonate) 소재

해설
PVA 소재를 서포터로 사용 시 FDM 방식의 3D프린터에는 노즐이 두개인 듀얼 방식을 사용한다. 출력 후 출력물을 물에 담그게 되면 PVA 소재의 서포터가 녹아 원하는 형상만 남아 다양한 형상 제작이 용이해진다.

정답 ①

⑥ HIPS(High-Impact Polystyrene) 소재

HIPS 소재의 재료는 주로 쓰이는 재료인 ABS와 PLA의 중간 정도의 강도를 지닌다. 신장률이 뛰어나 3D프린터로 출력 시 끊어지지 않고 적층이 잘 되며, 고유의 접착성을 가지고 있어서 히팅베드 면에 접착이 우수하다. 그리고 HIPS 소재는 리모넨(Limonene)이라는 용액에 녹기 때문에 PVA 소재와 마찬가지로 서포터 용도로 많이 쓰이기도 한다.

⑦ 나무(Wood) 소재

나무(톱밥)와 수지의 혼합물로 나무와 비슷한 냄새와 촉감을 지니고 있다. 출력을 하게 되면 출력물이 목각의 느낌을 주기 때문에 인테리어 분야에 주로 사용된다. 소재 특성상 노즐의 직경이 작으면 출력 도중 막히는 경우가 있으므로, 노즐 직경 0.5mm 이상의 3D프린터에서 사용하도록 권장하고 있다.

⑧ TPU(Thermoplastic polyurethane) 소재

열가소성 폴리우레탄 탄성체 수지인 TPU소재는 내마모성이 우수한 고무와 플라스틱의 특징을 고루 갖추고 있어 탄성, 투과성이 우수하며 마모에 강하다. 탄성이 뛰어나 휘어짐이 필요한 부품 제작에 주로 사용되나 가격이 비싼 편이다.

(🎲) 예상문제

열가소성 폴리우레탄 탄성체 수지인 TPU소재는 내마모성이 우수한 고무와 플라스틱의 특징을 고루 갖추고 있어 탄성, 투과성이 우수하며 마모에 강하다. 탄성이 뛰어나 휘어짐이 필요한 부품 제작에 주로 사용되나 가격이 비싼 편이다. 다음 소재 중 맞는 것은?

① TPU(Thermoplastic polyurethane)소재
② ABS소재
③ 나일론 소재
④ PC(Polycarbonate)소재

해설
TPU(Thermoplastic polyurethane)소재를 설명한 내용이다.

정답　①

⑨ 그 외 기타 소재

위에 나온 소재들 외에도 Bendlay, Soft-PLA, PVC, ABS-lite 등이 있으며 집이나 건축용 FDM 방식 3D프린터에선 시멘트, 푸드 프린터에서는 각종 원료나 소스들이 소재로 사용되고 있다.

⑩ 소재에 따른 노즐 온도

소재별로 녹는점이 다르기 때문에 노즐의 온도도 소재별도 상이하게 설정해야 한다. 하지만 적정 온도를 지키지 않고 노즐 온도를 설정할 땐 노즐 막힘 현상, 필라멘트 끊김 현상이 일어날 수 있으니, 출력 시 노즐 온도 설정을 소재에 맞게 적정 온도로 설정하여야 한다.

표 5-1 소재에 따른 노즐온도

소재 종류	노즐 온도
PLA	180~230℃
ABS	220~250℃
나일론	240~260℃
PC(Polycarbonate)	250~305℃
PVA(Polyvinyl Alcohol)	220~230℃
HIPS(High-Impact Polystrene)	215~250℃
나무	175~250℃
TPU(Thermoplastic Polyurethane)	210~230℃

2) SLA 방식과 사용재료

(1) SLA 방식

SLA 방식은 FDM 방식과는 달리 출력물 재료로 액체 상태의 광경화성 수지를 이용한다. 용기에 담긴 액체 상태의 광경화성 수지를 빛으로 경화시켜 출력물을 만드는 방식이다. SLA 방식에는 주사 방식과 전사 방식의 제작 방식이 있다.

주사 방식은 일정한 빛을 한 점에 집광시켜 구동기가 움직이며 구조물을 제작하는 방식이다. 주사 방식은 한 점이 움직이면서 구조물이 제작되기 때문에 가공성이 용이한 장점이 있고 가공 속도가 느린 단점이 있다. 반면, 전사 방식은 한 점으로 구조물을 제작하는 것이 아니라, 한 면을 광경화성 레진에 전사하여 구조물을 제작하는 방식이다. 때문에 가공 속도가 빠른 장점이 있다. 그리고 광경화성 재료는 빛에 의해 반응하기 때문에 반응성에 대한 고유의 물성 값을 가진다. 모노머라는 고분자가 광 개시제와 합쳐져 일정한 체인을 형성한다. 광 개시제는 일정한 파장에 반응하는 물질이다. 그래서 광 개시제의 반응에 따라 UV 광경화성 레진과 가시광선 광경화성 레진이 구별된다. 모노머는 일정한 성질을 가지고 있는 고분자로서 체인이 형성될 때 고유의 성질을 가지게된다. 또한 고유의 물성 값들은 광경화성 수지를 사용하는 3D 프린팅 시스템의 정밀도, 성형 속도 그리고 성능에 대해 영향을 주게 된다. 그리고 구조물을 제작할 때 투과 깊이와 임계 노광은 광경화성 수지의 특징을 나타내는 중요한 값으로서 실험을 통해서 구할 수 있다. 빛을 이용하기 때문에 정밀도가 높으나 가격이 FDM 방식 재료에 비해 비싼 편이며, 빛에 굳는 물질이기 때문에 관리상 주의가 필요하다. 폐기 시 별도의 절차를 거쳐야 된다.

SLA 방식을 설명한 것이다. 틀린 것은?

① SLA 방식은 FDM 방식과는 달리 출력물 재료로 액체 상태의 광경화성 수지를 이용한다.
② 액체 상태의 광경화성 수지를 빛으로 경화시켜 출력물을 만드는 방식이다.
③ SLA 방식에는 주사 방식과 전사 방식의 제작 방식이 있다.
④ 전사 방식은 한 점으로 구조물을 제작하는 방식이다.

해설
SLA 방식에는 주사 방식과 전사 방식의 제작 방식이 있다. 주사 방식은 일정한 빛을 한 점에 집광시켜 구동기가 움직이며 구조물을 제작하는 방식이다. 주사 방식은 한 점이 움직이면서 구조물이 제작되기 때문에 가공성이 용이한 장점이 있고 가공 속도가 느린 단점이 있다. 전사 방식은 한 점으로 구조물을 제작하는 것이 아니라, 한 면을 광경화성 레진에 전사하여 구조물을 제작하는 방식이다. 때문에 가공 속도가 빠른 장점이 있다.

정답 ④

(2) SLA 방식 사용재료

① UV레진
UV광선을 쏘이게 되면 경화가 되는 UV레진은 SLA 방식 3D프린터에서 가장 많이 사용되는 재료이다. UV 광경화성 레진은 35~365nm 의 빛의 파장대에 경화되는 레진이다. 이는 구조물을 제작할 때 실내의 빛에 노출된다 하여도 경화가 되지 않는다. FDM 방식 재료에 비해선 비싸지만 SLA 방식의 재료 중에선 가격이 싼 편이며 정밀도가 높은 편이다. 하지만 강도가 낮은 편이라 시제품을 생산하는 데 주로 사용된다.

② 가시광선 레진
가시광선(일상생활에 노출되는 광)을 쏘이게 되면 경화되는 레진으로, 파장대는 UV 파장대를 제외한 빛의 파장에 의해 경화된다. 그러므로 구조물을 제작할 때 별도의 암막이나 빛 차단 장치를 해 주어야 구조물의 제작이 가능하며, UV 레진보다 3D프린터 재료로서 이용이 더 쉽다.

SLA 방식 3D프린터에서 가장 많이 사용되는 재료이다. 맞는 것은?

① 필라멘트   ② 분말레진   ③ UV레진   ④ 가시광선 레진

해설

UV광선을 쏘이게 되면 경화가 되는 UV레진은 SLA 방식 3D프린터에서 가장 많이 사용되는 재료이다. UV 광경화성 레진은 35~365nm의 빛의 파장대에 경화되는 레진이다. 가시광선(일상생활에 노출되는 광)을 레진에 쏘이게 되면 경화되는 레진으로 암막이나 빛 차단 장치를 해 주어야 구조물의 제작이 가능하다.

정답 **③**

3) SLS 방식과 사용재료

(1) SLS 방식

SLS 방식은 고체 분말을 재료로 출력물을 제작하는 방식이다. 작은 입자의 분말들을 레이저로 녹여 한 층씩 적층시켜 조형하는 방식이다. 보통 플라스틱 분말을 사용하며 금속이나 세라믹 분말을 이용하는 SLS 방식의 3D프린터도 있다. 분말 속에서 출력물을 제작하기 때문에 별도의 서포터가 필요하진 않지만 후처리 과정이 번거롭고 재료의 가격이 비싼 편이다.

① 소결(sintering)

소결(sintering)이란 압축된 금속 분말에 적절한 열에너지를 가해 입자들의 표면을 녹이고, 녹은 표면을 가진 금속 입자를 서로 접합시켜 금속 구조물의 강도와 경도를 높이는 공정을 말한다. 느슨한 상태의 분말에 압력이 가해짐에 따라서 분말들 사이의 간격이 좁아지게 된다. 이렇게 분말 사이의 간격이 좁아져 밀도가 높아진 상태에서 금속의 용융점보다 조금 낮은 정도의 적절한 열을 가하게 되면 금속 입자들의 표면이 서로 달라붙게 되어 소결이 이루어지게 된다.

(2) SLS 방식 사용재료

① 플라스틱 분말

플라스틱 분말은 SLS 방식에서 가장 흔히 사용되는 소재이다. 가격 면에서 세라믹 분말과 금속 분말에 비해 저렴하기 때문이다. 주로 나일론 계열의 폴리아미드가 SLS 방식 플라스틱 분말로 사용된다. 의류, 패션, 액세서리, 핸드폰 케이스 등 직접 만들어서 착용이나 사용이 가능한 제품을 프린트할 수 있다. 또한 플라스틱 분말은 염색성이 좋아서 다양한 색깔을 낼 수가 있다.

② 세라믹 분말

세라믹은 금속과 비금속 원소의 조합으로 이루어져 있다. 보통 산소와 금속이 결합된 산화물, 질소와 금속이 결합된 질화물과 탄화물 등이 있다. 알루미나(Al_2O_3), 실리카(SiO_2) 등이 대표적이 세라믹이고 점토, 시멘트, 유리 등도 세라믹이다. 플라스틱에 비해 강도가 강하며, 내열성이나 내화성이 탁월하다. 하지만 그만큼 세라믹을 용융시키기 위해선 고온의 열이 필요하다는 단점이 있다.

③ 금속 분말

금속 재료는 철, 알루미늄, 구리 등 하나 이상의 금속 원소로 구성된 재료이다. 소량의 비금속 원소(탄소, 질소) 등이 첨가되는 경우도 있다. 이렇게 금속 원소에 소량의 비금속 원소가 첨가되거나, 두 개 이상의 금속 원소에 의해 구성된 금속 물질을 합금(Alloy)이라 한다. 3D프린터에서는 주로 알루미늄, 타이타늄, 스테인리스 등이 SLS 방식의 금속 분말로 사용되고 있다. 금속 분말은 자동차 부품과 같이 기계 부품 제작 등에 많이 사용된다. SLS 방식은 서포터가 필요하지 않지만, 금속 분말 같은 경우에는 소결되거나 용융된 금속에서 빠르게 열을 분산시키고 열에 의한 뒤틀림을 방지하기 위해서 서포터가 필요하다.

🔷 예상문제

SLS 방식에서 사용하는 재료이다. 아닌 것은?

① 플라스틱 분말
② 세라믹 분말
③ 금속 분말
④ UV레진

해설
플라스틱 분말은 SLS 방식에서 가장 흔히 사용되는 소재이다. 알루미나(Al_2O_3), 실리카(SiO_2) 등이 대표적이 세라믹 분말이고 점토, 시멘트, 유리 등도 세라믹이다. 3D프린터에서는 주로 알루미늄, 타이타늄, 스테인리스 등이 SLS 방식의 금속 분말로 사용되고 있다.

정답 ④

4) MJ 방식과 사용재료

(1) MJ 방식

MJ 방식은 정밀도가 매우 높기 때문에 많이 사용되는 방식이다. MJ 방식으로 불리기도 하고 Polyjet 방식으로 불리기도 한다. 사용하는 재료는 SLA 방식과 마찬가지로 액체 상태의 광경화성 수지를 이용한다. 재료 분사 방식은 잉크젯 프린터와 유사한 형태의 수백개의 노즐을 통해 분사되는 액체 상태의 광경화성 수지가 단면 형상으로 도포되고, 이를 자외선 램프로 동시에 경화시키며 형상을 제작한다. 노즐과 자외선 램프는 플랫폼과 평행한 평면에서 이송되는 헤드에 함께 부착되어 있는 경우가 대부분이다. 한 층이 성형되고 나면, 플랫폼이 부착된 Z축이 층 높이만큼 아래로 이송되어 다음 층을 성형한다. 노즐을 통해서 형상 재료와 서포터 재료가 선택적으로 분사된다. 출력이 완료되면 플랫폼에 출력물이 딱 붙어 있는데 헤라나 스크레이퍼처럼 날이 얇은 도구로 플랫폼으로부터 출력물을 떼어 낸다. FDM 방식 같은 경우엔 베드가 손상되기 쉽기 때문에 날이 얇은 도구를 사용하지 못하지만, MJ 방식은 매뉴얼에서도 제품을 떼어낼 때 날이 얇은 도구를 이용하는 것을 권장하기도 한다. 플랫폼이 철판형식으로 되어 있어서 사용이 가능하다. 그리고 온도와 습도에 민감하기 때문에 3D프린터가 위치한 장소에는 에어컨 시설이 필요하며 보통 20℃ ~ 25℃의 온도에서 사용한다. 실내 습도는 약 50% 이하가 권장된다.

🎲 **예상문제**

MJ 방식(Polyjet 방식)에 관한 내용이다. 틀린 것은?

① MJ 방식은 정밀도가 매우 높기 때문에 많이 사용되는 방식이다.
② 재료는 SLA 방식과 마찬가지로 액체 상태의 광경화성 수지를 이용한다.
③ 재료 분사 방식은 액체 상태의 광경화성 수지가 단면 형상으로 도포된 후 자외선 램프로 동시에 경화시키며 형상을 제작한다.
④ MJ 방식(Polyjet 방식)은 서포터가 필요없다.

해설

노즐과 자외선 램프는 플랫폼과 평행한 평면에서 이송되는 헤드에 함께 부착되어 있는 경우가 대부분이다. 한 층이 성형되고 나면, 플랫폼이 부착된 Z축이 층 높이만큼 아래로 이송되어 다음 층을 성형한다. 노즐을 통해서 형상 재료와 서포터 재료가 선택적으로 분사된다. 서포트 재료는 수용성을 사용한다.

정답 ④

(2) MJ 방식 사용재료

① 광경화성 수지(아크릴 계열 플라스틱)

MJ 방식은 광경화성 수지가 플랫폼에 토출되면 액상을 굳혀 주는 자외선으로 경화시키며 한 층씩 성형하는 방식이다. 그렇기 때문에 자외선에 경화가 잘되는 재료가 사용되어야 하며, 경화되면 아크릴 계열의 플라스틱 재질이 된다. 재료는 보통 용기에 담겨져 있으나 빛에 노출되면 굳어 버려서 사용할 수 없게 되니, 용기 안에 들어 있더라도 박스 안에 보관하여 빛을 차단해야 한다.

2. 3D프린터 소재 장착

1) FDM(FFF) 방식 3D프린터

FDM 방식의 3D프린터 필라멘트 소재는 원형 스풀에 실처럼 감겨져 있는 상태로 제작되어 판매되고 있으며 각각 장비의 특성과 크기에 따라 소재의 물성과 원형 스풀의 크기가 회사별로 제각각 특징이 있다. 필라멘트 스풀을 고정시키는 부분은 보급형 3D프린터는 대부분 외장방식으로 위쪽이나 옆, 뒤쪽 등에 많이 위치하고 있는 것이 일반적이다.

FDM 방식의 소재장착은 장비별로 조금씩 차이는 있지만 우선 재료 로드기능(Material Loading)을 작동시킨 후에 필라멘트를 소재 가이드튜브 속으로 밀어 넣어서 재료가 스스로 들어간다는 느낌이 손으로 느껴질 때 스테핑 모터가 작동되고 있다는 것이다. 이때부터 스테핑 모터의 힘으로 재료가 노즐에 도달하고 일정 온도로 용융되어 재료가 토출되는 방식이다. 중요한 것은 필라멘트 소재의 물성에 따라 노즐의 온도와 프린팅 속도 등에 대한 세심한 데이터가 필요하며 특히 상온에서 서서히 냉각되면서 재료에 따른 수축율, 휨 등에 대한 세밀한 데이터를 확보하는 것이 제품의 오류를 줄일 수 있는 길이다.

2) SLA 방식 3D프린터

SLA 방식의 3D프린터는 일반적으로 팩으로 포장된 재료를 프린터에 삽입하여 구조물을 제작한다. 광경화성 수지는 빛의 영향을 많이 받기 때문에 암막 및 빛 차단 장치를 가지고 있는 팩이나 케이스에 장착되어 공급되는 게 일반적이다. 광경화성 재료를 보관할 때에는 빛을 차단하는 장치가 있는 곳에 보관하거나 광 개시제와 혼합하지 않고 보관한다. 그리고 온도에 영향을 받을 수 있으므로 온도 유지 장치에 보관하는 것이 좋다. SLA 방식의 재료는 팩이나 케이스에 재료 공급

투입구를 통해 재료가 투입된다. 이렇게 투입된 재료는 프린터의 Vat(수조)에 나오게 되고 Vat에 담긴 재료에 광을 주사시켜 구조물을 제작한다. 광경화성 수지는 빛의 파장과 빛의 세기, 노출 시간에 따라 구조물의 제작이 달라진다. 모노머와 광 개시제에 따라 빛의 파장, 빛의 세기, 노출 시간이 달라진다. 이러한 점을 고려하지 않으면 제대로 된 구조물을 얻을 수 없다. 노출 시간, 광의 세기에 따라 구조물이 경화가 덜 되거나 너무 경화되는 현상이 발생하기 때문에 재료에 따른 최적 조건의 파라미터가 구축이 되어 있어야 한다. 이렇게 재료에 따른 특성을 고려해야만 품질이 좋은 구조물을 제작할 수 있다.

3) SLS 방식 3D프린터

SLS 방식은 분말을 이용하여 한 층 한 층씩 레이어를 선택적으로 레이저로 소결시켜 적층하면서 제품을 제작하는 형식이다. SLS 방식 3D프린터 내에 별도의 분말 저장 공간이 있기 때문에 일정량을 채운 다음 파우더를 고르게 평탄 작업을 한 후에 사용한다. 작동 방식은 왼쪽의 저장 부분을 한층 올리고 오른쪽 작업 공간을 한 층 내린다. 이후에 왼쪽에 올라간 부분의 파우더를 미는 롤러나 블레이드(BLADE, 칼 같은 형태)로 분말을 골고루 정리한다. 블레이드를 이동해서 오른쪽 공간에 평평하게 한 층을 쌓아 올린다. 이후에 X, Y평면을 레이저로 조사한 다음 굳혀서 성형하고 다시 Z축을 정해진 레이어 두께로 분말을 깔아주고 레이저로 조사하는 방식을 반복하여 시제품 및 모형을 제작하는 방식이다.

4) MJ 방식 3D프린터

SLA 방식처럼 광경화성 수지를 이용하기 때문에 별도의 팩이나 용기를 직접 3D프린터에 끼워서 사용한다. 보통 MJ 방식 3D프린터 내부에 별도의 재료 용기를 장착하는 곳이 있다. 소재는 일반적으로 카트리지 형태로 제작되어 판매되고 있으며 MJ 방식과 Polyjet 방식의 장비에는 모델용 카트리지와 서포트용 카트리지가 있는데 그곳에 재료 카트리지를 넣으면 소재 장착이 완료된다. 파트 제작에 쓰이는 모델 재료와 서포터에 쓰이는 서포트 재료를 설치하는 곳이 다르기 때문에 재료 장착 전에 꼭 확인하고 설치한다. 재료를 장착하면 수백 개의 노즐을 통해서 재료가 토출되고 UV 등으로 경화시키면서 형상을 제작하는 방식이다.

소재장착은 장비별로 조금씩 차이는 있지만 우선 재료 로드기능(Material Loading)을 작동시킨 후에 필라멘트를 소재 가이드튜브 속으로 밀어 넣어서 재료가 스스로 들어간다는 느낌이 손으로 느껴질 때 스테핑 모터가 작동되고 재료가 장착되고 있다는 것이다. 이 내용과 맞는 방식은 다음 중 무엇인가?

① FDM(FFF) 방식 3D프린터
② SLA 방식 3D프린터
③ SLS 방식 3D프린터
④ MJ 방식 3D프린터

해설

SLA 방식의 3D프린터는 일반적으로 팩으로 포장된 재료를 프린터에 삽입하여 구조물을 제작한다. SLS 방식은 분말을 이용하여 한층 한층씩 레이어를 선택적으로 레이저로 소결시켜 적층하면서 제품을 제작하는 형식이다. MJ 방식과 Polyjet 방식의 장비에는 모델용 카트리지와 서포트용 카트리지가 있는데 그곳에 재료 카트리지를 넣으면 소재 장착이 완료된다. 위 지문의 설명은 FDM(FFF) 방식 소재장착 방법이다.

정답 ①

3. 소재 정상 출력 확인

1) FDM(FFF) 방식 3D프린터

최근 보급형 3D프린터는 대부분 LCD 콘트롤 화면의 메뉴를 터치하거나 볼륨스위치를 돌려가며 기능을 선택하여 3D프린터를 세팅도 하고 작동시킬 수 있도록 진화하고 있다. LCD화면과 버튼, 볼륨 스위치 등으로 필라멘트 로딩, 언로딩(Loading, Unloading)으로 필라멘트를 교체할 수 있으며 베드의 레벨링, 출력시작과 일시정지, 재시작 등의 기능을 활용할 수 있다. 출력 전에는 다음과 같은 기본적인 부분을 점검해야 3D프린터의 오류를 줄일 수 있다.

그림 5-7 노즐과 베드간격 넓을 때

그림 5-8 노즐과 베드간격 좁을 때

(1) 노즐과 베드의 수평조절

위의 [그림 5-7, 8]처럼 노즐과 베드의 간격이나 수평이 맞지 않을 때 출력 오류가 일어난다. 노즐이 베드와 사용하는 필라멘트 두께보다 간격이 크게 되면 적층할 때 붕 뜨게 되는 오류가 발생한다. 또한 필라멘트 두께보다 간격이 1/2 이하 정도가 되면 적층하다가 뚝뚝 끊긴 형태로 나오는 오류가 발생한다. 많은 경험을 토대로 한 메이커들의 데이터를 보면 일반적으로 노즐직경의 70~80% 정도의 간격으로 조정하여 사용할 때 가장 좋은 출력물을 만들어낼 수 있다는 것이 보편적 데이터로서 가장 많이 사용된다. 보통 베드의 높낮이 수평을 조절할 때에는 자동으로 레벨링도 하지만 수동으로 하는 경우도 있다. 아래 [그림 5-9]는 베드의 수평을 조절할 수 있는 수평 조절 나사를 보여주고 있다.

그림 5-9 베드 수평 조절 나사

⬡ 예상문제

FDM(FFF) 방식 3D프린터에서 노즐과 베드의 간격이나 수평이 맞지 않을 때 출력 오류가 일어난다. 아닌 것은?

① 노즐이 베드와 사용하는 필라멘트 두께보다 간격이 크게 되면 적층할 때 붕 뜨게 된다.

② 필라멘트 두께보다 간격이 1/2 이하 정도가 되면 적층하다가 뚝뚝 끊긴 형태로 출력된다.

③ 일반적으로 노즐직경의 70~80% 정도의 간격으로 조정하여 사용할 때 가장 좋은 출력물을 만들어 낼 수 있다는 것이 보편적 데이터로서 가장 많이 사용된다.

④ 사용재료와 관계없이 베드의 히팅 온도를 높여서 출력할 때 오류가 발생한다.

해설
문제에서 오류는 노즐과 베드의 간격이나 수평이 맞지 않을 때 출력 오류를 찾고 있다. 히팅베드는 관계없다.

정답 ④

(2) 노즐의 막힘 현상

FDM 방식은 필라멘트를 노즐로 밀어 넣으면서 고온의 열을 이용하여 녹여 압출하는 방식이다. 그렇기 때문에 노즐 안에는 종종 필라멘트 재료가 굳은 채로 있는 경우가 있다. 그래서 보통 제품 출력 전에 노즐 온도를 올려 안에 있는 필라멘트를 빼낸 뒤 출력을 하거나 필라멘트 교체를 진행한다. 노즐을 분해하여 내부 청소하는 것은 실생활에서는 힘들기 때문에 주기적으로 외부 청소라도 하여야 한다. 외부에 고착되어 있는 찌꺼기들을 노즐 온도를 올려 핀셋 등으로 제거하고 닦아주면 노즐을 청결한 상태로 오래 사용할 수 있다. 하지만 노즐 핀이 막혔을 경우에 노즐을 해체하여 토치로 강하게 달궈 노즐 내부를 완전 연소시켜야 한다. 그리고 공업용 아세톤에 2시간가량 담가 두면 내부에 눌러 붙은 필라멘트가 녹아 없어진다.

그림 5-10 노즐헤드를 아세톤에 담근 모습

🎲 예상문제

FDM(FFF) 방식 3D프린터에서 일어나는 오류현상이다. 아닌 것은?

① 노즐과 베드의 수평조절 불량

② 노즐의 막힘

③ 스테핑 모터 압력 부족

④ 히팅베드 사용

해설

FDM(FFF) 방식 3D프린터에서 일어나는 오류현상은 노즐과 베드의 수평조절 불량, 노즐의 막힘, 스테핑 모터 압력 부족, 노즐 출력 두께 조정이 잘못되면 오류가 일어난다. 너무 얇거나 너무 두꺼울 때 오류가 발생한다.

정답 ④

(3) 스테핑 모터 압력 부족

스테핑 모터의 힘으로 필라멘트를 노즐로 공급하기 때문에 스테핑 모터의 힘이 부족하면 필라멘트 공급이 줄어들어 출력물의 표면이 불량해진다. 그러므로 꾸준히 관리를 해 주어야 한다. 장비 사용 중의 진동으로 인하여 모터를 고정하고 있는 블록이 조금씩 풀리기 때문에 나사를 조여 주거나 모터의 전류 값을 높여서 모터 힘을 강하게 할 수도 있다.

(4) 노즐 출력 두께 조정

노즐에서 출력되는 레이어의 두께에 따라 출력물의 품질 성능이 좌우된다. 출력되는 두께가 무조건적으로 얇다고 해서 좋은 것은 아니다. 노즐의 두께에 비해 출력되는 레이어 두께가 지나치게 얇으면 압출기에서 출력되는 필라멘트가 히팅베드에 잘 달라붙지 않고 층층이 쌓이게 된다. 그래서 품질이 깔끔하지 않다. 그리고 레이어의 두께가 두꺼우면 간혹 출력물에 구멍이 보이는 현상이 생기며 출력물의 표면이 깔끔하지 않다. 그래서 적절한 두께를 유지하는 것이 출력물 품질 향상에 좋다.

2) SLA 방식 3D프린터

SLA 방식 3D프린터 출력은 FDM 방식과는 달리 별도의 노즐이 필요하지 않다. 그리고 출력물을 출력하기 위해 별도의 물체 접촉이 없고 빛으로 광경화성 수지를 경화시켜 출력하기 때문에 FDM 방식보다 오류가 적은 편이다.

🔹 예상문제

SLA 방식 3D프린터의 빛의 조절과 빛샘 현상에 대한 설명이다. 아닌 것은?

① 빛으로 광경화성 수지를 경화시켜 물체를 만드는데, 빛의 경화가 너무 지나치면 과경화 현상이 일어난다.
② 레이어의 레진을 경화할 때 더 강한 빛이 있으면 빛이 강한 쪽의 레진이 더 빨리 경화되어 구조물의 뒤틀림이 있을 수 있다.
③ 빛샘 현상이 일어나게 되면 경화를 시키고자 하는 레이어 면 뒤의 광경화성 수지가 이 새어나온 빛에 함께 경화되어 출력물이 지저분해지게 된다.
④ 빛샘 현상은 광경화성 수지가 어느 정도의 불투명도를 가지고 있으면 발생하게 된다.

해설
빛샘 현상은 광경화성 수지가 어느 정도의 투명도를 가지고 있으면 발생하게 된다.

정답 ④

(1) 빛의 조절

빛으로 광경화성 수지를 경화시켜 물체를 만드는데, 빛의 경화가 너무 지나치면 과경화 현상이 일어난다. 과경화된 경우에는 경화 부분이 타거나 열을 받아 열 변형을 일으킬 수 있다. 그렇게 되면 출력물에 뒤틀림 현상이 일어난다. 과경화 현상을 방지하기 위해선 빛의 세기를 적절히 조절하여야 한다. 레이어의 레진을 경화할 때 더 강한 빛이 있으면 빛이 강한 쪽의 레진이 더 빨리 경화되어 구조물의 뒤틀림이 있을 수 있으므로, 뒤틀림이 일어날 경우 빛의 세기 조절을 다시 해 본다.

(2) 빛샘 현상(Light Bleding)

SLA 방식은 광경화성 수지에 빛을 주사하는 방식이기 때문에 빛이 새어 나가게 되면 원하지 않는 부분까지 경화되는 현상이 발생할 수도 있다. 보통 빛샘 현상이 일어나게 되면 경화를 시키고자 하는 레이어 면 뒤의 광경화성 수지가 이 새어나온 빛에 함께 경화되어 출력물이 지저분해지게 된다. 빛샘 현상은 광경화성 수지가 어느 정도의 투명도를 가지고 있으면 발생하게 된다. 액상 형태의 수지가 완전히 불투명하다면 빛샘 현상이 거의 없겠지만 0.05mm 정도 두께의 플라스틱은 뒤에서 빛을 비추면 대개 빛이 새어 나온다. 빛샘 줄이기 위해선 레진의 구성 요소와 경화 시간을 적절히 맞추어 줘야 한다.

(3) SLS 방식 3D프린터

FDM 방식과 SLA 방식에 비해 SLS 방식은 출력 불량이 적은 편이다. 하지만 분말을 이용하기 때문에 분말에 대한 보관에 유의하여야 한다. 습한 곳에 분말을 보관하게 되면 뭉침현상이 발생할 수 있기 때문에 보관에 유의하여야 한다. SLA 방식의 빛샘 현상과 유사하게, 레이저의 파워가 강하면 분말의 융접이 과하게 되는 경우가 있으니 레이저 파워를 적정하게 조절한다.

4. 3D프린터 소재 장착하기

보급형 3D프린터의 종류에 따라 소재를 장착하는 방법에 차이가 있으나 필라멘트가 감겨있는 롤과 재료의 로드가 자연스럽게 이루어질 수 있는 최적의 위치를 선정하여 제작된다. 요즘에 판매되는 보급형 3D프린터 대부분은 소재 장착 시 콘트롤 화면을 확인하면서 필라멘트를 로딩시킨다. 여기서는 Zortrax M200을 기준으로 필라멘트를 로딩하는 방법을 설명하기로 한다.

FDM형식의 보급형 3D프린터 소재장착 방법을 설명한 것이다. 아닌 것은?

① 회사별, 장비별 차이는 있으나 필라멘트 소재를 걸거나 장착할 수 있는 장치가 있다.

② 소재용 롤에서 나온 필라멘트를 가이드 할 수 있는 튜브가 대부분 설치되어 있다.

③ 필라멘트 소재를 밀어넣어서 스스로 들어가는 느낌이 들 때까지 밀어 넣는다.

④ 필라멘트가 감겨있는 롤과 위치는 상관이 없다.

해설

보급형 3D프린터의 종류에 따라 소재를 장착하는 방법에 차이가 있으나 필라멘트가 감겨있는 롤과 재료의 로드가 자연스럽게 이루어질 수 있는 최적의 위치를 선정하여 제작된다.

정답 ④

1) 소재 장착하기

Zortrax M200은 소재를 장비 뒤쪽에 있는 소재걸이에 [그림 5-11]과 같이 사용한다.

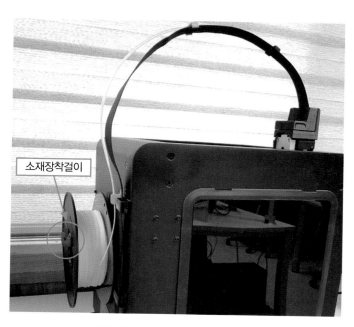

소재장착걸이

그림 5-11 Zortrax M200 재료장착모습

2) 필라멘트 가이드 튜브에 끼우기

소재용 롤에 감겨 있는 필라멘트를 [그림 5-12]와 같이 가이드 튜브에 끼워 넣는다.

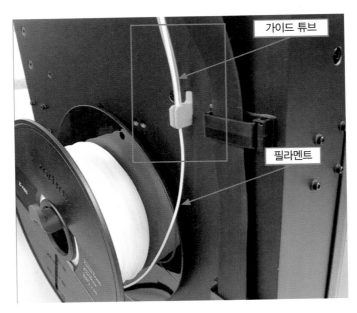

가이드 튜브

필라멘트

그림 5-12 필라멘트 끼우기

3) 소재 밀어 넣기

필라멘트 소재를 밀어 넣어서 스테핑 모터 기어에 닿을 때까지 넣고 확인한다.

필라멘트

스테핑모터기어

그림 5-13 소재 밀어 넣기

5. 소재 정상 출력 확인하기

소재 장착이 끝나면 익스트루더가 정상 작동하여 소재가 정상적으로 출력되는지 여부를 확인하여야 한다. 장비 전면에 있는 콘트롤 화면의 다이얼 로브를 활용하여 Material 기능을 선택한 후 다이얼 로브를 꾹 누르면 필라멘트의 Unload와 Load의 기능을 선택할 수 있다.

1) 메인 메뉴에서 "Material" 선택 후 "Load the Material"선택

그림 5-14 콘트롤 화면에서 재료 로딩, 언로딩 선택하기

2) "Load the Material"선택 후 다이얼 로브를 꾹 누른다.

그림 5-15 익스트루더 예열과 재료를 넣고 버튼을 누른다.

[그림 5-15]처럼 로딩을 시키면 익스트루더가 선택된 재료에 맞게 예열이 시작되고 예열이 끝나면 새 재료를 익스트루더에 넣고 버튼을 누르게 되면 핫엔드 헤드를 통해서 소재가 일정량 정상적으로 로딩이 되었는지 확인한 다음 3D 프린팅을 하면 된다. 이때 소재가 정상적으로 로딩이 되지 않을 경우는 익스트루더 위에서 소재를 살짝 눌러주면 필라멘트가 스테핑 모터 기어에 물리면서 들어가는 느낌이 전해질 때 헤드를 확인하면 정상적으로 소재가 로딩되는 모습을 [그림 5-16]과 [그림 5-17]처럼 볼 수 있을 것이다.

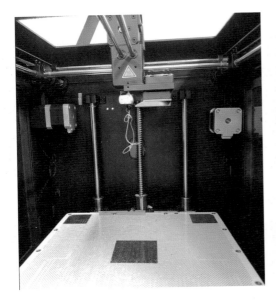

그림 5-16 정상로딩 시작

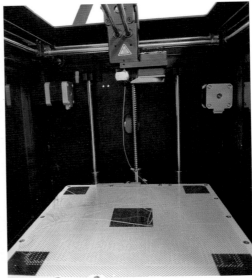

그림 5-17 일정량 정상로딩 완료

3) "Unload" 방법은 위의 1), 2)의 방법과 같다.

언로딩시키면 필라멘트를 빼기 위한 익스트루더를 예열하고 압출기 기어까지 재료를 언로딩 한다.
언로딩된 재료는 수동으로 제거한다.

Chapter

02 데이터 준비

1. 데이터 업로드 방법

1) 데이터파일의 변환과정

3D설계 프로그램으로 모델링 후 3D프린터로 STL데이터를 전송하여 출력하는 방식이다. 데이터를 전송하는 방식은 컴퓨터가 직접 3D프린터에 연결되어 전용으로 사용하거나 SD 카드, USB 등의 이동식 저장소에 저장하여 멀리 떨어진 장소에 있는 3D프린터를 활용하는 방법이 있다. 대부분의 3D설계 프로그램들은 STL파일을 제공하기 때문에 3D프린팅용 파일을 STL파일 형식으로 저장할 수 있다. 3D프린터 회사마다 지원하는 SW가 조금씩 다르지만 STL파일을 실행하고 해당 3D프린터에 맞게 설정하면 3D프린터로 출력이 가능하다. 일반적으로 3D프린팅은 [그림 5-18]과 같은 프로세스로 진행된다.

그림 5-18 데이터 업로드 프로세스

3D설계 프로그램으로 모델링 후 3D프린터로 STL데이터를 전송하여 출력하는 방식이다. 아닌 것은?

① 컴퓨터와 3D프린터 직결하여 전용으로 출력
② 이동용 SD카드를 활용하여 멀리 있는 3D프린터로 출력
③ USB에 저장 후 멀리 떨어진 3D프린터로 출력
④ 이메일을 통한 STEP파일로 출력

해설
이메일을 통한 STEP파일로 출력방법은 없다.

정답 ④

2) 3D프린터용 파일로 변환과정

3D모델링 데이터를 STL데이터로 변환한 파일은 3D프린팅이 가능한 파일로 변환시키는 과정을 거치는데 그것을 슬라이싱이라 한다. 이러한 슬라이싱 과정을 거친 파일을 3D프린팅용 최종 파일로 저장한 후 3D프린팅 파일로 사용한다. 이때 최종 파일로 저장되는 파일을 G-코드 파일이라고 한다. 이러한 슬라이싱 프로그램의 종류가 다양한데 오픈소스로 운용되는 프로그램은 G-코드파일로 저장할 수 있으나 3D프린터 회사별 전용 슬라이싱 프로그램의 경우 보안 등을 이유로 회사 고유의 파일명을 사용하는 경우가 있다. 예를 들면 Zortrax의 경우 확장자가 ***.zcode 형식으로 저장하여 사용되고, Makerbot의 경우 ***.makebot 형식으로 사용된다.

3D모델링 데이터를 STL데이터로 변환한 파일은 3D프린팅이 가능한 파일로 변환시키는 과정을 거치는데 그것을 (   )이라 한다. 이러한 (   )과정을 거친 파일을 3D프린팅용 최종 파일로 저장한 후 3D프린팅 파일로 사용한다. 이때 최종 파일로 저장되는 파일을 G-코드 파일이라고 한다. ( ) 안에 맞는 것은?

① 업데이트   ② 슬라이싱
③ 데이터변환   ④ 랜더링

해설
3D프린팅이 가능한 파일로 변환시키는 과정을 거치는데 그것을 (슬라이싱)이라 한다. 이러한 (슬라이싱) 과정을 거친 파일을 3D프린팅용 최종 파일로 저장한 후 3D프린팅 파일로 사용한다.

정답 ②

2. G-코드 파일 업로드

1) G-코드 업로드

G-코드를 업로드하기 위하여 마이크로 콘트롤러의 G-코드 컴파일러에 G-코드 파일을 보내려면 3D프린터가 SD-Card를 지원하는 경우라면 SD-Card에 저장한 G코드 파일을 읽어오기만 하면 된다. 그러나 컴퓨터에서 USB나 Serial Port를 통하여 G-코드 파일을 보내려면 컴퓨터에서 사용하는 3D프린팅용 G-코드 발송기(호스트웨어) 프로그램이 필요하다. 보통 3D프린터에서 지원하는 프로그램을 사용하거나, Mattercontrol, Repsnapper, Simplify3D, CURA 등의 G-코드 발송기 프로그램을 사용한다. 이러한 프로그램들을 이용하여 수동으로 노즐/베드 등을 제어하고 G-코드 파일을 프린터로 전달하거나 출력을 할 수 있도록 역할을 하여야 한다. G-코드 발송기는 G코드 파일에 포함되어 있는 적층을 위한 정보를 가지고 3D프린터를 제어할 수 있는 기능을 제공하기 때문에 사용자는 G-코드 발송기를 이용해 3D프린터 구동을 직접 제어할 수 있다. STL 형식으로 변환된 파일을 3D프린터가 인식 가능한 G코드 파일로 변환할 때 다음과 같은 내용들이 추가되어 3D프린터로 업로드 된다.

① 3D프린터가 소재를 쌓기 위한 경로 및 속도, 적층 두께, 셸 두께, 내부 채움 비율
② 출력속도, 압출 온도 및 히팅베드 온도
③ 서포터 적용 유무 및 적용 유형, 플랫폼 적용 유무 및 적용 유형
④ 필라멘트 직경, 압출량 비율, 노즐 직경
⑤ 리플렉터 적용 유무 및 적용 범위, 트래블 속도(Travel speed), 쿨링팬 가동 유무

👁 예상문제

컴퓨터에서 USB나 Serial Port를 통하여 G-코드 파일을 보내려면 컴퓨터에서 사용하는 3D프린팅용 G-코드 발송기(호스트웨어) 프로그램이 필요하다. 호스트웨어의 주요기능이 아닌 것은?

① 3D프린터 전원 연결 및 해제, G-코드 파일 로드, 3D프린터 헤드 경로 확인
② 3D프린팅 출력 총 소요시간, 총 소요 소재량, 총 적층면 수, 총 메시 수 등
③ 3D프린터 헤드 동작 설정 및 제어, 온도 설정 및 제어
④ 3D프린터의 원격 및 통신제어

해설
3D프린터의 원격 및 통신제어는 별도장치로 수행할 수 있다.

정답 ④

2) 호스트웨어의 주요 제어기능

① 3D프린터 전원 연결 및 해제, G-코드 파일 로드, 3D프린터 헤드 경로 확인

② 3D프린팅 출력 총 소요 시간, 총 소요 소재량, 총 적층면 수, 총 메시 수 등

③ 3D프린터 헤드 동작 설정 및 제어, 온도 설정 및 제어

④ 3D프린팅 시작, 중단, 재개 제어

⑤ M-코드 입력에 의한 구동 제어 지원

다음 [그림 5-19]는 3D 모델링 파일이 3D프린터로 전송되어 실제 조형이 되기까지의 과정을 보여 주고 있다.

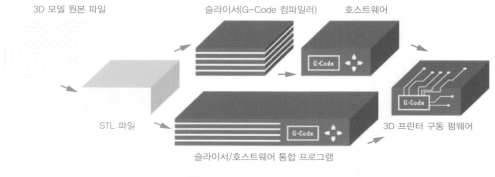

그림 5-19 3D프린팅 프로세스

3. 업로드 확인

대부분의 3D프린터에는 콘트롤 LCD화면이 장착되어 있다. 3D프린터에 장착된 콘트롤 LCD 화면으로 3D프린터의 제어가 가능하다. SD카드 불러오기, 필라멘트 교체에 대한 기능, 히팅 베드영점 조절, 노즐과 히팅베드 온도조절 등 3D 프린팅 출력에 대한 다양한 기능들을 LCD 화면으로 제어가 가능하다. G코드 파일 정상적인 업로드 확인도 LCD화면에서 확인 가능하다. 3D 프린팅 파일의 업로드가 확인되면 3D 프린팅 시작 버튼을 눌러 실행시킨다. 이때부터 3D프린터가 노즐과 히팅 베드에 온도를 올리면서 동작을 시작할 것이다.

🎲 예상문제

최근에 생산되는 대부분의 3D프린터에는 콘트롤 LCD화면이 장착되어 있다. 3D프린터에 장착된 콘트롤 LCD 화면으로 3D프린터의 제어가 가능하다. 제어 가능한 기능이 아닌 것은?

① SD카드 불러오기
② 필라멘트 교체에 대한 기능
③ 컬러프린팅 기능
④ 노즐과 히팅베드 온도 조절

해설
보급형 3D프린터에는 아직 컬러프린팅 기능이 없다.

정답 ③

1) 파일 업로드 확인(Models버튼 누름)

그림 5-20 Zortrax 콘트롤 LCD화면

2) 업로드 파일 확인(출력파일 선택)

그림 5-21 Zortrax 콘트롤 LCD화면

3) 업로드 파일 프린팅 시작(Print파일 누름)

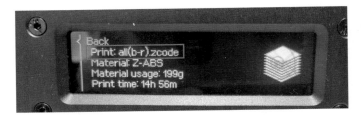

그림 5-22 Zortrax 콘트롤 LCD화면

4) 업로드 파일 출력 중(25% 진행 중임을 표시)

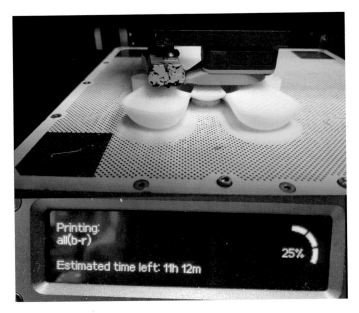

그림 5-23 업로드 파일 정상 출력 중

3D프린터운용기능사 필기 실기

5) 업로드 파일 출력 완료

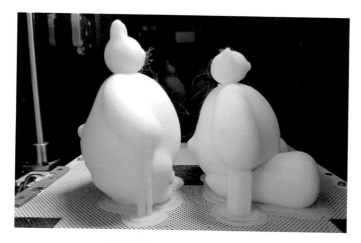

그림 5-24 업로드 파일 출력 완료

Chapter

03 3D 장비출력 설정

1. 프린터별 출력 방법 확인

프린터의 출력방법은 사용재료와 출력 원리에 따라 많은 차이가 있으며 Part1에서 언급된 내용이므로 중복을 피하기 위해 [그림 5-25]의 출력방식의 분류로 확인을 대신한다.

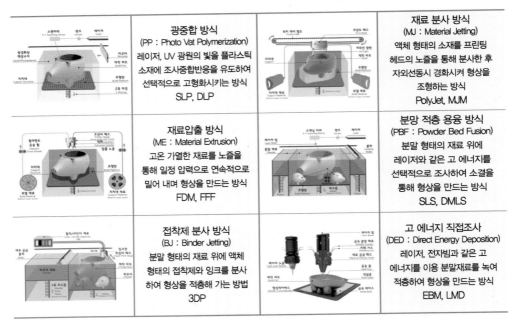

	광중합 방식 (PP : Photo Vat Polymerization) 레이저, UV 광원의 빛을 플라스틱 소재에 조사중합반응을 유도하여 선택적으로 고형화시키는 방식 SLP, DLP		**재료 분사 방식** (MJ : Material Jetting) 액체 형태의 소재를 프린팅 헤드의 노즐을 통해 분사한 후 자외선동시 경화시켜 형상을 조형하는 방식 PolyJet, MJM
	재료압출 방식 (ME : Material Extrusion) 고온 가열한 재료를 노즐을 통해 일정 압력으로 연속적으로 밀어 내며 형상을 만드는 방식 FDM, FFF		**분말 적층 용융 방식** (PBF : Powder Bed Fusion) 분말 형태의 재료 위에 레이저와 같은 고 에너지를 선택적으로 조사하여 소결을 통해 형상을 만드는 방식 SLS, DMLS
	접착제 분사 방식 (BJ : Binder Jetting) 분말 형태의 재료 위에 액체 형태의 접착제와 잉크를 분사 하여 형상을 적층해 가는 방법 3DP		**고 에너지 직접조사** (DED : Direct Energy Deposition) 레이저, 전자빔과 같은 고 에너지를 이용 분말재료를 녹여 적층하여 형상을 만드는 방식 EBM, LMD

* 시트 적층 방식 (SL : Sheet Lamination) : 얇은 필름 형태의 재료를 열, 접착제 등으로 붙여가며 적층시킴

그림 5-25 프린터별 출력방식의 분류

다음 중 광중합방식의 3D프린터에 해당하는 방식은?

① SLA
② Polyjet
③ FDM
④ 3DP

해설

광중합방식에 의한 방식은 SLA, DLP 방식 등이 있다. Polyjet은 재료분사방식, FDM은 재료압출방식, 3DP는 접착제
분사방식이다.

정답 ①

2. 3D프린터의 출력을 위한 사전 준비

　3D프린터 출력을 위한 사전 준비로는 출력 재료와 형식에 알맞은 실내온도와 히팅 베드의 사용
여부, 노즐과 챔버의 온도 등 출력에 영향을 줄 수 있는 주변 환경과 출력장비의 대한 청소상태를
확인하여 최적의 출력이 이루어질 수 있도록 사전 작업이 이루어져야 한다.

1) 온도 조건 확인

　3D프린터에서 온도 조건은 매우 중요한 요소이다. FDM 방식 같은 경우엔 열가소성 수지를 녹
이기 위한 온도 조건을 잘 살펴야 하고 히팅베드의 온도도 적절해야 한다. SLA, SLS 방식 등에서
도 온도는 출력 전에 필수적으로 살펴봐야 하는 조건이다.

(1) FDM 방식

　FDM 방식은 열을 이용하여 출력물을 출력하는 방식이기 때문에 온도 조절이 필수적이다. FDM
방식 3D프린터에는 노즐 온도와 히팅베드 온도가 중요한데, 3D프린터별로 3D프린터 내부의 온
도를 설정해야 하는 경우도 있다.

① 노즐 온도

노즐 온도는 사용되는 필라멘트 재질에 따라 달라진다. ABS재질과 PLA재질의 필라멘트가 주로 사용되지만, 필라멘트의 재질의 종류는 굉장히 다양하기 때문에 재질에 맞게 노즐 온도를 달리 설정해야 한다. 재질에 따라 녹는점도 다르고 성형되기에 적합한 온도도 각각 다르다. 만약 재질에 따라 알맞은 온도를 설정하지 않는다면 필라멘트 토출에 오류가 있을 것이다. 온도가 너무 낮다면 필라멘트가 제대로 용융되지 않아 노즐에서 잘 나오지 않을 수도 있고, 반대로 온도가 너무 높다면 필라멘트가 물처럼 흐물흐물 흘러나오고 소재가 타는 경우도 생긴다. 그렇기 때문에 출력 전에 필라멘트의 재질을 확인하고 필라멘트별 적정 온도를 설정하여 출력해야 한다. (제1장 소재 준비 [표 5-1] 참조.)

② 히팅베드 온도

베드의 온도는 주로 FDM 방식에 적용된다. FDM 방식 중에서도 히팅베드가 없는 제품도 있으나 대부분은 히팅베드가 장착되어 있다. 노즐 온도와 마찬가지로 히팅베드의 온도도 소재별로 다르게 설정해야 한다. 그리고 소재별로 히팅베드가 굳이 필요없는 경우도 있다. PLA 소재 같은 경우는 히팅베드를 굳이 사용하지 않아도 출력이 가능하다. PLA 소재는 온도 변화에 의해 출력물의 변형이 작기 때문이다. 다만 ABS소재 같은 경우는 온도에 따른 출력물 변형이 있기 때문에 히팅베드가 필수적이다. [표 5-2]는 소재에 따른 히팅베드 사용 유무를 표로 나타낸 것이다.

표 5-2 소재에 따른 히팅베드 사용 유 · 무

소재 종류	히팅베드 사용 유무 혹은 사용 온도
PLA, PVA 소재 등	필요 없음 다만 사용 시 히팅베드 온도 50℃ 이하로 설정
ABS, HIPS PC 소재 등	필수 80℃ 이상 온도로 설정

히팅베드가 없어도 출력이 가능한 소재는?

① ABS
② PLA
③ HIPS
④ PC

해설

FDM 방식 중에서도 히팅베드가 없는 제품도 있으나 대부분은 히팅베드가 장착되어 있다. 노즐 온도와 마찬가지로 히팅베드의 온도도 소재별로 다르게 설정해야 한다. 그리고 소재별로 히팅베드가 굳이 필요없는 경우도 있다. PLA 소재 같은 경우는 히팅베드를 굳이 사용하지 않아도 출력이 가능하다. PLA 소재는 온도 변화에 의해 출력물의 변형이 작기 때문이다.

정답 ②

(2) SLA 방식

SLA 방식으로 출력 시 온도는 레이저를 이용하여 제품을 제작하기 때문에 온도 조절에 대한 필요성이 FDM 방식에 비해 약하지만 광경화성 수지가 적정 온도를 유지해서 출력물의 품질이 좋아지기 때문에 수지를 보관하는 플랫폼의 용기가 일정 온도로 유지된다(약 30℃ 가량을 유지한다).

(3) SLS 방식

SLS 방식은 분말을 열에너지를 이용하여 용융시켜서 융접하는 방식이다. 보통 CO_2 레이저 같은 레이저 열원이 많이 사용된다. 하지만 레이저의 온도가 너무 높으면 분말을 융접할 때 분말이 타는 경우가 생길 수 있으니 분말 소재에 맞는 적정 온도를 설정해야 한다. SLS 방식 3D프린터는 내부온도 조절을 위해 적외선 히터가 프린터 내부에 설치된 경우도 있다. 이 적외선 히터가 레이저에 의해 성형되는 분말 주위뿐만 아니라 다음 층을 성형하기 위해서 준비된 분말이 채워진 카트리지의 온도를 높이고 유지하기 위해서 베드 위에 위치한 적외선 히터 등을 이용한다.

(4) 장비 주변 환경

3D프린터의 정상적인 출력을 위해 내부의 온도 조건들도 중요하지만, 장비주변의 환경도 중요한 역할을 한다. 외부의 온도가 너무 낮거나 너무 높으면 출력물이 출력되는데 방해가 되기 때문에 외부의 온도도 적절히 맞춰주어야 한다. MJ 방식 같은 경우엔 온도가 20℃~25℃ 사이에서 동작

되는 것을 권장하며 에어컨 시설이 필요하다. 이와 같이 외부 온도의 설정도 중요하기 때문에 몇몇 3D프린터 같은 경우는 외부의 공기 흐름을 차단시켜 챔버 내부의 온도를 올려 출력에 맞는 적정온도를 유지시켜 주기도 한다.

2) 출력장비 청소상태 확인

3D프린터로 출력 전에 반드시 프린터 내외부의 청소 상태는 꼭 필요한 확인 작업이다. 출력되는 3D프린터 내부 공간이나 노즐 등에 이물질이 있거나 묻어있게 되면 출력에 방해가 되므로 출력 전에 3D프린터 내외부 청소는 필수적이다.

(1) 노즐

FDM 방식 같은 경우는 노즐에서 필라멘트가 나오기 때문에 노즐이 지저분하거나 전에 사용하던 필라멘트들이 눌어 붙어 지저분한 경우, 출력물의 정밀도가 저하되고 출력 불량이 될 수도 있으니 출력 전에 노즐의 청결 유무를 꼭 확인한다. 노즐 바깥부분에 찌꺼기들이 묻었을 경우엔, 손으로 그냥 떼어 내는 것보단 노즐히팅 기능으로 노즐의 온도를 올린 후 스크레이퍼 같은 도구로 떼어 내면 손쉽게 뗄 수 있다.

그림 5-26 출력물 찌꺼기가 묻어있는 노즐상태

만약 노즐 내부가 [그림5-26]처럼 막혔다면 여러 가지 방법이 있다.
  ① 노즐의 온도를 올려 노즐 청소 바늘로 노즐 구멍을 뚫는다.
  ② 노즐을 분해하여 토치로 노즐을 가열한 뒤 공업용 알코올에 담가 놓는다.
  ③ 노즐의 온도를 실제 사용 온도보다 높여서 녹여 빼는 방법도 있다.

실무 현장에서 위의 방법들을 다 했는데도 노즐 막힘 현상이 해결이 안 되는 경우는 해당 3D프린터 업체 A/S센터를 이용하도록 한다.

🎲 예상문제

노즐 내부가 막혔을 때 조치 방법이다. 틀린 것은?

① 노즐의 온도를 올려 노즐 청소 바늘로 노즐 구멍을 뚫는다.
② 노즐을 분해하여 토치로 노즐을 가열한 뒤 공업용 알코올에 담가 놓는다.
③ 노즐의 온도를 실제 사용 온도보다 높여서 녹여 빼는 방법도 있다.
④ 노즐을 가열한 다음 망치로 살살 때려서 막힌 이물질을 뺀다.

해설

실무 현장에서 위의 ①, ②, ③ 방법들을 다 했는데도 노즐 막힘 현상이 해결이 안되는 경우는 해당 3D프린터 업체 A/S센터를 이용하도록 한다. 노즐을 망치로 때리면 파손되어 사용할 수 없다.

정답 ④

(2) 3D프린터 내외부

3D프린터 동작 중 3D프린터 문이 열려 있거나, 위에 덮혀 있는 뚜껑이 열려 있다면 출력 중인 3D프린터 내부로 이물질이 들어갈 수도 있다. 만약 이물질이 들어가서 스테핑 모터 쪽에 낀다면 출력하는 데 있어서 큰 방해가 되고 모터가 망가질 수도 있다. 또한 베드에 출력물 외의 다른 출력물이나 찌꺼기가 있다면 출력에 방해가 되기 때문에 출력 중에는 뚜껑이나 문 등을 닫아주는 것이 좋다[그림 5-27].

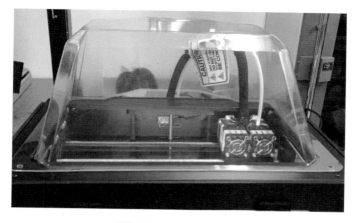

그림 5-27 3D프린터 뚜껑부착

3. 출력 조건 최종 확인

1) 정밀도 확인

3D프린터의 정밀도는 날이 갈수록 발전하고 있는 추세이다. 레이어의 두께는 마이크로 단위까지 설정이 가능할 정도로, 설계한 물체를 거의 오차 없이 출력할 수가 있다. 하지만 FDM 방식 같은 경우는 다른 3D프린터 방식들에 비해선 정밀도가 조금 떨어지는 편이다. 특히 FDM 방식으로 조립 형태의 물체를 만들 경우엔 출력 공차를 줘야지만 조립이 가능하다. 물체의 사이즈를 공차없이 출력할 경우 조립이 되지 않는 경우가 발생한다. FDM 방식은 높은 온도로 가열된 노즐에서 필라멘트가 압출되어 재료가 토출되는 방식으로서 상온에서 서서히 냉각됨에 따라 길이와 폭, 두께의 차이에 따라 수축율의 차이가 많아서 조립하는 부품의 경우 재료별 세세한 데이터가 요구된다. 현재는 장비에 따른 오차 때문에 개인적인 경험적 데이터에 의존하는 경우가 많다.

2) 온도 확인

FDM 3D프린팅 시 같은 명칭의 소재라도 제조사와 색깔에 따라 출력 온도가 다르기도 하기 때문에 구매한 재료에 최적온도로 표시된 온도로 세팅하여 출력할 때 최적의 출력물을 얻을 수 있음을 명심하여야 한다. 출력 시 거미줄처럼 붙어 있는 경우가 온도가 맞지 않았을 때 일어나는 현상 중 하나이다.

Craftsman
3DPrinter
Operation
3D프린터운용기능사

PART

06

출력용 데이터 확정

Chapter

01 문제점 파악

🔷 1. 오류 검출 프로그램 선정

1) 오류 검출 프로그램의 종류

STL파일은 3D모델링 프로그램에 따라 다르지만 많은 오류를 내포할 수 있기 때문에 최종 출력을 하기 전에 반드시 오류를 검사하고 수정 및 확인하는 단계가 필요하다. 보급형이나 생산용이나 오류가 수정되지 않은 상태로 출력할 경우 오류가 발생하여 시간적으로나 금전적으로 손해를 볼 수 있다. 이러한 오류를 줄이기 위하여 다음과 같은 프로그램들이 있다.

🔷 예상문제

STL파일은 3D모델링 프로그램에 따라 다르지만 많은 오류를 내포할 수 있기 때문에 최종 출력을 하기 전에 반드시 오류를 검사하고 수정 및 확인하는 단계가 필요하다. 이러한 오류검사를 할 때 사용되는 프로그램이 아닌 것은?

① Netfabb
② Meshmixer
③ Magics
④ Cimatron

해설

보급형이나 생산용이나 오류가 수정되지 않은 상태로 출력할 경우 오류가 발생하여 시간적으로나 금전적으로 손해를 볼 수 있다. 이러한 오류를 줄이기 위하여 다음과 같은 프로그램들이 있다. Netfabb, Meshmixer, Magics, Mesh-lab 등의 프로그램이 있다.

정답 ④

(1) Netfabb(Autodesk)

Netfabb는 거의 모든 CAD포맷이 IMPORT 가능하고 다른 포맷으로 변환해 EXPORT도 가능하다. 자동 복구 도구를 이용해 모델의 구멍이나 교차점 및 기타 결함을 제거시켜주고, 수동 복구 도구와 사용자 정의 복구 스크립트를 사용하면 오류를 잘라 메시를 편집하고 원본 파일과 수정된 메시를 비교할 수 있다. 뿐만 아니라, 구멍을 만들어 별도의 부품을 병합 또는 기능을 추출할 수 있고 그림과 텍스처에 텍스트를 추가할 수 있다. 3D 프린팅 전에 모델의 형상에 오프셋, 벽 두께 등을 조정하고, 날카로운 모서리를 줄일 수 있고 메시 단순화 등 메시를 조정하여 메시의 수를 줄여 파일의 크기를 크게 줄일 수 있다. 레이저 기반의 3D프린터의 경우 온도를 조정하여 계산 속도와 처리 시간을 감소시키고 패턴을 정의할 수 있다. 무료 버전과 유료 버전이 있는데 지원하는 도구에 차이가 있다. 무료 버전에서도 출력용 파일의 오류를 수정 가능하지만, 무료 버전의 경우 사용가능한 기간이 있어 기간이 지나면 일부 기능이 제한된다[그림 6-1].

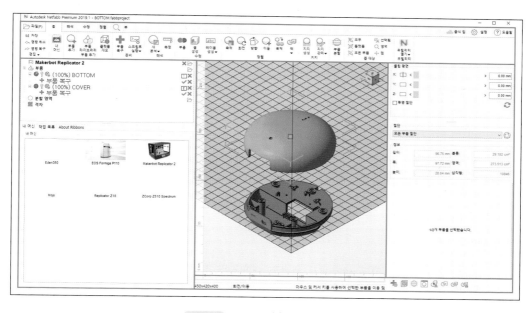

그림 6-1 Netfabb 사용자 인터페이스

(2) Meshmixer(Autodesk)

Meshmixer는 2009년에 출시한 무료 메시 수정 소프트웨어이다. 주요 기능들은 메시를 부드럽게 하고 구멍이나 브릿지, 일그러진 경계면 등의 오류를 어느 부분에 어떤 오류가 있는지 알려주고 자동 복구시켜 준다. 물론 수동으로도 가능하고 메시를 단순화시키거나 감소시킬 수 있는 툴도 제공한다. 메시 수정뿐만 아니라 다양한 도구들을 제공하는데, 모델의 표면에 형상을 만들거나 3D 프린팅을 위해 서포트를 조절할 수 있고, 3D 프린팅 시 자동으로 3D프린터 베드에 알맞게 방향을 최적화해 주며 평면을 자르거나 미러링시킬 수도 있다. 분석 도구도 있어 3D측정이나 안정성 및 두께 분석 등이 가능하다. [그림 6-2]는 Meshmixer 화면이다.

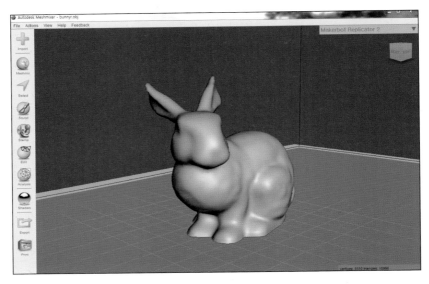

그림 6-2 Meshmixer 화면

(3) MeshLab

Meshlab은 ISTI-CNR 연구 센터에서 개발된 오픈소스 소프트웨어이며 VCG 라이브러리를 기반으로 윈도우, 맥, 리눅스에서 사용 가능하다. 구조화되지 않은 큰 메시를 관리 및 처리하는 것을 목적으로 healing, cleaning, editng, inspecting, rendering 도구를 제공하는 3D메시 수정 소프트웨어이다. 오토매틱 메시 클리닝 필터는 중복 제거, 참조되지 않은 정점, 아무 가치 없는 면, 다양하지 않은 모서리 등을 걸러 준다. 메싱 도구는 2차의 에러 측정, 많은 종류의 세분화된 면, 두 표면 재구성 알고리즘에 기초하여 높은 품질의 단순화를 지원하고 표면에 일반적으로 존재하는 노이즈를 제거해 준다. 곡률 분석 및 시각화를 위한 많은 종류의 필터와 도구를 제공한다. [그림 6-3]은 Meshlab 화면이다.

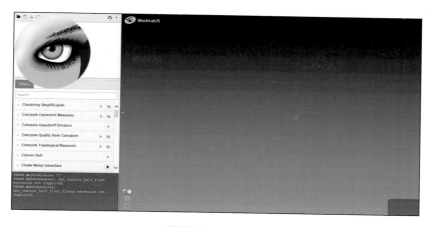

그림 6-3 Meshlab 화면

(4) Magics

Materialise사의 Magics 소프트웨어는 3D 프린팅에 사용되는 표준파일인 STL 파일의 에러들을 검사하고 수리(fixing)할 수 있는 대표적인 프로그램이다. Magics 소프트웨어의 기능은 ① STL 파일 시각화, 모델의 크기를 측정할 수 있고, ② 검사를 통해 손상된 부분과 문제가 있는 부분을 검출하여 STL 파일 수정, ③ 모델의 표면을 늘리거나, 내부를 비우거나, 구멍을 만드는 등 모델 변경, ④ STL 파일 자르기, 불리언(Boolean), 라벨링(labelling), ⑤ 출력하고자 하는 프린터의 빌드 플랫폼에 파트들의 배치와 충돌 검사, 그리고 작은 모델들의 손실을 막기 위한 Nesting, ⑥ 지지대 생성, ⑦ 프린터들의 빌드플랫폼 제공, ⑧ 서류작업들 견적과 품질관리 문서의 작성을 돕는 기능들을 제공하고 있다. [그림 6-4]는 Magics의 초기화면이다.

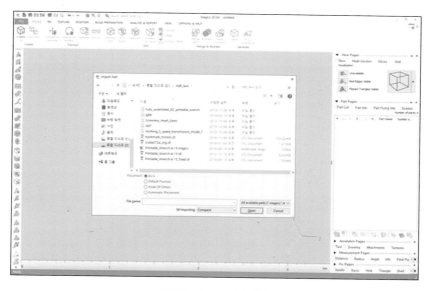

그림 6-4 Magics의 초기화면

2) 출력용 파일의 오류 종류

(1) 클로즈 메시와 오픈 메시

출력용 파일로 변환된 모델에서 [그림 6-5]와 같이 메시 사이에 한 면이 비어 있는 형상으로 변환되어 오픈 메시가 생기는 경우이다. 구멍이 있는 메시의 경우 모델링만 보는 것에는 큰 지장이 없지만, 3D 프린팅의 경우 출력된 모델이 달라질 수 있다.

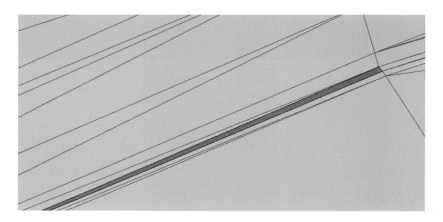

그림 6-5 오픈 메시

예를 들면 [그림 6-6]과 같이 안이 비워져 있지 않은 원을 출력용 파일로 변환시켰을 때, 오픈 메시가 없는 클로즈 메시 파일을 출력하면 원래 모델링한 것과 같이 출력되지만, 구멍이 있는 메시는 오픈 메시가 되어 출력하는 데 큰 오류가 생길 수 있다. 클로즈 메시는 메시의 삼각형 면의 한 모서리가 2개의 면과 공유하는 것이며, 오픈 메시는 확대된 그림에서 파란 선으로 표현된 경계선처럼 메시의 삼각형 면의 한 모서리가 한면에만 포함되는 경우를 말한다.

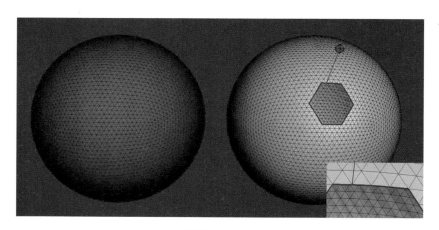

그림 6-6 클로즈 메시

(2) 비매니폴드 형상

비매니폴드 형상은 실제 존재할 수 없는 구조로 3D 프린팅, 부울 작업, 유체 분석 등에 오류가 생길 수 있다. [그림 6-7]을 보면, 올바른 구조인 매니폴드 형상은 하나의 모서리를 2개의 면이 공유하고 있지만, 올바르지 못한 비매니폴드 형상은 하나의 모서리를 3개 이상의 면이 공유하고 있는 경우와 모서리를 공유하고 있지 않은 서로 다른 면에 의해 공유되는 정점을 나타낸다.

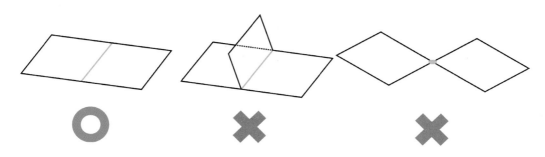

그림 6-7 매니폴드 형상과 비매니폴드 형상

🎲 예상문제

메시의 삼각형 면의 한 모서리가 한면에만 포함되는 오류는?

① 오픈 메시
② 비매니폴드
③ 클로즈 메시
④ 반전 면

해설
클로즈 메시는 메시의 삼각형 면의 한 모서리가 2개의 면과 공유하는 것이며, 오픈 메시는 메시의 삼각형 면의 한 모서리가 한 면에만 포함되는 경우를 말한다.

정답 ①

(3) 메시가 떨어져 있는 경우

[그림 6-8]과 같이 메시(mesh)와 메시 사이가 완전히 떨어져 있을 경우가 있다. 메시와 메시 사이의 거리가 멀지만 실제로는 눈으로 구분하기 힘들 정도로 작게 떨어져 있다. 이런 부분을 잘 수정하지 않으면 3D 프린팅을 할 경우 큰 오류가 날 수 있다.

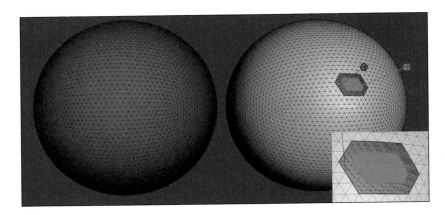

그림 6-8 다른 메쉬와 단절된 메쉬

(4) 반전면

오른손 법칙에 의해 생긴 normal vector가 반시계 방향으로 입력되어 인접된 면과 같은 방향으로 되어야 하지만, 반대로 시계 방향으로 입력되어 인접된 면과 normal vector의 방향이 반대 방향일 경우 반전 면이 생기게 된다. 반전 면은 시각화 및 렌더링 문제뿐만 아니라 3D 프린팅을 하는 경우에 문제가 발생할 수 있다[그림 6-9].

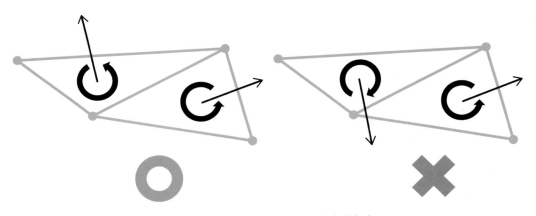

그림 6-9 노말벡터 방향의 차이로 생긴 반전 면

(5) 오류를 수정하지 않고 출력할 경우

오류를 수정하지 않고 그대로 출력할 경우, [그림 6-10]의 위쪽 출력물과 같이 원래는 구멍이 있어야 할 자리에 3D프린터가 재료를 가득 메워 놓았다. 하지만 오류를 수정한 다음 출력한 경우[그림 6-10]의 아래쪽 출력물처럼 정상적으로 구멍이 출력되었고, 출력 시간 역시 오류를 수정하지 않고 출력할 경우에 2시간 9분이 걸렸지만, 수정하고 출력한 경우에는 1시간 9분이 걸렸다. 극단적인 오류이지만

1시간 차이가 나는 것을 알 수 있다. 이처럼 오류를 수정하지 않고 그대로 출력할 경우 아주 심각한 오류가 발생할 수 있고, 아주 작은 오류라도 3D 프린팅을 할 때 출력물의 품질이 떨어지거나 출력 시간이 더 오래 걸릴 수 있다.

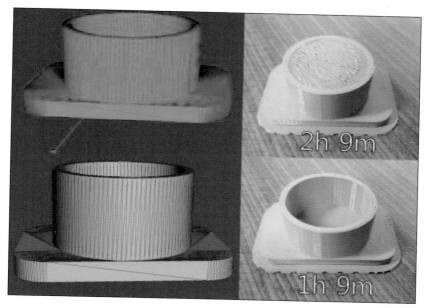

그림 6-10 오류수정 전 출력물과 수정 후 출력물 비교

🔷 예상문제

오류를 수정하지 않고 그대로 출력할 경우 나타나는 현상을 나열한 것이다. 아닌 것은?

① 원래는 구멍이 있어야 할 자리를 메꾸어 버린다.

② 오류를 수정하지 않고 출력할 경우에 원래보다 많은 시간이 걸린다.

③ 정밀도가 떨어지고 제품의 불량률이 많아진다.

④ 장비만 좋으면 오류와 상관없이 질 좋은 출력이 가능하다.

해설

오류를 수정하지 않고 그대로 출력할 경우 아주 심각한 오류가 발생할 수 있고, 아주 작은 오류라도 3D 프린팅을 할 때 출력물의 품질이 떨어지거나 출력 시간이 더 오래 걸릴 수 있다.

정답 ④

2. 문제점 리스트 작성

1) 문제점

3D프린팅을 하고자 할 경우, 출력용 파일의 오류뿐만 아니라 출력물의 여러 가지 요소가 문제점이 될 수 있다. 출력용 파일의 오류가 없더라도 출력 시 문제가 발생할 수 있는 요소를 미리 생각하고 차례대로 하나씩 수정한다면 출력하고자 하는 모델을 수정 없이 한 번에 출력할 수 있을 것이다. 이것은 출력크기, 서포트, 공차, 채우기 등을 고려하는 것이다.

🎲 예상문제

출력용 데이터 확정 시 문제점 리스트를 나열한 것이다. 아닌 것은?

① 출력크기
② 서포트
③ 공차
④ 스커트

해설

출력용 파일의 오류뿐만 아니라 출력물의 여러 가지 요소가 문제점이 될 수 있다. 출력용 파일의 오류가 없더라도 출력 시 문제가 발생할 수 있는 요소를 미리 생각하고 차례대로 하나씩 수정한다면 출력하고자 하는 모델을 수정 없이 한 번에 출력할 수 있을 것이다. 이것은 출력크기, 서포트, 공차, 채우기 등을 고려하는 것이다.

정답 ④

(1) 출력물 크기

모델의 크기가 [그림 6-11]처럼 3D프린터의 플랫폼의 크기를 넘어 버린다면 출력이 될 수 없기 때문에, [그림 6-12]와 같이 출력할 모델의 비율을 줄여서 만들어 출력하든지 슬라이싱 프로그램을 이용해 분할시켜 출력할 수 있다. 크기가 너무 작으면 비율을 원하는 크기로 키워서 출력할 수 있다.

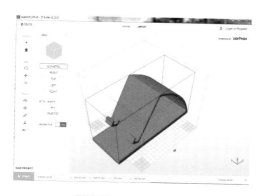

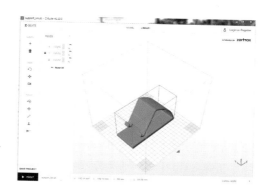

그림 6-11 적층용량 초과 시   그림 6-12 적층능력 내로 조정

(2) 서포트

서포트가 필요한 모델이라면 출력할 때 가장 서포트가 적게 생성되도록 모델의 방향을 수정하여 출력해야 시간을 최소화시킬 수 있다. 물론 서포트가 없도록 하는 경우가 가장 좋다. [그림 6-13] 과 같이 모델의 방향에 따라 서포트가 달라지기 때문에 조절하여 가장 효과적인 출력을 할 수 있 도록 방향을 잡아 준다.

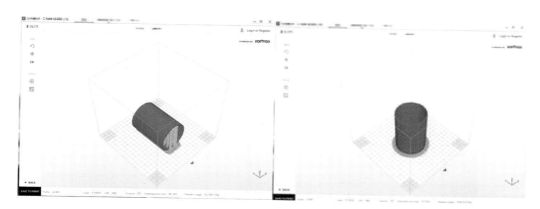

그림 6-13 모델 방향에 다른 서포트의 차이

(3) 공차

출력물이 어떤 다른 부품이나 다른 출력물과 결합 또는 조립되어야 한다면 공차를 생각해야 한다. 특히 FDM 형식의 3D프린터의 경우, 결합 부분의 치수대로 만들더라도 적층 과정에서 수축과 팽창으로 인해 치수가 달라질 수 있다. 같은 3D프린터로 출력할 경우 수치가 달라지는 값이 일정하기 때문에 평소에 출력했던 출력물의 수치를 측정해 보면 수치가 달라지는 값을 알 수 있다. [그림 6-14]를 보면, 구멍과 삽입부가 서로 20mm인 부품을 모델링하였다. 공차 없이 출력한다면 서로 결합할 수가 없다. 그렇기 때문에 출력 전에 미리 확인하고 구멍은 공차만큼 크게 하고 삽입부는 공차만큼 작게 모델링된 데이터로 출력하여야 한다. 이렇게 미리 늘어나는 값을 생각해서 수정해야 나중에 출력 후 결합을 못해 다시 수정하고 출력하는 일이 없다.

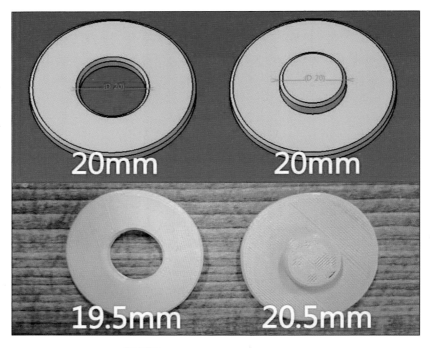

그림 6-14 출력공차 오류로 조립이 불가능함

(4) 채우기

출력물의 강도가 강해야 한다면 3D프린팅을 할 경우에 출력물 내부에 많이 채우도록 하고, 출력물의 강도가 약해도 된다면 출력물 내부에 채우기를 조금만 해서 출력 시간을 줄이도록 한다. 채우기를 많이 하면 출력 시간이 오래 걸리기 때문에 기본으로 채운다.

2) 문제점 리스트 만들기

문제점 리스트를 작성할 경우, 제일 먼저 출력할 모델에 오류가 있는지를 확인해야 한다. 오류가 있는지 없는지도 모르는 상태에서 크기, 서포트, 공차, 채우기 등을 먼저 설정했다가 나중에 오류가 있다면 오류를 제거하고 다시 설정을 해야 하는 경우가 생기기 때문이다. 오류 검출 프로그램을 활용하여 오류가 있는지 없는지를 먼저 확인해서 어떤 오류가 얼마나 있는지를 작성한 뒤 자동수정 기능으로 수정한 뒤 크기, 서포트, 공차, 채우기 순으로 설정한다.

🎲 예상문제

문제점 리스트를 작성할 경우, 제일 먼저 오류를 검사해야 하는 것은?

① 모델 오류
② 모델 크기
③ 서포트
④ 공차

해설

오류 검출 프로그램을 활용하여 오류가 있는지 없는지를 먼저 확인해서 어떤 오류가 얼마나 있는지를 작성한 뒤 자동수정 기능으로 수정한 뒤 크기, 서포트, 공차, 채우기 순으로 설정한다.

정답 ①

3) 최종 출력용 파일로 저장하기

3D모델링 프로그램에서 모델링 후 오류 검출 프로그램을 이용해 검사를 했을 때 오류가 없는 경우도 있다. STL파일은 지원하지 않는 프로그램이 없지만 AMF, OBJ 또는 자신이 원하는 파일 포맷이 아닐 경우 대다수의 오류 검출 프로그램에서는 많은 출력용 모델링 파일포맷으로 변환을 지원한다. 무료프로그램인 Netfabb는 3MF, STL, STL(ASCI), Color STL, GTS, AMF, X3D, X3D8, 3DS, Compresed 메시, OBJ, PLY, VRML, Slice를 지원하고, Meshmixer는 obj, dea, ply, stl(-Binary), stl(ACSCI), AMF, wrl, smesh를 지원한다. 서로 지원하는 포맷이 같은 것도 있지만, 다른 것도 있기 때문에 자신이 원하는 포맷에 따라 Netfabb나 Meshmixer 중에 선택해 사용하면 된다.

Chapter

02 데이터 수정

데이터를 수정하는 프로그램에는 여러 가지가 있으나 연구소나 생산현장에서는 고가이지만 Materialise사의 Magics를 대부분 사용하고 있으며 학교나 개인은 대부분 무료로 이용할 수 있는 Netfabb나 Meshmixer같은 소프트웨어를 활용한다. 여기서는 Magics와 Netfabb의 자동수정 기능과 수동수정 기능에 대한 프로세스를 설명하기로 한다.

예상문제

STL데이터의 오류를 수정할 수 있는 프로그램이 아닌 것은?

① Magics
② Netfabb
③ Meshmixer
④ mimics

해설
mimics는 의료용 소프트웨어로서 모듈화되어 있어 기능마다 필요한 모듈을 구매하여 사용한다.

정답 ④

1. Magics의 자동 수정 기능

1) STL 파일 검증 및 수정

3D CAD 데이터로부터 변환된 STL 데이터는 변환과정에서 오류가 발생할 수 있다. 오류가 있는 STL 데이터로 작업할 경우 정상적인 3D프린팅 작업을 수행하기 어렵다. 그래서 변환된 STL 데이터가 정상인지를 확인하는 과정이 필요하다.

(1) STL 파일 불러오기

검증이 필요한 파일을 File/Import Part를 선택하여 관련 파일을 불러온다. 한 번에 한 개 또는 여러 개의 파일을 불러올 수 있다. [그림 6-15]와 같이 자전거 라이트 제품은 총 5개 파트로 구성되어 있다.

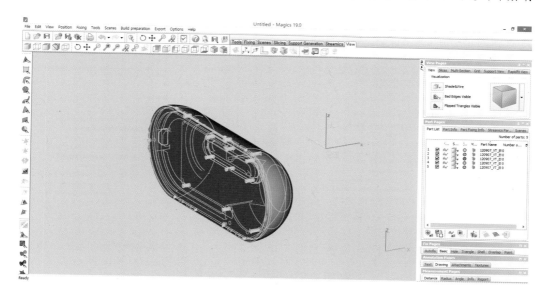

그림 6-15 자전거 라이트 파일 불러오기

(2) STL 파일 에러 확인을 위한 파트 선택

편리하게 오류 확인을 하기 위하여 [그림 6-16]과 같이 오른쪽 Parts Pages에서 5개의 파트 중 1번 파트만 Select 하고 나머지 파트는 unselect한다.

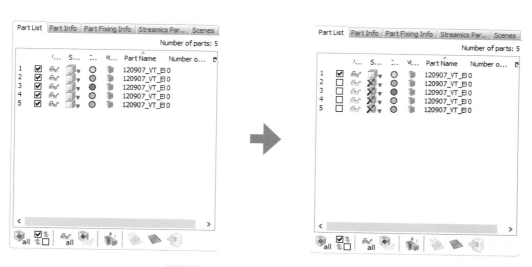

그림 6-16 STL파일 오류 확인을 위한 파트 선택

(3) Top cover STL 파일 오류 확인

Fix Wizard에서 🔍 **Update** 아이콘을 클릭하면 [그림 6-17]의 오른쪽 그림처럼 STL 파일의 오류 상태를 확인할 수 있다.

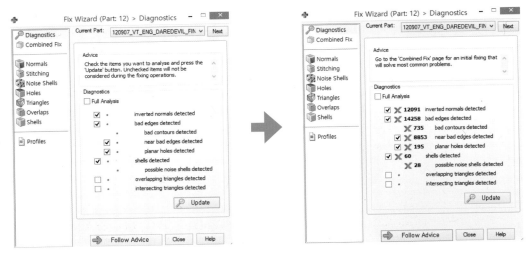

그림 6-17 Top cover STL 파일 오류 확인

(4) Top cover STL 파일 자동 수정

Fix wizard에서 하단의 ➡ **Follow Advice** 아이콘을 클릭하면 [그림 6-18]의 왼쪽 같이 화면이 STL파일을 수정할 수 있도록 화면이 변경이 된다. 변경된 화면에서 자동수정을 위해 ⚙ **Automatic Fixing** 아이콘을 클릭한다. [그림 6-18]의 오른쪽 같이 오류가 많이 수정되었다는 걸 알 수 있다.

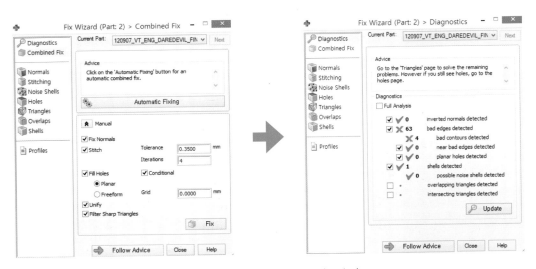

그림 6-18 Top cover STL 파일 자동 수정

(5) Top cover STL 파일 자동 수정

[그림 6-19]의 왼쪽 그림 같이 노란선과 붉은 색으로 표시된 에러가 오른쪽 그림 같이 수정된 상
태를 확인할 수 있다.

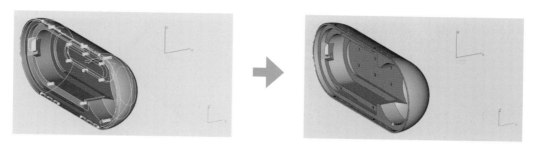

그림 6-19 Top cover STL 파일 자동 수정 완료된 이미지

2. Magics의 수동 수정 기능

1) Top cover STL 파일 수동 수정

자동으로 수정이 되지 않는 부분은 수동으로 수정해야 한다. 그래서 에러가 있는 부분을 [그림
6-20]과 같이 Mark Toolbar의 아이콘을 클릭하여 선택을 한다.

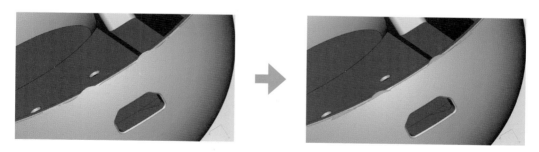

그림 6-20 Top cover STL 파일 수동 수정을 위한 Triangle Mark 기능

2) Top cover STL 파일 수동 수정

Fix Pages의 Triangle 시트에서　**Delete Marked**　아이콘을 클릭하면 마크된 부분을 삭제한다. 그리고, Hole 시트에서　**Fill Hole Mode**　아이콘을 클릭하여 Hole을 메운다.

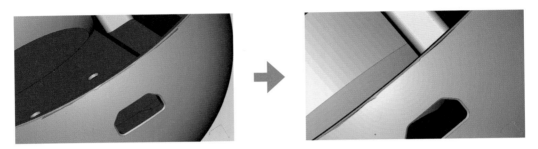

그림 6-21 Top cover STL 파일 수동 수정 Fill hole 기능

3) Top cover STL 파일 오류 최종 수정

[그림 6-22]와 같이 Fix Wizard에서 모든 오류가 수정이 되었는지 확인한다.

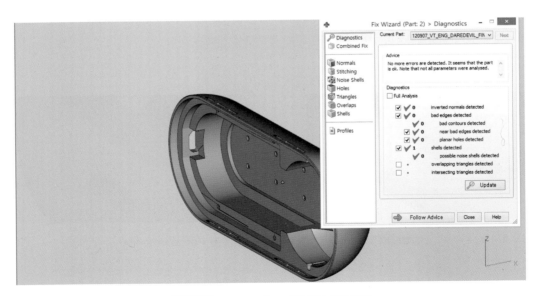

그림 6-22 Top cover STL 파일 정상 상태 확인

3. Netfabb의 자동 수정 기능

1) STL파일 불러오기

(1) STL파일을 Netfabb 그래픽 영역창으로 끌어서(Drag & Drop 방식) 불러온다[그림 6-23].

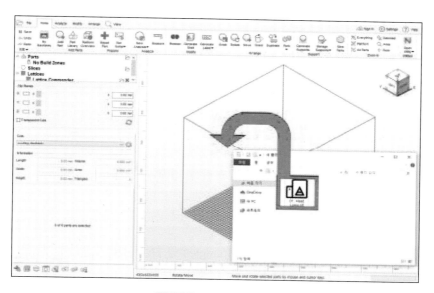

그림 6-23 STL파일 불러오기

(2) 모델 인식 후 'Import Parts'라는 다이얼로그창이 나타난다.

① "Automatic Part Repair" 기능 해제

"Automatic Part Repair"의 기능은 Netfabb에서 제공하는 모델을 불러오기 전 자동 복
구기능이다. 만약 작업자의 판단에 따라 "Automatic Part Repair"기능보다 좀더 정확한
Mesh의 오류를 분석하고 복구 또는 편집을 원하면 기능을 해제토록 한다.

② "Add Parts" 클릭[그림 6-24].

그림 6-24 Add Parts 클릭

2) Mesh분석 및 복구·편집

(1) Mesh 활성화

① "View"의 도구목록에서 "HightLight Triangles"을 활성화시켜 모델상에 메시를 표현시킨다
(단축키"Ctrl+G").

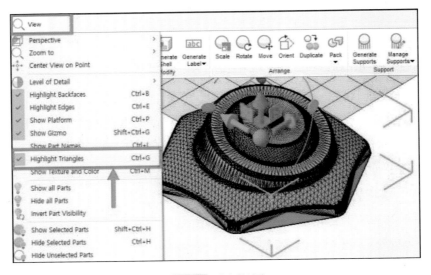

그림 6-25 메시 활성화

(2) Mesh Repair 기능 불러오기

① 메인메뉴 [Home] → "Repair part" 클릭

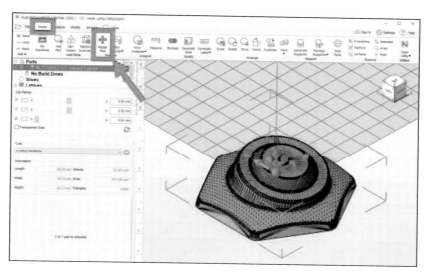

그림 6-26 Repair part

② "Mesh is Closed"와 "Mesh is Oriented" 확인

"Status" 목록에서 "Auto-Update" 버튼 클릭[그림 6-27].

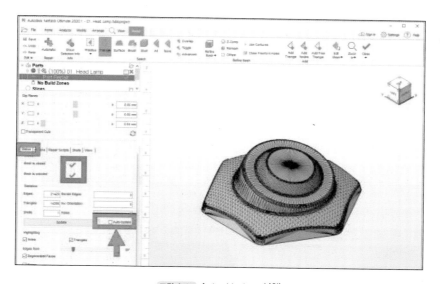

그림 6-27 Auto-Update 실행

(3) 분석

① "Colored", "Highlight Edges" 체크 설정

Mesh형태의 모델에 분홍색으로 표현되는 부분이 유한요소(Finite-Element Analysis)를 기반으로 최적화를 진행할 때 각도 10도 미만의 삼각형 Mesh는 해석이 진행되지 않기 때문에 수정이 반드시 필요하다. [그림 6-28]과 같이 "View" 탭 목록에서 불러오기 한다.

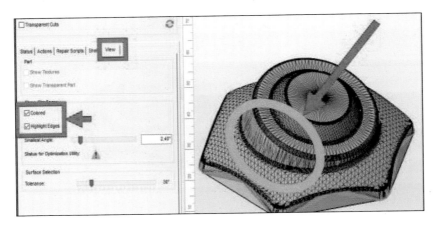

그림 6-28 분석툴 실행

(4) 자동복구

① Remesh 기능 사용

"Surface"기능을 이용하여 메시의 측면을 전부 선택한다. "마우스 우클릭"으로 수정 목록을 불러와 "Remesh"를 클릭한다[그림 6-29].

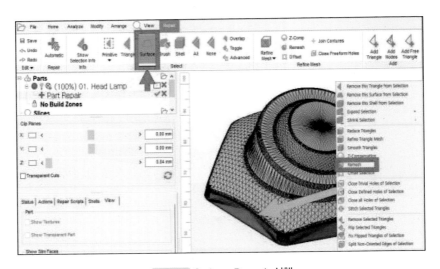

그림 6-29 Surface—Remesh 실행

별도의 수정 없이 Remesh 버튼 클릭한 뒤 [그림 6-30]과 같이 "Uniform Remesh"의 기능을 사용하게 되면 Netfabb에서 제공하는 자동 조건을 이용하여 연산된다. 하지만 유한요소 해석의 경우 Mesh크기가 중요한 요소가 될 수 있으므로 수동적으로 변의 길이를 조절할 수 있다. 해석 작업에서 보다 더 정확한 값을 얻기 위해서는 좀더 조밀하게 분포시켜야 한다. 스무딩(Smoothing)기능은 Remesh 출력물의 Mesh 결과물의 부드러움을 뜻한다. 0을 설정하는 것이 맞긴 하나(왜곡되는 부분이 생길 수 있기 때문에) Remesh를 진행할 때 0.05 정도 주어도 왜곡된 형상변화가 잘 일어나지 않는다.

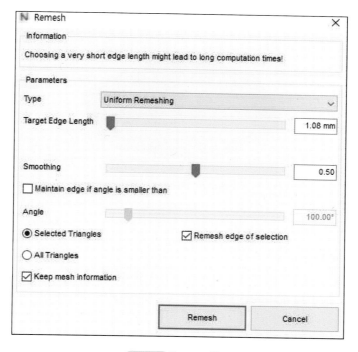

그림 6-30 Remesh 박스

② 다른 측면도 같은 방식으로 Remesh 작업

Remesh 과정 후에 아직도 결함이 나타난다[그림 6-31].

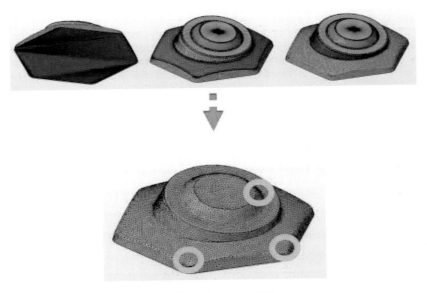

그림 6-31 재 Remesh 작업

(5) 수동복구

① Mesh Remove & Mesh Add

"Triangle" 기능을 이용하여 위험요소 단위로 표시된 Mesh 조각들과 주변 Mesh까지 선택하여 여유 있게 제거한다[그림 6-32].

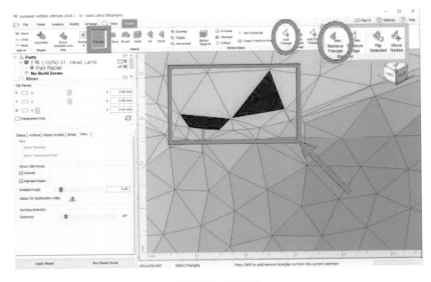

그림 6-32 수동복구

3D프린터운용기능사 필기 실기

완료 후 아래 그림처럼 노란색으로 터져 있는 Mesh가 나타난다[그림 6-33].

그림 6-33 수정완료

② 추가로 나타나는 불량 Mesh는 Add & Remove 수동 기능을 이용해서 작업한다.

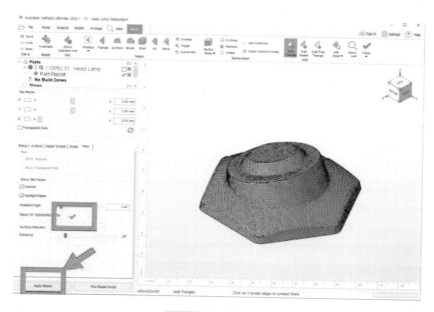

그림 6-34 추가 수동작업

Chapter

03 수정데이터 재생성

재수정 요청된 문제점 리스트를 바탕으로 원본 모델링데이터의 수정 부분을 파악할 수 있다. 파악된 부분의 원본 모델링데이터를 수정하여 출력용 모델링파일로 저장할 수 있으며 재저장된 출력용 모델링파일을 활용하여 오류 검출 프로그램에서 자동 검사를 실행할 수 있다. 실행결과를 바탕으로 최종 모델링파일의 형태로 재저장할 수 있다.

1. 3차원 객체 수정

1) 수정 부분 파악하고 수정하기

(1) 수정 부분 파악하기

문제점 리스트를 통해 파악된 치명적인 오류, 결합 부위 오류, 수동 오류 수정으로 수정되지 않는 오류는 모델링 소프트웨어를 통해 수정해야 한다. 모델링 소프트웨어의 수정이 필요한 오류 항목에 작성된 오류로 수정 부분을 파악하면 된다.

(2) 출력용 모델링 파일과 모델링 파일

출력용 모델링 파일(STL)을 모델링 소프트웨어에서 수정하기 위해서는 출력용 모델링 파일로 저장 했었던 원본 모델링 파일(3D CAD 파일)이 필요하다. stl, obj 등의 출력용 모델링 파일은 메시로 이루어져 있기 때문에 메시 수정 소프트웨어가 아닌 모델링 프로그램에서는 수정이 불가능하다. 3D CAD소프트웨어에서 출력용 모델링파일로 저장하기 위해 만들었던 모델링 파일을 수정해서 다시 출력용 모델링 파일로 저장해야 하기 때문이다. 그러므로 인터넷에서 저장한 출력용 모델링 파일은 모델링 소프트웨어에서 수정할 수 없다.

(3) 치명적인 오류 수정 방법

모델링 소프트웨어에서 모델링 파일을 만들어 출력용 모델링 파일로 저장하는 경우에 소프트웨어상에서 오류가 생기는 일이 많다. 이런 경우 모델링 파일을 출력용 모델링 파일로 다시 저장하면 대부분 해결되지만, 그래도 해결되지 않는다면 모델링을 다시 해야 한다.

예상문제

3차원 객체 수정 시 치명적인 오류 수정방법을 설명한 것이다. 옳은 것은?

① 문제점 리스트를 통해 파악된 치명적인 오류, 결합 부위 오류, 수동 오류 수정으로 수정되지 않는 오류는 모델링 소프트웨어를 통해 수정해야 한다.
② STL 등의 출력용 모델링 파일은 메시로 이루어져 있기 때문에 메시 수정 소프트웨어가 아닌 모델링 프로그램에서는 수정이 불가능하다. 인터넷에서 저장한 출력용 모델링 파일은 모델링 소프트웨어에서 수정할 수 없다.
③ 출력용 모델링 파일로 저장하는 경우에 소프트웨어 상에서 오류가 생기는 일이 많다. 모델링 파일을 출력용 모델링 파일로 다시 저장하면 대부분 해결되지만, 그래도 해결되지 않는다면 모델링을 다시 해야 한다.
④ 자동 오류 수정 후 메시 부분이 제거되면 수동 오류수정으로 수정해야 한다. 다른 부품과 결합된 부분이 제거된다면 메시 수정 소프트웨어로는 정확한 치수로 복구가 불가능하기 때문에 모델링 소프트웨어 프로그램으로 수정해야 한다.

해설 치명적인 오류 수정 방법

모델링 소프트웨어에서 모델링 파일을 만들어 출력용 모델링 파일로 저장하는 경우에 소프트웨어상에서 오류가 생기는 일이 많다. 이런 경우 모델링 파일을 출력용 모델링 파일로 다시 저장하면 대부분 해결되지만, 그래도 해결되지 않는다면 모델링을 다시 해야 한다.

정답 ③

(4) 결합 부위 오류 수정 방법

자동 오류 수정 후 메시 부분이 제거되면 수동 오류수정으로 수정해야 한다. 하지만 다른 부품과 결합된 부분이 제거된다면 메시 수정 소프트웨어로는 정확한 치수로 복구가 불가능하기 때문에 모델링 소프트웨어 프로그램으로 수정해야 한다.

2) 수정된 모델링파일을 출력용 모델링 파일로 저장

(1) 모델링 소프트웨어에서 출력용 모델링 파일로 저장

3D CAD 소프트웨어에서는 일반적으로 [파일]–[다른 이름으로 저장]에서 출력용 모델링 파일로 저장하면 된다. 3D CAD 소프트웨어는 3D프린터로 프린팅하기 위해 표준화되어 있는 .stl 확장자만 지원하는 경우가 많다. 3D CAD 소프트웨어가 아닌 애니메이션 등에 사용되는 3D 모델링 소프트웨어는 .obj, .stl 등의 많은 확장자를 지원한다.

(2) 오류 검출 프로그램에서 출력용 모델링 파일로 저장

3D CAD 소프트웨어에서 원하는 확장자를 지원하지 않더라도 오류 검출 프로그램에서 출력용 모델링 파일을 열어 다른 출력용 모델링데이터 확장자로 저장할 수 있기 때문에 모델링 소프트웨어에서 다른 출력용 모델링 파일로 저장해도 된다.

2. 출력용 파일 저장

1) 출력용 모델링 파일을 자동 오류 검사

3D CAD 소프트웨어에서 수정된 출력용 모델링 파일을 자동 오류 검사를 통해 검사를 한다. 오류가 있다면, 문제점 리스트를 작성하는 데 사용했던 알고리즘을 바탕으로 오류 검사, 오류 종류, 수정 방법을 오류가 없어질 때까지 반복한다.

2) 최종 모델링 파일로 저장

자동오류 검사 후 오류가 없을 경우, 오류 검출 프로그램에서 최종 출력용 모델링 파일의 형태(STL, OBJ 등)로 원하는 모델링 파일 확장자로 저장하면 된다.

3. 오류 수정

1) 원본 모델링 데이터를 수정하고 자동 검사한다.

[그림 6-35]와 같은 치명적인 오류가 있을 경우 전체가 단절된 메시로 인식되어, 자동 오류 수정을 하면 메시가 전부 사라져 버리고 수동 오류 수정의 경우에도 수정 방법이 없다. 이런 경우 모델링 소프트웨어에서 수정하여야 한다.

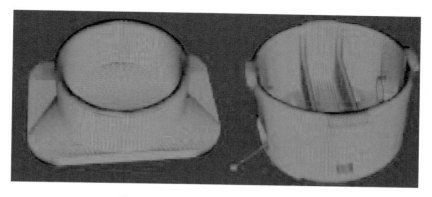

그림 6-35 자동오류 검사 후 치명적 오류 확인

2) 수정하고 자동 오류를 검사한다.

이런 치명적인 오류는 모델링 소프트웨어에서 저장할 때 오류가 생기는 경우가 많다. 이러한 경우 모델링 파일을 출력용 모델링 파일로 다시 저장하면 해결된다. [파일]-[다른 이름으로 저장]으로 .stl파일로 다시 저장하고 자동 검사하면 [그림 6-36]과 같이 오류가 없어진 것을 볼 수 있다.

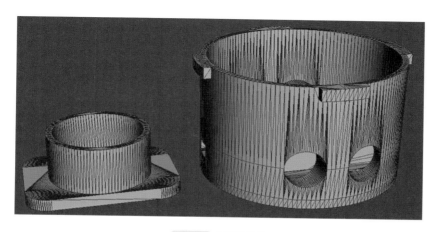

그림 6-36 수정된 오류

3) 최종 출력용 데이터로 저장한다.

출력용 데이터 파일을 자동 오류 검사로 오류가 없을 경우 [file]-[export]를 눌러 원하는 형식의 출력용 데이터(STL, OBJ, AMF, VRML, PLY 등) 파일로 저장한다[그림 6-37].

그림 6-37 최종 출력용 파일로 저장하기

Craftsman
3DPrinter
Operation
3D프린터운용기능사

PART
07

제품 출력

Chapter

01 출력과정 확인

1. 3D프린터 바닥고정

1) FFF 방식 3D프린터 출력베드 유형

　FFF 방식의 3D프린팅에서 재료는 다양한 방법으로 베드 바닥에 성형되어 출력물이 한 층 한 층 견고하게 부착되어 있어야 하며, 출력이 종료되면 베드에서 출력물을 쉽게 제거할 수 있어야 한다. 장비별로 차이가 있으나 출력물이 베드에 견고하게 부착되면서 출력이 종료되면 출력물의 제거가 어렵게 되는 경우를 대비해서 별도의 형상을 출력물과 지지대 사이에 만들어 주기도 한다.

(1) 노히팅 베드 타입

① 히팅베드 없이 적층이 가능한 재료(PLA)에 사용함
② 냄새가 없고 인체에 무해하여 가정용으로 많이 사용함

(2) 히팅 베드 타입

① 일정온도(50~80도 정도)이상 히팅 후 적층이 가능한 재료(ABS 등)에 사용함
② 연소 등에 의한 냄새로 반드시 환기 시설 등이 필요함

2) 3D프린터 출력 방식과 지지대(Support) 형태

3D프린터는 출력 방식에 따라 적층되는 방법의 차이가 있으며 베드의 위치가 위쪽이나 아래쪽에 있을 수 있으며 지지대(Support) 형성 방식은 많은 차이가 있다.

(1) 수조 광경화(Vat Photopolymerization) 방식

① 용기 안에 담긴 액체 상태의 광경화성 수지(photopolymer)에 빛을 주사하여 선택적으로 경화시키는 방식으로서 경화용 빛은 위 또는 아래에서 주사될 수 있으며, 빛이 주사되는 방향으로 베드가 이송되며 층이 성형된다. 베드의 이송 방향에 따라서 출력물이 성형되는 방향은 위쪽 또는 아래쪽이 된다.

② 지지대는 출력물과 동일한 재료이며, 제거가 용이하도록 가늘게 만들어진다.

(2) 재료분사(Meterial jetting) 방식

① 광경화성 수지나 왁스 등의 액체 재료를 미세한 방울로 만들고 이를 선택적으로 도포하는 방식으로서 출력물 재료와 지지대 재료는 모두 위에서 아래로 분사되면서 적층되는 방식으로 베드가 아래로 이송되면서 성형되기 때문에 출력물은 베드 위에 만들어지게 된다.

② 지지대는 출력물과 다른 재료가 사용된다. 대부분의 경우 지지대는 물에 녹거나 가열하면 녹는 재료로 되어 있기 때문에 손쉬운 제거가 가능하다.

(3) 재료 압출(Material extrusion) 방식

① 출력물 및 지지대 재료가 노즐을 통해서 압출되고, 이를 적층하여 3차원 형상의 출력물이 만들어지는 방식으로서 출력물 및 지지대 재료는 모두 위에서 아래로 압출된다. 따라서 베드는 아래로 이송되면서 그 위에 제품이 아래에서 위로 적층되어 성형된다.

② 재료 압출 방식에서는 지지대(Support)와 출력물이 같은 재료인 경우와 서로 다른 재료인 경우의 두 가지 방식이 있다.

(4) 분말 융접(Powder bed fusion) 방식

① 분말 융접은 평평하게 놓인 분말 위에 CO_2 레이저 등의 열에너지를 선택적으로 가해서 분말을 국부적으로 용융시켜 접합하는 방식으로서 베드 위에 정해진 레이어 한층 두께의 분말이 놓이게 되고, 선택적으로 레이저를 조사하여 적층하게 된다. 따라서 출력물은 아래에서 위쪽 방향으로 성형된다.

② 대부분의 경우 성형되지 않은 분말이 지지대(Support) 역할을 하게 되므로 별도의 지지대를 만들어 줄 필요가 없다. 하지만, 분말을 평평하게 만들어 주기 위해서 롤러 등을 이용해서 분말 위에 압력을 주는 경우도 있으며, 이때 출력물이 압력에 의해서 부서지거나 또는 분말 안에서 움직이지 않게 해주기 위해서 베드 위에 지지대를 만들어 사용하기도 한다. 지지대가 만들어지는 경우에는 출력물과 같은 분말 재료로 만들어진다.

예상문제

분말 위에 CO_2 레이저 등의 열에너지를 선택적으로 가해서 분말을 국부적으로 용융시켜 접합하는 방식으로서 베드 위에 정해진 레이어 한층 두께의 분말이 놓이게 되고, 선택적으로 레이저를 조사하여 적층하게 된다. 대부분의 경우 성형되지 않은 분말이 지지대(Support) 역할을 하게 되므로 별도의 지지대를 만들어 줄 필요가 없다. 이 설명에 맞는 출력방식은?

① 재료분사(Meterial jetting) 방식
② 재료 압출(Material extrusion) 방식
③ 분말 융접(Powder bed fusion) 방식
④ 접착제 분사(Binder jeting) 방식

해설
③ 분말 융접(Powder bed fusion) 방식을 설명한 것이다. 분말을 평평하게 만들어 주기 위해서 롤러 등을 이용해서 분말 위에 압력을 주는 경우도 있으며, 이때 출력물이 압력에 의해서 부서지거나 또는 분말 안에서 움직이지 않게 해주기 위해서 베드 위에 지지대를 만들어 사용하기도 한다. 지지대가 만들어지는 경우에는 출력물과 같은 분말 재료로 만들어진다.

정답 ③

(5) 접착제 분사(Binder jeting) 방식

① 베드 위에 놓인 분말을 이용하는 점에서는 분말 융접 기술과 매우 유사하다. 하지만 접착제 분사에서는 열에너지 대신에 접착제를 분말에 선택적으로 분사하여 분말들을 결합시켜 단면을 성형하고 이를 반복하여 3차원 형상을 만든다. 제작용 베드 위에 분말이 놓이게 되고, 여기에 위에서 아래 방향으로 접착제가 분사되는 방식이다.

② 성형되지 않은 분말이 지지대(Support) 역할을 하게 되므로 별도의 지지대를 만들어줄 필요가 없다.

3) 출력물 고정 상태 확인

출력이 진행되는 동안 출력물이 베드 바닥에 잘 고정되어 있지 않으면 출력이 제대로 이루어지지 않는다. 일반적으로 보급형 3D프린터가 제품출력을 시작하여 5분~10분 이내에 출력물이 바닥에서 떨어지는 경우가 대부분이다. 가능하면 출력되는 상태를 중간 중간 파악하는 것이 효과적이다. 재료 압출 방식의 3D프린터의 경우 출력 도중에는 헤드 및 베드의 온도가 매우 높으므로 화상에 주의해야 한다. 따라서 가급적 3D프린터의 문을 열지 않고 외부에서 출력 상태를 확인하는 것이 좋다. 하지만 세밀한 파악이 필요할 때에는 3D프린터의 문을 열고 출력 챔버 내부를 살펴야 하며, 이때에는 안전에 주의해야 한다. 또한 보안경, 마스크 및 장갑을 착용하여 안전사고가 발생하지 않도록 해야 한다.

🎲 예상문제

출력물 고정 상태 확인하는 방법을 나열하였다. 아닌 것은?

① 출력되는 상태를 중간 중간 파악한다.
② 가급적 3D프린터의 문을 열지 않고 외부에서 출력 상태를 확인한다.
③ 세밀한 파악이 필요할 때에는 3D프린터의 문을 열고 출력 챔버 내부를 살펴야 한다.
④ 3D프린팅 중 보안경, 마스크 및 장갑은 착용하지 않는다.

해설

가능하면 출력되는 상태를 중간 중간 파악하는 것이 효과적이다. 재료압출 방식의 3D프린터의 경우 출력 도중에는 헤드 및 베드의 온도가 매우 높으므로 화상에 주의해야 한다. 따라서 가급적 3D프린터의 문을 열지 않고 외부에서 출력 상태를 확인하는 것이 좋다. 하지만 세밀한 파악이 필요할 때에는 3D프린터의 문을 열고 출력 챔버 내부를 살펴야 하며, 이때에는 안전에 주의해야 한다. 또한 보안경, 마스크 및 장갑을 착용하여 안전사고가 발생하지 않도록 해야 한다.

정답 ④

(1) 외부에서 확인한다.

대부분 3D프린터의 경우 문을 열지 않고 내부 상황을 파악할 수 있도록 앞 · 뒤 · 좌 · 우 문이 투명한 창으로 제작되어 외부에서 출력 상황을 파악할 수 있다. 출력물이 베드에 고정되어 있지 않으면 헤드가 움직임에 따라서 출력물이 함께 움직이는 것이 관찰된다.

(2) 내부에서 확인한다.

세밀한 파악이 필요한 경우 3D프린터의 문을 열고 상황을 파악하여야 한다. 육안으로 보았을 때에는 출력물이 베드 바닥에 고정되어 있는 것으로 보이지만 실제로는 잘 고정되어 있지 않은 경우가 발생할 수 있다. 이를 파악하기 위해서는 3D프린터의 동작을 일시 정지시키고 출력물의 부착 여부를 파악해야 한다. 이때 베드바닥과 노즐의 온도가 매우 높으므로 피부에 직접 닿게 되면 화상의 위험이 매우 높다. 따라서 핀셋 등의 도구를 이용해서 출력물이 베드바닥에 잘 고정되어 있는지 파악하는 것이 좋다.

2. 출력보조물 판독

1) 바닥구조물(Raft)과 지지대(Support)의 설치 등을 판단 및 설정

지지대가 필요한 출력물은 3D프린터 소프트웨어에서 적절한 지지대를 설치하도록 설정해주어야 한다. 또한 어떤 경우에는 출력물이 베드바닥에 닿는 부분의 면적이 작아서 성형 도중에 출력물이 쓰러질 수 있다. 바닥구조물 또한 슬라이싱 작업에서 설정해 주어야 한다. 바닥 구조물의 종류 및 설정 방법 등은 장비에 따라 조금씩 변화가 있으나 기술적인 패턴은 비슷하다[그림 7-1].

🔲 예상문제

어떤 경우에는 출력물이 베드바닥에 닿는 부분의 면적이 작아서 성형 도중에 출력물이 쓰러질 수 있다. 바닥구조물 또한 슬라이싱 작업에서 설정해 주어야 한다. 무엇을 하려고 하는 것인가?

① Raft 설치
② Support 설치
③ Slice 설치
④ Infill 설치

> **해설**
> 슬라이싱 작업에서 베드바닥에 닿는 부분의 면적이 작아서 성형 도중에 출력물이 쓰러질 수 있다고 판단되면 Raft를 설치하여야 한다.

정답 ①

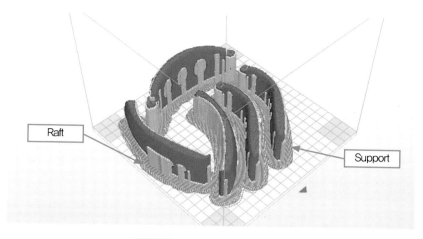

그림 7-1 Raft와 Support 설치 판단

2) 출력 중 출력물, 지지대 및 바닥 구조물을 확인

(1) 출력상태를 확인

FDM 방식 3D프린터의 대부분은 출력 시작 후 5분에서 20분 정도 지날 때까지는 바닥구조물과 지지대가 설정된 대로 출력되고 있는지 확인이 필요하다. 재료나 온도 환경에 따라 출력물의 변화가 있을 수 있기 때문이다.

(2) 출력 중 발생한 오류의 원인과 현상

① 지지대의 적용각도가 작게 설정된 부분을 노즐이 지나감에 따라 지지대(Support)가 견디지 못하고 구조물에서 떨어짐

② 지지대가 떨어지면서 출력물이 기울어지게 됨

③ 기울어진 출력물 위에 계속 재료가 노즐에서 압출되어 성형됨

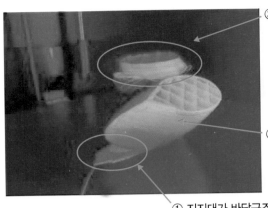

③ 기울어진 출력물 위에 계속
재료가 압출되어 성형됨

② 지지대가 떨어지면서
출력물이 기울어짐

① 지지대가 바닥구조물에
부착되지 않고 떨어짐

그림 7-2 출력 중 발생한 오류

(3) 지지대의 적용 각도에 따른 지지대 면적 확인

① 지지대의 적용 각도 변경

지지대의 적용 각도를 서로 다르게 설정한 후 동일한 출력물을 출력시킨다. 지지대의 각도에 따라서 지지대가 적용되는 면적이 달라지므로 적절한 지지대의 적용 각도를 파악한다.

② 지지대의 적용 각도를 사용재료와 형상에 따라 다양한 각도로 설정하여 성형한 출력물을 비교하여 최적의 조건을 확인한다. 지지대의 면적이 적절하지 못하면 출력물이 제대로 만들어지지 않을 수가 있기 때문에 지지대의 설정에 주의해야 한다.

③ 지지대의 오류를 수정하기 위하여 슬라이싱 프로그램에서 지지대 생성 기울기 값을 수정하여 사용한다.

🔲 3. G코드 판독

1) NC공작기계와 3D프린터

3D프린터에서 단면을 성형하기 위해서는 움직이는 구동 기구가 필요하다. 특히 저가형 3D프린터에 가장 널리 적용되고 있는 재료 압출 방식에서는 재료가 압출되는 헤드가 플랫폼 위에서 평면 운동을 하면서 단면이 성형되게 된다. 따라서 헤드 및 플랫폼의 움직임과 재료 압출을 위해서 적절한 동작명령을 3D프린터에 전달해 주어야 한다. 이런 구동요소들은 대부분 NC공작 기계와 매우 유사하다. 따라서 3D프린터의 구동에는 이미 널리 알려진 G코드가 많이 사용된다.

2) 3D프린터의 G코드 명령어

G코드는 NC(수치제어) 프로그래밍을 기반으로 한다. 따라서 NC 프로그래밍에 대한 상세한 사항은 NCS 학습모듈 CNC선반 프로그램 작성하기 및 NCS 학습모듈 CNC밀링(머시닝 센터) 프로그램 작성하기를 참고하기 바란다. 한편 원호보간 G코드인 G02와 G03은 대부분의 3D프린터에서 사용하지 않는다. 이는 3D프린터에서 가장 널리 사용되는 파일 형식인 .STL이 입체 형상을 면으로만 표현하기 때문에, 단면의 외곽 형상은 모두 직선으로 되기 때문이다. 3D프린터를 구동시키기 위해서 사용되는 G코드는 각 3D프린터마다 조금씩 다르다. 여기서는 3D프린터에 많이 사용되는 주요 G코드와 보조 기능으로 사용하는 M코드 명령어를 함께 알아본다.

(1) G코드 명령어

① Fnnn : 이송속도

Fnnn은 이송 속도를 의미한다. 이때 nnn은 이송 속도(mm/min)이다.

② Ennn : 압출 필라멘트의 길이

Ennn은 압출되는 필라멘트의 길이를 의미하고 nnn은 압출되는 길이(mm)이다.

③ G0 : 급속 이송

"G0"은 빠른 이송을 의미한다. 즉, 헤드나 플랫폼을 목적지로 가장 빠르게 이송시키기 위해서 사용한다.

예) G0 X20 → X=20mm인 지점으로 빠르게 이송하라는 명령임

④ G1 : 직선 보간

"G1"은 현재 위치에서 지정된 위치까지 헤드나 플랫폼을 직선 이송한다. 이때 이송되는 속도나 필라멘트 길이를 지정할 수 있다. 이송 속도는 Fnnn에 의해서 다음 이송 속도가 지정되기 전까지는 현재의 이송 속도를 따른다.

예) G1 F120 → 이송속도를 120 mm/min으로 설정

G1 X80.5 Y12.3 E12.5 → 현재 위치에서 X=80.5, Y=12.3 으로, 필라멘트를 현재 길이에서 12.5mm까지 압출하면서 이송하라는 명령임

다음은 G코드 명령어의 한 블록이다. "G1 X80.5 Y12.3 E12.5"의 의미가 아닌 것은?

① X = 80.5, Y = 12.3 은 좌표값을 의미한다.

② E12.5는 필라멘트의 압출길이가 12.5mm 의미한다.

③ G1은 직선보간을 의미한다.

④ G1 X80.5 Y12.3는 X80.5 Y12.3 좌표로 급속이송을 의미한다.

해설

G1 X80.5 Y12.3 E12.5 → 현재 위치에서 X = 80.5, Y = 12.3으로, 필라멘트를 현재 길이에서 12.5mm까지 압출하면서 이송(직선보간)하라는 명령임

정답 **④**

⑤ G28 : 원점 이송

"G28"은 3D프린터의 각 축을 원점으로 이송시킨다.

3D프린터 G코드 명령어 중 원점이송을 시키는 것은?

① G28   ② G4   ③ G90   ④ G92

해설

"G28" 은 3D프린터의 각 축을 원점으로 이송시킨다.

정답 **①**

⑥ G4 : 멈춤(dwel)

"G4"는 3D프린터의 모든 동작을 Pnnn에 의해 지정된 시간만큼 멈춘다. 이때 nnn은 밀리초(msec)이다.

⑦ G20, G21 : 단위 변환

"G20"은 단위를 인치(Inch)로 변환한다. 그리고 "G21"은 단위를 밀리미터(mm)로 변환한다.

⑧ G90 : 절대 좌표 설정

"G90"은 모든 좌표값이 기준 원점 좌표값을 기준으로 절대값으로 설정된다.

⑨ G91 : 상대 좌표 설정

"G91"이 지정된 이후의 모든 좌표값은 현재 위치에 대한 상대값으로 설정된다.

⑩ G92 : 좌표계 설정

"G92"에 의해서 지정된 값이 현재 값이 된다. 3D프린터가 동작하지는 않는다.

예) G92 Y15 E120 → 3D프린터의 현재 Y 값을 Y = 15mm로, 압출 필라멘트의 현재 길이를 120mm로 설정한다.

(2) M코드 명령어

① M1 : 휴면

3D프린터의 버퍼에 남아 있는 모든 움직임을 마치고 시스템을 종료시킨다. 모든 모터 및 히터가 꺼진다. 하지만 G 및 M 명령어가 전송되면 첫 번째 명령어가 실행되면서 시스템이 재시작된다.

② M17 : 모든 스테핑 모터에 전원 공급

"M17"에 의해 3D프린터의 동작을 담당하는 모든 스테핑 모터에 전원이 공급된다.

🔷 예상문제

3D프린터의 스테핑 모터에 전원 공급을 시키는 M코드 명령어이다. 맞는 것은?

① M1
② M17
③ M18
④ M104

해설

① M1 : 휴면
② M17 : 모든 스테핑 모터에 전원 공급
③ M18 : 모든 스테핑 모터에 전원 차단
④ M104 : 압출기 온도 설정

정답 ②

③ M18 : 모든 스테핑 모터에 전원 차단

"M18"에 의해 3D프린터의 동작을 담당하는 모든 스테핑 모터에 전원이 차단된다. 이렇게 되면 각 축이 외부 힘(사람이 손으로 미는 등)에 의해서 움직일 수 있다.

④ M104 : 압출기 온도 설정

Snnn으로 지정된 온도로 압출기의 온도를 설정한다.

예) M104 S210 → 3D프린터 압출기의 온도를 210℃로 설정한다.

⑤ M106 : 팬 전원 켜기

Snnn으로 지정된 값으로 쿨링팬의 회전 속도를 설정한다.

⑥ M107 : 팬 전원 끄기

쿨링팬의 전원을 끈다. 대신 'M106 S0'가 사용되기도 한다.

⑦ M117 : 메시지 표시

3D프린터의 LCD 화면에 메시지를 표시한다. 어떤 3D프린터에서는 'M117'이 다른 기능으로 사용되기도 한다.

예) M117 God Luck → 3D프린터의 LCD 화면에 글자 'God Luck'을 표시한다.

⑧ M140 : 플랫폼 온도 설정

제품이 출력되는 플랫폼의 온도를 Snnn으로 지정된 값으로 설정한다.

⑨ M141 : 챔버 온도 설정

제품이 출력되는 공간인 챔버의 온도를 Snnn으로 지정된 값으로 설정한다.

⑩ M300 : 소리 재생

출력이 종료되는 것을 알려 주는 등의 용도로 '삐'소리를 재생한다. Snnn으로 지정된 주파수(Hz)와 Pnnn으로 지정된 지속 시간(msec) 동안 소리가 재생된다.

예) M300 S250 P10 → 250Hz 주파수를 갖는 소리를 미리 10초 동안 재생한다.

3) G코드 확인하기

(1) G코드 확장자 변환 및 읽기

출력된 G코드는 사용하는 3D프린터에 따라서 확장자가 다를 수 있으나, 대부분의 경우 컴퓨터의 텍스트 편집기로 읽을 수 있다. 예를 들면 3D프린터의 종류에 따라 확장자가 각각 다르게 *.000로 저장되며, 이를 *.txt 로 데이터의 형식을 변환시켜서 문서 편집기로 읽을 수 있다.

(2) 문서 편집기의 내용 파악

G코드 내용을 파악할 수 있다. G코드의 내용을 한 줄씩 보면서 3D프린터의 동작이 어떻게 이루어지게 될지를 파악한다. [그림 7-3]의 예시 내용은 다음과 같다.

① 예시 1의 명령어 내용

";StartCode"의 의미는 문장은 세미콜론으로 시작되었으므로 주석을 의미한다. 여기서부터 G코드가 시작됨을 알 수 있다.

② 예시 2의 명령어 내용

"M107" 쿨링팬의 전원을 끈다. 3D프린터가 처음 동작할 때부터 쿨링팬이 작동하면 재료의 토출이 원활하지 않을 수 있기 때문이다.

③ 예시 3의 명령어 내용

"G28 X0 Y0 Z0" 3D프린터의 각 축을 원점인 X = 0, Y = 0, Z = 0의 좌표로 이송시킨다.

④ 예시 4의 명령어 내용

"M117 Printing…" 3D프린터의 LCD 표시창에 "Printing…"을 표시한다.

⑤ 예시 5의 명령어 내용

"G0 F1200 X0.000 Y0.000 Z0.200" 3D프린터의 헤드를 X = 0, Y = 0, Z = 0.2mm로 이송시킨다. 이때 이송 속도는 1,200mm/min으로 한다.

⑥ 예시 6의 명령어 내용

"G1X125.580 Y98.063 E23.68168" 3D프린터의 헤드를 X = 125.583mm, Y = 98.063mm 로 이송시킨다. 이때 필라멘트를 23.68168mm까지 토출시킨다.

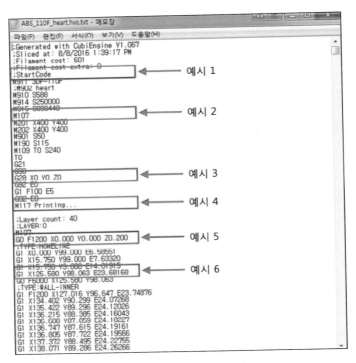

그림 7-3 G코드를 텍스트 파일 변환 후 내용 확인

Chapter
02 출력오류 대처

1. 3D프린터 오류 수정

3D 프린팅 중 다양한 출력 오류가 발생한다. 이러한 오류를 대처하고 문제를 해결하기 위하여 프린터를 일시중지시켜서 확인하거나 슬라이싱 과정을 통해서 재확인하는 방법 등이 있다. 시제품제작 등에 사용하는 고가형 프린터는 Magics나 Netfabb 등의 소프트웨어를 활용하여 사전에 오류를 검사하는 방법도 있다.

1) 출력오류 발생과 수정

재료압출방식(FDM)의 3D프린터에서 발생할 수 있는 대표적인 오류를 나열하면 다음과 같다. 한편 여기에 나열된 출력 오류 이외에도 다른 형태의 오류가 발생할 수 있으며 각 오류에 따라서 적절히 대응할 수 있는 방법을 찾아야 한다.

(1) 처음부터 재료가 출력되지 않을 때 수정방법

① 압출기 내부에 재료가 채워져 있는지 확인
초창기 3D프린터는 출력을 시작하기 전에 압출노즐 내부에 재료가 채워져 있는지 여부를 확인하기 위하여 출력 전에 플랫폼 위에 스커트(skirt)를 출력하여 줌으로써 압출기 내부의 재료를 확인했으나 최근에 출시되는 보급형 프린터에는 재료 Loading 기능과 Unloading 기능이 탑재되어 있어 재료가 원만하게 압출되는 상태를 직접 확인한 후 출력 작업을 할 수 있도록 업그레이드가 되어 있어 작업이 편리하다.

② 압출기 노즐과 플랫폼 사이가 너무 가까울 때
압출기 노즐의 끝과 플랫폼 사이의 거리가 가까울 때에는 G코드를 수정하여 Z축 방향 오프셋(offset) 값을 적절하게 조정한다.

③ 필라멘트 재료가 얇아졌을 때

필라멘트 재료가 기어 이빨에 의해서 깎이는 이유에 따라서 대책이 각각 달라진다.
- 리트렉션 속도를 줄이거나 노즐 고정을 약하게 한다.
- 노즐의 설정 온도를 증가시켜 압출 재료가 좀 더 쉽게 유동될 수 있도록 한다.
- 출력 속도를 낮게 해 주면 필라멘트 재료가 깎여지는 것을 줄여 준다.

④ 압출 노즐이 막혀 있을 때

3D프린터 제작 업체에서 노즐이 막혔을 때에 대비한 해결 방법을 제시하고 있다. 따라서 제품사용 설명서를 참고하여 노즐이 막힌 것을 해결하는 것이 좋다. 노즐은 매우 뜨거워 위험하므로 함부로 해체하지 않는다.

⯃ 예상문제

3D프린팅 시 처음부터 재료가 출력되지 않을 때 수정방법으로 옳지 않은 것은?

① 압출기 내부에 재료가 채워져 있는지 확인 후 재료를 로딩시켜 확인한다.
② 압출 노즐이 막혀 있는 경우에는 제품사용설명서를 참고하여 해결한다.
③ 압출기 노즐과 플렛폼 사이가 너무 가까울 때 재료가 출력이 안될 때 간격을 적절히 조정한다.
④ 노즐의 설정 온도를 냉각시켜 압출 재료가 좀 더 단단하게 출력될 수 있도록 한다.

해설

노즐의 설정 온도를 증가시켜 압출 재료가 좀 더 쉽게 유동될 수 있도록 한다.

정답 ④

(2) 출력 도중 재료가 압출되지 않을 때 수정방법

① 스풀에 더 이상 필라멘트가 없을 때
필라멘트가 감겨져 있는 새로운 스풀로 교체한다.

② 압출 노즐이 막혔을 때
온도를 올리거나 노즐을 뚫는다.

③ 압출 헤드의 모터가 과열되었을 때
이 경우는 3D프린터를 끄고 냉각될 때까지 기다려야 한다. 문제가 계속 발생하면 추가적인 냉각 장치의 설치를 고려해야 한다.

3D프린터 출력 도중 재료가 압출되지 않을 때 수정방법으로 옳지 않은 것은?

① 스풀에 더 이상 필라멘트가 없을 경우에 필라멘트가 감겨져 있는 새로운 스풀로 교체한다.

② 압출 노즐이 막혔을 경우는 온도를 올리거나 노즐을 뚫는다.

③ 압출 헤드의 모터가 과열되었을 경우는 3D프린터를 끄고 냉각될 때까지 기다려야 한다.

④ 노즐과 플랫폼 사이의 간격이 너무 클 경우는 간격을 조정한다.

해설

노즐과 플랫폼 사이의 간격이 너무 클 경우 간격을 조정하는 것은 재료가 플랫폼에 부착되지 않을 때 수정방법을 설명한 것이다.

정답 ④

(3) 재료가 플렛폼에 부착되지 않을 때 수정방법

① 플랫폼의 수평이 맞지 않을 때

노즐과 플랫폼의 수평을 유지하기 위하여 3D프린터는 플랫폼의 수평을 맞추는 기능을 가지고 있으며 프린터에 따라 자동수평 조절기능과 수동수평 조절기능을 갖는다. 최근에 출시되는 3D프린터는 대부분 자동수평 조정기능이 탑재되어 있다.

② 노즐과 플랫폼 사이의 간격이 너무 클 때

수동으로 플랫폼의 수평을 조절하는 3D프린터의 경우에는 플랫폼의 수평을 조절할 때와 마찬가지로 스크루나 다이얼을 돌려 플랫폼의 높이를 조절하면서 노즐과 플랫폼 사이의 간격을 적절히 조절해 주어야 한다. 어떤 경우에는 G코드를 수정해 주는 방법이 사용되기도 한다. 이때에는 G코드 파일을 열고 Z축의 오프셋 값을 조절하면서 첫 번째 층을 출력하여 재료가 플랫폼에 잘 부착되는지 여부를 반복적으로 확인한다. 이 과정을 통해서 적절한 오프셋 값을 찾아 주어야 한다.

③ 첫 번째 층이 너무 빠르게 성형될 때

첫 번째 층을 상대적으로 느리게 성형해 주어 플랫폼에 충분히 부착될 시간을 확보한다. 이를 위해서는 G코드를 수정하여야 한다. 어떤 3D프린터는 장치의 제어판에서 이를 수정해 주는 메뉴가 있는 경우도 있으며, 다른 3D프린터는 설정 프로그램에서 이를 수정해 주기도 한다.

④ 온도 설정이 맞지 않을 때

압출방식 3D프린터는 첫 번째 층이 수축되는 문제를 해결하기 위해서 히팅베드를 사용한다. 히팅베드의 온도를 적절히 유지시켜 주면 냉각에 의한 수축을 방지할 수 있기 때문에 출력물이 플랫폼에서 분리되지 않게 된다. PLA 재료의 경우는 히팅베드의 온도를 60~70℃ 정도로, ABS 재료는 100~120℃ 정도로 유지시키는 것이 좋다. 한편, 냉각팬이 설치되어 있는 3D프린터는 처음 몇 층을 성형할 때 냉각팬이 동작하지 않도록 설정하여 재료가 냉각되지 않도록 해 준다.

⑤ 출력물과 플랫폼 사이의 부착 면적이 작을 때

출력물과 플랫폼 사이의 부착 면적을 넓게 해 주기 위해서 출력물의 아래에 바닥 보조물(brim, raft)을 출력물과 함께 성형해 준다. 브림(brim)은 출력물이 플랫폼과 잘 붙도록 출력물의 바닥 주변에 테두리를 만드는 것이다. 래프트(raft)는 출력물과 플랫폼 사이에 지그재그 모양으로 된 별도의 구조물을 성형하고 출력물을 그 위에 성형하게 하는 것이다. 제품 출력 후 바닥 보조물을 제거해 주어야 하기 때문에 후가공이 요구된다.

🎲 예상문제

3D프린팅 시 재료가 플랫폼에 부착되지 않을 경우가 아닌 것은?

① 플랫폼의 수평이 맞지 않을 때
② 노즐과 플랫폼 사이의 간격이 너무 클 때
③ 첫 번째 층이 너무 빠르게 성형될 때
④ 출력물과 플랫폼 사이의 부착 면적이 클 때

해설

출력물과 플랫폼 사이의 부착 면적이 작을 때 출력물과 플랫폼 사이의 부착 면적을 넓게 해 주기 위해서 출력물의 아래에 바닥 보조물(brim, raft)을 출력물과 함께 성형해 준다. 브림(brim)은 출력물이 플랫폼과 잘 붙도록 출력물의 바닥 주변에 테두리를 만드는 것이다. 래프트(raft)는 출력물과 플랫폼 사이에 지그재그 모양으로 된 별도의 구조물을 성형하고 출력물을 그 위에 성형하게 하는 것이다.

정답 ④

(4) 재료의 압출량이 적을 때 수정방법

① 필라멘트 재료의 지름이 적절하지 않을 때

제조사별 필라멘트의 지름 차이 때문에 재료의 압출량이 적거나 치수가 작게 출력되기도 했으나 현재는 필라멘트 두께는 거의 1.75mm를 사용하고 있기 때문에 설정화면에서 확인해주면 된다.

② 압출량 설정이 적절하지 않을 때

3D프린터 프로그램의 설정 메뉴에서 압출량 설정을 조정한다.

(5) 재료가 과다하게 압출될 때 수정방법

제품의 출력 도중에 재료가 과다하게 압출되어 출력물 형상이 매끈하지 않게 되면 3D프린터 프로그램의 설정 메뉴에서 압출량을 좀 더 적어지도록 설정을 조정한다.

(6) 바닥이 말려 올라갈 때 수정방법

① 히팅 베드를 사용한다.

3D프린팅 시 재료에 따라 히팅 베드가 필요 또는 불필요한 경우가 있다. ABS와 같은 재료는 히팅 베드가 필요하며 히팅온도는 제조사별로 차이가 있으나 80℃~120℃ 범위 내에서 조정된다. 보급형에서 많이 사용되는 PLA재료의 경우는 히팅베드가 필요없는 것이 대부분인데 필요에 따라 히팅베드를 활용하는 경우도 있다.

② 냉각팬을 정지시킨다.

ABS와 같은 고온에서 사용되는 재료를 이용하여 출력할 때에는 출력물이 출력 도중 좀 더 서서히 냉각되도록 냉각팬을 정지시킨다. 많은 3D프린터 프로그램에서는 설정 메뉴에서 냉각팬의 동작 속도 등을 설정해 줄 수 있다.

③ 일정한 온도가 유지될 수 있는 환경에서 출력한다.

바닥부분이 얇고 넓은 출력물의 아랫부분은 상온에 의해서 서서히 냉각되면서 수축에 의한 와핑(Warping) 현상이 발생하게 된다. 따라서 이런 경우에는 일정한 온도가 유지되는 밀폐된 환경(Chamber)에서 출력하는 것이 좋다.

바닥부분이 얇고 넓은 출력물의 아랫부분은 상온에 의해서 서서히 냉각되면서 수축에 의한 와핑(Warping) 현상이 발생하게 된다. 이렇게 바닥이 말려 올라갈 때 수정방법으로 옳지 않은 것은?

① 냉가팬을 연속적으로 가동시킨다.
② 브림(Blim)이나 래프트(Raft)를 사용한다.
③ 일정한 온도가 유지될 수 있는 환경에서 출력한다.
④ 히팅 베드를 사용한다.

해설
냉가팬을 연속적으로 가동시키는 것이 아니라 냉각팬을 정지시켜야 한다.

정답 ①

④ 브림(Blim)이나 래프트(Raft)를 사용한다.
출력물의 아랫부분이 베드에 잘 부착될 수 있도록 브림이나 래프트를 출력물과 함께 출력한다[그림 7-4].

그림 7-4 Blim(브림) 설정 후 출력모습

(7) 출력 중에 적층 단면이 밀려서 성형될 때 수정방법

① 헤드가 너무 빨리 움직일 때
3D프린팅 속도가 너무 빠르게 되면 적층된 레이어가 굳어지기 전에 밀리는 현상이 가끔 일어나게 된다. 이때 이러한 현상을 수정하기 위하여 설정 메뉴를 통하여 구동속도를 조절하여 사용하여야 한다.

② 3D프린터의 기계적 결함이나 전자적 결함이 발생할 때

스테핑 모터와 연결된 타이밍 벨트의 장력이 너무 팽팽하거나 헐거우면 밀리는 현상이 발생할 수 있다. 이런 경우에는 사용자가 직접 수리하지 말고 제작업체에 수리를 요구하여야 한다. 또한 스테핑 모터의 오작동이나 소손 등의 경우도 위의 경우와 같이 조치한다.

◈ 예상문제

3D프린터 출력 중에 적층 단면이 밀려서 성형될 때 수정방법으로 옳지 않은 것은?

① 헤드가 너무 빨리 움직이므로 구동속도를 조절하여 사용한다.
② 스테핑 모터와 연결된 타이밍 벨트의 장력 때문에 밀리는 현상이 발생하니 적정하게 조절하여 사용한다.
③ 각 축의 볼스크류와 베어링 등의 상태를 수동으로 작동·검사하여 이상여부를 확인하고 조절한다.
④ 스테핑 모터의 오작동이나 소손 등의 경우도 벨트의 장력을 조절하여 사용한다.

해설
③의 내용은 출력물 일부 층이 만들어지지 않을 때 수정방법이다. 사용자는 각축의 볼스크류와 베어링 등의 상태를 수동으로 작동 · 검사하여 이상여부를 확인하고 Z축 이송부에 이물질 등이 많이 끼어있거나 휨 등으로 상하 이동 시 소리가 날 경우 등은 제작업체에 AS를 요청한다.

정답　③

(8) 출력물 일부 층이 만들어지지 않을 때

사용자는 각축의 볼스크류와 베어링 등의 상태를 수동으로 작동 · 검사하여 이상여부를 확인하고 Z축 이송부에 이물질 등이 많이 끼어있거나 휨 등으로 상하 이동 시 소리가 날 경우 등은 제작업체에 AS를 요청한다.

(9) 출력물에 갈라지는 현상이 생길 때 수정방법

① 노즐직경에 비해 레이어 층의 높이가 클 경우 설정을 조정한다.

일반적으로 FDM 방식의 레이어 두께는 노즐 직경의 70% 이하로 조정한다. FDM 방식의 3D프린터를 사용하는 메이커들이 선호하는 레이어 두께는 노즐직경의 1/2 정도가 출력물 품질이 가장 좋다고 한다. (예 : 노즐직경 0.4mm일 때 레이어 두께 0.2mm)

② 3D프린터의 설정 온도를 재설정한다.

3D프린팅 시 재료별로 차이가 있으나 토출 온도가 낮으면 출력물에 갈라지는 현상이 생기게 된다. 이러한 에러를 수정하기 위하여 설정 메뉴에서 온도를 올려가면서 재료별 적정 온도로 설정하여 준다.

(10) 출력물에 거미줄처럼 얇은 선들이 생길 때 수정방법

① 리트렉션 거리와 속도를 조절해 적정값을 설정한다.

리트렉션 거리를 조금씩 증가시키면서 얇은 선들이 계속 만들어지지 않는 값을 찾는다. 리트렉션 속도를 조금씩 변경하면서 얇은 선들이 계속 만들어지지 않는 값을 찾는다.

② 온도설정을 변경한다.

압출 노즐의 온도를 조금씩 변경하면서 얇은 선들이 계속 만들어지지 않는 값을 찾는다.

③ 압출 노즐이 긴 거리를 이송하지 않도록 해 준다.

압출 노즐이 재료를 압출하지 않고 이송할 때 노즐 내부의 용융된 상태의 재료가 흘러내린다. 이때 이송 거리가 짧으면 재료가 흘러내리기 전에 헤드가 이송되어 다음 단면형상을 성형하기 때문에 문제가 발생하지 않지만 이송 거리가 길게 되면 재료가 흘러내릴 시간이 충분하게 되므로 단면적층 패턴을 수정하는 것이 좋다.

🎲 예상문제

3D프린팅 시 출력물에 거미줄처럼 얇은 선들이 생길 때 수정방법으로 옳지 않은 것은?

① 리트렉션 거리와 속도를 조절해 적정값을 설정한다.
② 온도설정을 변경한다.
③ 압출 노즐이 긴 거리를 이송하지 않도록 해 준다.
④ 출력물 두께를 조절해 준다.

해설

리트렉션 거리를 조금씩 증가시키면서 얇은 선들이 계속 만들어지지 않는 값을 찾는다. 리트렉션 속도를 조금씩 변경하면서 얇은 선들이 계속 만들어지지 않는 값을 찾는다. 압출 노즐의 온도를 조금씩 변경하면서 얇은 선들이 계속 만들어지지 않는 값을 찾는다. 압출 노즐이 재료를 압출하지 않고 이송할 때 노즐 내부의 용융된 상태의 재료가 흘러내린다. 이때 이송 거리가 짧으면 재료가 흘러내리기 전에 헤드가 이송되어 다음 단면 형상을 성형하기 때문에 문제가 발생하지 않지만 이송 거리가 길게 되면 재료가 흘러내릴 시간이 충분하게 되므로 단면적층 패턴을 수정하는 것이 좋다.

정답 ④

(11) 출력물 윗부분에 빈 구멍이 생길 때 수정방법

① 출력물 두께를 조절해 준다[그림 7-5].

출력물의 표면에 구멍이 만들어지면 우선 출력되는 제품의 두께를 두껍게 해 주는 방법과 레이어 두께를 얇게 하여 많은 층을 성형하게 함으로써 수정할 수 있다.

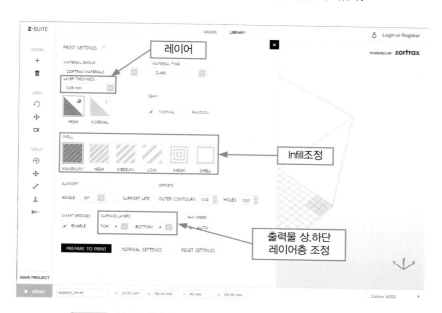

그림 7-5 출력물 레이어 두께, 내부채움, 레이어층수 조정화면(Zortrax)

② 내부 채움 설정을 변경해 준다[그림 7-5].

내부 채움량을 증가시키면서 구멍이 만들어지지 않는 값을 찾는다.

🎲 예상문제

출력물 윗부분에 빈 구멍이 생길 때 수정방법이다. 아닌 것은?

① 출력되는 제품의 두께를 두껍게 해서 수정해주는 방법
② 레이어 두께를 얇게 하여 많은 층을 성형하게 함으로써 수정하는 방법
③ 내부 채움량을 증가시키면서 구멍이 만들어지지 않는 값을 찾는 방법
④ 압출 노즐이 긴 거리를 이송하지 않도록 해 주는 방법

해설

우선적으로 출력물 두께를 조절해 준 다음 내부 채움량을 증가시키면서 구멍이 만들어지지 않는 값을 찾는다.

정답 ④

2. G코드 수정

1) 슬라이스 프로그램을 이용한 G코드 수정방법

출력물 중 사용자의 슬라이싱 작업 실수나 모델링 과정에서 에러를 체크하지 않고 3D프린팅을 하게 되면 여러 가지 오류가 발생한다. 이러한 오류를 수정하는 방법 중 가장 바람직한 방법은 제조사에서 제공한 프로그램으로 G코드를 새로 생성해서 작업하는 것이다.

(1) 재료가 압출이 안 될 때

① 슬라이스 프로그램에서 Skirt 옵션을 이용하여 출력 전에 재료 압출 상태를 확인한다.
② 슬라이스 프로그램에서 offset값을 조정한다.
③ 최근 출시된 3D프린터는 재료 로딩기능으로도 확인할 수 있다.

(2) 압출량이 적정하지 않을 때

① 노즐직경과 Flow값을 조정한다.
② 재료가 많이 압출될 때는 Flow값을 낮게 하고 적을 때는 Flow값을 늘린다.

🎲 예상문제

3D프린팅 시 압출량이 적정하지 않을 때 수정하는 방법으로 옳은 것은?

① 필라멘트 직경과 온도값을 조정한다.
② 재료가 많이 압출될 때는 Flow값을 낮게 하고 적을 때는 Flow값을 늘린다.
③ 노즐의 온도를 적정값으로 높여서 설정한다.
④ 재료별 압출량 파라메타를 삭제한다.

해설
노즐직경과 Flow값을 조정하고 재료가 많이 압출될 때는 Flow값을 낮게 하고 적을 때는 Flow값을 늘린다.

정답 ②

(3) 3D프린터 노즐의 온도가 낮을 때

① 노즐의 온도를 적정값으로 높여서 설정한다.

② 사용재료에 따라 노즐의 온도가 달라 확인이 필요하지만 제조사에서 제공하는 슬라이싱 프로그램에는 재료별 파라메타가 세팅되어 있어 편리하다.

2) G코드의 직접 수정방법

G코드 파일을 메모장으로 불러와서 직접 수정 및 편집을 할 수 있다.

① G0 X100 → G01 X100

X축 방향으로 100mm 급속이송 → X축 방향으로 100mm 직선이동

② G1 F1000 → G1 F2000

이송속도를 1,000mm/min으로 설정 → 이송속도를 2,000mm/min으로 설정

③ M104 S200 → M104 S300

현재 노즐온도 200도 설정 → 현재 노즐온도 300도로 설정

④ G코드 원본과 수정본 비교

아래 그림은 G코드 원본을 수정한 예를 보여준다.

```
;FLAVOR:Marlin
;TIME:4933
;Filament used: 4,28334m
;Layer height: 0,4
;MINX:42,964
;MINY:72,674
;MINZ:0,3
;MAXX:155,866
;MAXY:127,327
;MAXZ:59,1
;Generated with Cura_SteamEngine 4,1,0
M104 S230
M105
M109 S230
M82 ;absolute extrusion mode
G28 ;Home
G1 Z15,0 F6000 ;Move the platform down 15mm
;Prime the extruder
G92 E0 ──────
G1 F200 E3
G92 E0
G92 E0
G92 E0
G1 F1500 E-6,5
;LAYER_COUNT:148
;LAYER:0
M107
G0 F3600 X47,033 Y73,852 Z0,3
;TYPE:SKIRT
G1 F1500 E0 ──────
G1 F1800 X47,732 Y73,484 E0,01486
G1 X48,492 Y73,179 E0,03026
G1 X48,732 Y73,097 E0,03503
G1 X49,491 Y72,88 E0,04988
G1 X50,269 Y72,74 E0,06475
G1 X51,253 Y72,678 E0,0833
G1 X95,138 Y72,674 E0,9088 ──────
G1 X95,14 Y72,674 E0,90884
G1 X147,206 Y72,678 E1,88823
G1 X147,994 Y72,718 E1,90307
G1 X148,964 Y72,879 E1,92157
G1 X149,556 Y73,016 E1,933
```

그림 7-6 G코드 원본파일

```
;FLAVOR:Marlin
;TIME:4933
;Filament used: 4,28334m
;Layer height: 0,4
;MINX:42,964
;MINY:72,674
;MINZ:0,3
;MAXX:155,866
;MAXY:127,327
;MAXZ:59,1
;Generated with Cura_SteamEngine 4,1,0
M104 S230
M105
M109 S230
M82 ;absolute extrusion mode
G28 ;Home
G1 Z15,0 F6000 ;Move the platform down 15mm
;Prime the extruder
G90 E0
G1 F200 E3
G92 E0
G92 E0
G92 E0
G1 F1500 E-6,5
;LAYER_COUNT:148
;LAYER:0
M107
G0 F3600 X47,033 Y73,852 Z0,3
;TYPE:SKIRT
G1 F5000 E0
G1 F1800 X47,732 Y73,484 E0,01486
G1 X48,492 Y73,179 E0,03026
G1 X48,732 Y73,097 E0,03503
G1 X49,491 Y72,88 E0,04988
G1 X50,269 Y72,74 E0,06475
G1 X51,253 Y72,678 E0,0833
G1 X100 80 E1,9008
G1 X95,14 Y72,674 E0,90884
G1 X147,206 Y72,678 E1,88823
G1 X147,994 Y72,718 E1,90307
G1 X148,964 Y72,879 E1,92157
G1 X149,556 Y73,016 E1,933
```

그림 7-7 G코드 수정파일

Chapter

03 출력물 회수

1. 출력별 제품회수

출력방식에 따라 출력물을 회수하기 전에 장갑과 마스크 등 보호장구를 착용하고 3D프린터 작동이 멈춘 것을 확인한 후 3D프린터 문을 열고 출력물을 회수하여야 한다.

2. 출력방식별 제품회수 절차 수립

1) FDM 방식 출력물 회수절차

(1) 플랫폼에서 제품 떼어내기

스크레이퍼를 이용하여 제품을 플랫폼에서 떼어낸다. 기본적으로 제품 하단 끝 쪽에 납작하게 서포트가 생성되므로 서포트까지 떼어내도록 한다[그림 7-8].

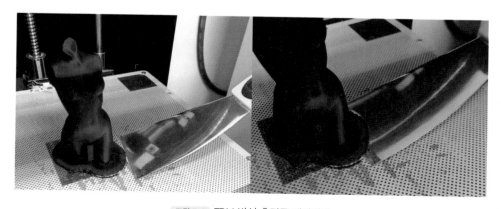

그림 7-8 FDM 방식 출력물 떼어내기

3D프린팅 후 FDM 방식 출력물 회수 방법을 설명한 것이다. 아닌 것은?

① 스크레이퍼를 이용하여 제품을 플랫폼에서 떼어낸다
② 제품에서 제거할 서포트를 확인한다.
③ 가벼운 서포트는 손으로 제거한다.
④ 가급적이면 제거용 도구를 사용하여 서포트를 제거한다.

> **해설**
> 출력 후 후처리 작업할 때는 안전용구를 착용한 후 후처리용 도구를 사용하여야 한다. 손으로 제거하면 안 된다.

정답 ③

(2) 제거할 서포트 확인

[그림 7-9]에서 볼 수 있듯이 제품의 서포트는 제품 하단에만 생성되었다. 하단 외에도 제품 다리 사이에 공간이 있는 부분에도 서포트가 생성된 것을 볼 수 있다.

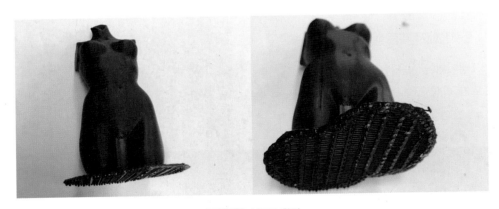

그림 7-9 서포트 확인

(3) 서포트 제거하기

별도의 도구 없이 손으로도 서포트 제거가 가능하지만 받침대의 경우 제품에 손상이 가지 않도록 가급적이면 제거용 도구를 사용하여 떼어낸다[그림 7-10].

그림 7-10 서포트 제거하기

2) DLP 방식 출력물 회수절차

(1) 플랫폼 분리하기

제품 제거를 보다 용이하게 하기 위해 [그림 7-11]과 같이 양쪽 옆면에 위치한 나사를 풀고 플랫폼을 분리한다.

그림 7-11 DLP 방식 플렛폼 분리하기

(2) 플랫폼에서 제품 떼어내기

커터 칼을 이용하여 제품을 플랫폼에서 떼어낸다. 제품이 비교적 작기 때문에 서포트 제거는 손으로 하기 힘들다. 따라서 이후 세척 단계에서 [그림 7-12]와 같이 서포트 제거를 병행하게 된다. DLP 방식은 알코올 세척제에 담가서 5분 정도의 세척과정과 경화기를 사용하여 [그림 7-13]과 같이 후경화작업을 거쳐야 비로소 완성된다.

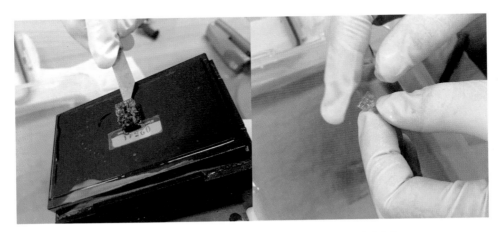

그림 7-12 DLP 출력물 떼어내기 & 알코올 세척 & 서포트 제거하기

그림 7-13 경화기를 사용한 후경화과정

3) Polyjet 방식 출력물 회수절차

(1) 출력물 확인

파트 제작이 완료되면 제품이 정상적으로 제작되었는지를 확인하고 플랫폼에서 떼어낼 준비를 한다[그림 7-14].

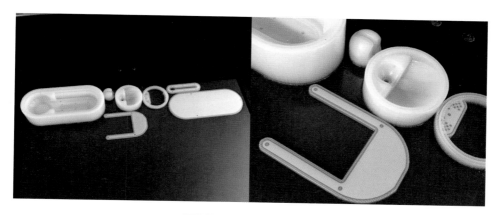

그림 7-14 파트제작 출력물 확인

🔹 예상문제

Polyjet 방식 출력물 회수절차를 설명한 것이다. 틀린 것은?

① 스크레이퍼를 사용하여 플랫폼에서 파트를 떼어낸다.
② 제작된 파트의 지지대는 물에서 녹는 수용성이므로 아크릴 스틱 등을 이용하여 가볍게 면을 제거한다.
③ 제작된 파트의 지지대 제거 없이 바로 고압 세척기(Water Jet)를 사용하여 세척한다.
④ 지지대 제거가 어느 정도 끝난 후에는 고압 세척기(Water Jet)를 사용하여 세척한다.

해설
제작된 파트의 지지대 제거없이 바로 고압 세척기(Water Jet)를 사용하여 세척하는 것이 아니라 일차적으로 서포트를 제거한 후 워터젯으로 마무리 하여야 한다.

정답 ③

(2) 플랫폼에서 제품 떼어내기

[그림 7-15]와 같이 스크레이퍼를 사용하여 플랫폼에서 파트를 떼어낸다. 재료 특성상 강도가 높지 않기 때문에 깨질 위험이 있기 때문에 조심스럽게 분리한다.

그림 7-15 Polyjet 방식 출력물 떼어내기

(3) Polyjet 방식 서포트 제거하기

제작된 파트는 재질에 따라 강도와 연성 등에 차이가 있으며 지지대의 재료는 물에서 녹는 수용성 재료로서 파트 부분을 제외한 대부분을 지지대가 감싸고 있는 경우가 많다. 제작된 파트의 지지대는 아크릴 스틱 등을 이용하여 제거하며 가볍게 면을 밀어 내듯이 제거한다[그림 7-16].

그림 7-16 서포트 제거하기

(4) 세척하기

지지대 제거가 어느 정도 끝난 후에는 고압 세척기(Water Jet)를 사용하여 물을 파트에 분사하여 세척한다. 세척 중에 너무 높은 압력을 가하면 파트에 손상이 갈 수 있기 때문에 적당한 압력의 물을 분사하여 서포트 재료를 씻어낸다[그림 7-17].

그림 7-17 고압 Waterjet을 활용한 세척하기

4) SLS 방식 출력물 회수절차

SLS 방식 3D프린팅은 분말 재료가 서포트 역할을 한다. 그래서 완성된 제품을 추출하기 위해서는 파우더 덩어리 속에서 소결되지 않은 분말을 털어내는 작업이 필요하다. 이 작업을 Break out이라 부른다. 그리고 Break out 작업 시 분진이 많이 발생하기 때문에 집진장치가 배치된 테이블에서 작업하도록 한다.

🔷 예상문제

SLS 방식 출력물 회수절차를 설명한 것이다. 아닌 것은?

① Cooling Down(온도 내리기)
② 파우더 붙이기
③ Break out 작업
④ 미세한 분말 제거 작업

해설

SLS 방식 출력물 회수절차는 Cooling Down(온도 내리기), 파우더 꺼내기, 파우더 옮기기, Break out 작업, 미세한 분말 제거 작업 등의 회수절차를 거친다.

정답 ②

(1) Cooling Down (온도 내리기)

파트 제작이 완료되면 SLS 방식 3D프린팅은 고온에서 제작되므로 내부온도가 높아서 파트를 바로 분리할 수 없다. 파트가 충분히 식혀질 수 있도록 기다려야 된다. 이러한 냉각 시간은 제품 제작 시간에 비례한다.

(Note : 충분히 식히지 않고 파트를 분리할 경우 변형이 발생할 수 있다.)

(2) 파우더 꺼내기

충분히 파트를 냉각한 후 컨트롤 소프트웨어에서 장비 Door를 개방한 후 Part Bed Piston을 상승시켜 제작된 파우더 덩어리를 위로 올린다.

그림 7-18 파우더를 꺼내기 위해 장비 Door개방

(3) 파우더 옮기기

Break out 작업을 위해 파우더 덩어리를 Break out Station 테이블로 이송한다. 이때 파우더가 바닥에 떨어지지 않도록 전용 기구를 사용한다.

(4) Break out 작업

파우더 덩어리에서 파트를 분리하기 위해 손으로 덩어리를 깨트리고 [그림 7-19]와 같이 브러시와 도구를 이용하여 파우더를 털어낸다.

그림 7-19 Break out 작업

⬡ 예상문제

SLS 방식 3D프린팅은 분말 재료가 서포트 역할을 한다. 그래서 완성된 제품을 추출하기 위해서는 파우더 덩어리 속에서 소결되지 않은 분말을 털어내는 작업이 필요하다. 작업 시 분진이 많이 발생하기 때문에 집진장치가 배치된 테이블에서 작업하도록 한다. 이처럼 소결되지 않은 분말을 털어내는 작업을 뜻하는 것은?

① Break out 작업
② Cooling Down 작업
③ Heating 작업
④ Waterjet 작업

해설

SLS 방식 3D프린팅은 분말 재료가 서포트 역할을 한다. 그래서 완성된 제품을 추출하기 위해서는 파우더 덩어리 속에서 소결되지 않은 분말을 털어내는 작업이 필요하다. 이 작업을 Break out이라 부른다. 그리고 Break out 작업 시 분진이 많이 발생하기 때문에 집진장치가 배치된 테이블에서 작업하도록 한다.

정답 ①

(5) 미세한 분말 제거 작업

Break out 작업 완료 후에 파우더 덩어리에서 분리한 파트에 남아 있는 미세한 분말을 제거하기 위해서 Bead Blaster를 이용하여 제거한다.

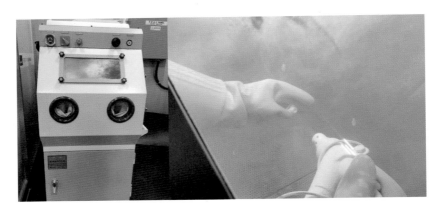

그림 7-20 Bead Blaster 활용한 미세분말 제거하기

Chapter
04 장비 교정

1. 장비 교정

　프린팅 전에 전원 공급상태, 프린터의 외관과 구조의 이상 유무, 각 축을 움직이는 구동 장치의 연결 상태, 재료인 필라멘트의 유무와 공급 경로와 공급의 이상 유무를 확인해야 한다. 3D프린터 장비교정에서 가장 중요한 사항이 플랫폼의 균형을 맞추는 것이다. 또한 안정된 출력품질을 확보하기 위해선 먼저 프린터가 잘 교정(Calibration)되어 있는지 확인해야 한다. 보정이 안 되어 있는 경우, 제공된 보정 방법에 따라 보정한 후에 프린팅을 진행한다. 모든 것이 정상인 상태에서 프린팅할 때 가장 중요한 것은 출력물의 첫 층을 플랫폼에 잘 붙도록 하는 것이다. 적층가공의 특성상 바닥면이 플랫폼에서 떨어지면 [그림 7-21]과 같이 열에 의한 변형으로 정상적인 출력물을 얻기 어렵다. 이것을 확보하기 위해선 프린트 플랫폼의 Leveling이 잘 되어 있어야 한다.

그림 7-21 출력물이 베드에서 떨어진 형상

플랫폼과 노즐과의 간격이 자동 보정되지 않는 경우에는 [그림 7-22]와 같이 Z축의 높이가 0 위치에서 플랫폼의 표면과 노즐이 접촉하는 상태로 조정하여 노즐과 플랫폼과의 거리가 0이 되도록 조정하거나 현장에서 사용하는 방법대로 플랫폼 위에 A4용지를 깔고 헤드로 살짝 눌리는 정도로 조정하면 된다. 최근에 출시되는 3D프린터는 보급형도 오토 레벨링 기능이 장착되어 편리하게 사용할 수 있다.

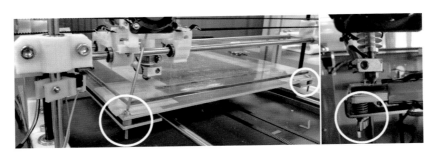

그림 7-22 노즐과 플랫폼 간격조정

3D프린팅을 시작하고 첫번째 층을 출력할 때 노즐과 베드와의 간격은 슬라이싱 조건에서 설정한 높이이다. 슬라이싱 높이는 노즐의 직경과 관련이 있으며, 대개 노즐직경의 약 60%로 한다. 레벨링이 잘못되어 [그림 7-23]에서 ①과 같이 노즐이 빌드 플랫폼에 접촉하여 노즐을 막게 되면 필라멘트가 정상적으로 토출되지 않는다. 또한 ③의 경우처럼 노즐의 직경보다 플랫폼과 노즐의 간격이 넓으면 플랫폼에 필라멘트가 접착이 되지 않아 출력물이 떨어지거나, 변형이 발생하는 문제가 발생한다. 그림 ②와 같이 노즐이 압출되어 나오는 필라멘트를 누르는 모양이 되어야 한다. 슬라이싱 높이는 출력물의 품질에도 영향을 준다.

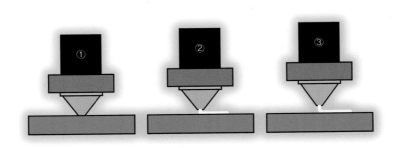

그림 7-23 플랫폼과 노즐간격 조정의 예

3D프린터 장비교정에서 가장 중요한 사항이 플랫폼의 균형을 맞추는 것이다. 다음 작업 중 맞는 것은?

① Calibration
② High-Leveling
③ Loading
④ Unloading

해설

3D프린터 장비교정에서 가장 중요한 사항이 플랫폼의 균형을 맞추는 것이다. 또한 안정된 출력품질을 확보하기 위해선 먼저 프린터가 잘 교정(Calibration)되어 있는지 확인해야 한다.

정답 ①

슬라이싱 높이는 노즐의 직경과 관련이 있다. 다음 중 틀린 것은?

① 노즐이 빌드 플랫폼에 접촉하여 노즐을 막게 되면 필라멘트가 정상적으로 토출되지 않는다.
② 슬라이싱 높이가 노즐직경의 60%로 압출되어 나오는 필라멘트를 누르는 모양이 되어야 한다.
③ 노즐의 직경보다 플랫폼과 노즐의 간격이 넓으면 플랫폼에 필라멘트가 접착이 되지 않아 출력물이 떨어지거나, 변형이 발생하는 문제가 발생한다.
④ 슬라이싱 높이는 출력물의 품질과는 상관없다.

해설

3D프린팅을 시작하고 첫번째 층을 출력할 때 노즐과 베드와의 간격은 슬라이싱 조건에서 설정한 높이이다. 슬라이싱 높이는 노즐의 직경과 관련이 있으며, 대개 노즐직경의 약 60%로 한다.

정답 ④

2. 장비 개선

장비개선은 가능한 최상의 상태로 3D프린팅을 하는 것이 목적이다. 언제나 높은 품질의 3D프린팅을 위해서는 3D프린터의 정비가 매우 중요하다. 여기서는 Zortrax M200을 기준으로 장비 개선을 위한 사용 전후의 점검사항을 알아본다.

표 7-1 Zortrax 200 장비 개선을 위한 정기점검 리스트

번호	항목	점검 내용	점검 시기
1	메인	프린터 및 주변환경, 특히 프린터 플레이트 바닥 청소	매번 출력하기 전에
2	헤드	헤드부분에 재료가 남아 막혀 있는지 점검	매번 출력하기 전에
		남아있는 재료 제거	매번 출력하기 전에
		노즐(Nozzle) : 아세톤(Acetone) 청소	필라멘트를 1롤 사용했을 때마다
3	플랫폼	플랫폼 청소	매번 출력하기 전에
		플랫폼 변형 점검	매번 출력하기 전에
		Cailbration	200시간 이상 사용했을 때 혹은 필요할 경우
			크기가 큰 출력물을 출력할 경우
		Perforated Plate 청소	200시간 이상 사용했을 때
4	X, Y축	축에 재료 찌꺼기가 남아있는지 점검	매번 출력하기 전에
		X, Y축에서 남아있는 재료찌꺼기 제거	매번 출력하기 전에
		X, Y축의 구동벨트의 장력을 점검	300시간 이상 사용했을 때
		X, Y축과 모터 사이의 구동벨트 장력을 점검	300시간 이상 사용했을 때
		X, Y축 풀리와 모터축 풀리에 장착된 나사들의 조임 점검	300시간 이상 사용했을 때
		프린터를 껐을 때 Extruder가 자유롭게 움직이는지 점검	300시간 이상 사용했을 때
		X, Y축에 윤활유 도포	400시간 이상 사용했을 때
5	익스트루더	히팅블럭에 장착된 나사가 조여졌는지 점검	300시간 이상 사용했을 때
		Extruder에 붙어있는 재료와 덩어리 제거	300시간 이상 사용했을 때 혹은 필요할 경우
		팬이 잘 작동하는지 점검	300시간 이상 사용했을 때
6	Z축	Z축 스크류와 막대에 재료 찌꺼기가 남아있는지 점검	매번 출력하기 전에
		장착된 나사와 너트가 잘 조여졌는지 점검	300시간 이상 사용했을 때
		Z축 막대에 윤활유 도포	400시간 이상 사용했을 때

1) 노즐청소

노즐청소 및 분해 순서	설명
	① 필라멘트를 unload하고 Starter Kit에 포함되어 있는 주걱(spatula, 헤라)을 사용하여 노즐에 붙어있는 잔여물을 부드럽게 긁어낸다. ※ 장비를 사용할 때마다 진행하는 것이 바람직함. 특히, 출력물에 burn mark(검게 탄 자국)가 생기면 반드시 시행하고 장비를 사용할 때마다 진행하면 burn mark를 예방할 수 있다.
	② Starter Kit에 포함된 노즐 키를 사용하여 노즐을 푼다. ※ 노즐을 제거하거나 설치할 때는 Extruder를 heating하여 뜨거울 때 진행한다. 뜨거우므로 반드시 장갑을 착용하고 작업하여야 하며 화상에 주의한다.
	③ 노즐이 느슨해지면 노즈 플라이어를 사용해 뺀다.
	④ 노즐을 아세톤이 채워진 밀폐된 용기에 넣는다. 아세톤에 녹지 않는 밀폐된 용기(유리병 등)에 넣는다. 아세톤이 노즐 내부에 있는 ABS 재료를 녹인다. ※ 용기에 노즐을 넣기 전에 노즐을 충분히 식혀서 넣어야 한다. ⑤ 노즐이 들어있는 용기를 가끔 흔들어주고, 하루 정도가 지난 후에 노즐을 아세톤에서 빼고, Starter Kit의 노즐바늘(0.35mm)을 이용하여 노즐을 뚫는다.

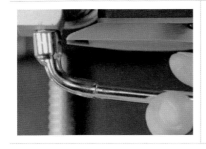

⑥ 노즐 전용 렌치를 이용하여 노즐을 설치한다.

2) 히팅베드 청소

※ 프린터를 끄고 전원 케이블을 뽑은 상태에서 진행

히팅베드 청소	설명
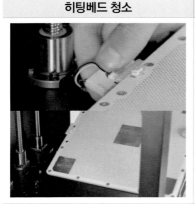	① 플랫폼 케이블을 조심스럽게 뽑은 후 플랫폼을 제거한다.
	② 육각렌치를 이용하여 나사를 풀고 Heat Bed로부터 구멍판을 분리한다.

heat bed | ③ 헤라를 이용하여 플랫폼의 잔여물을 제거한다.

④ 마지막으로 헝겊이나 휴지 등을 사용하여 베드에 있는 잔여물을 제거하고 역순으로 조립한다. |

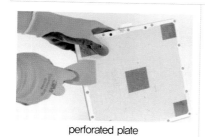
perforated plate

⑤ 조립 후 Autocalibration 실행한다.

Craftsman
3DPrinter
Operation
3D프린터운용기능사

PART

08

3D프린터 안전관리

Chapter

01 안전수칙 확인

💎 1. 작업 안전수칙 준수

1) 3D프린팅 안전수칙

현재 3D프린터는 기하급수적으로 늘어나고 있지만 사용자들에 대한 작업안전 수칙 등에 대한 법령이나 안전조치 등이 미흡한 실정에서 3D 프린팅 중 다양한 사고들이 일어나고 있다. 또한 사용되는 재료에 대한 위험성, 유해성 등이 명확하게 검증된 바 없는 것이 현실이다. 아울러 출력 중 부주의로 인한 화재가 있을 수 있으며 후가공 작업 시 공구 등에 의한 상해를 입을 수 있다. 특히 청소년을 대상으로 많은 교육이 이루어지고 있는 현장에서 안전사항에 대한 기본적인 가이드라인이 없이 진행되고 있는 실정이다. 그러므로 3D프린터를 운용하고 있는 현장은 반드시 미세먼지와 냄새 등을 처리할 수 있는 배출 환기장치가 필수적으로 설치되어야 한다.

(1) 3D프린터의 기계적 위험성과 안전수칙

① 3D프린터의 기계적 위험성
- 3D프린터는 스테핑 모터와 타이밍벨트가 고속으로 이동하여 위험하다.
- 프린팅 중에 작업 공간 내에 손을 넣거나 작업자의 긴 머리카락 등이 들어갈 경우 위험할 수 있다.
- 히팅베드인 경우 화상의 위험성이 있다.

② 안전수칙
- 3D프린팅 중 구동부는 손대지 않으며 가능한 구동부 덮개가 있는 것을 사용한다.
- 3D프린팅 중 위험요소를 차단할 수 있는 챔버가 있는 3D프린터를 사용한다.
- 히팅베드 사용 시 안전장갑을 사용한다.

3D프린터의 기계적 위험성과 안전수칙을 설명한 것이다. 아닌 것은?

① 3D프린터는 스테핑 모터와 타이밍벨트가 고속으로 이동하여 위험하다.
② 히팅베드인 경우 화상의 위험성이 있다.
③ 3D프린팅 중 구동부는 손대지 않으며 가능한 구동부 덮개가 있는 것을 사용한다.
④ 프린팅 중에 작업 공간 내에 손을 넣어서 제품의 고정을 도울 수 있다.

해설

프린팅 중에 작업 공간 내에 손을 넣거나 작업자의 긴 머리카락 등이 들어갈 경우 위험하다. 가능한 한 3D프린팅 중 위험 요소를 차단할 수 있는 챔버가 있는 3D프린터를 사용한다.

정답 **④**

(2) 3D프린터의 화학적 위험성과 안전수칙

① 3D프린터의 화학적 위험성
- ABS재료는 열이 가해지면 대기 중으로 쉽게 증발하는 액체 또는 기체상 유기화합물을 총칭하는 VOC(Volatile Organic Compounds)라는 유해한 독성물질을 배출한다.
- SLA에서 사용하는 광개시제(Photo-initiator)는 빛에 가장 먼저 반응을 보이며 화학반응을 일으키는 재료로서 인체에 유해할 수 있으며 출력물 후가공 시 인체에 흡입될 수 있어서 위험하다.

② 안전수칙
- 3D프린팅 시 가능한 한 인체에 무해한 친환경 제품을 활용한다.
- 3D프린팅실 내부에 집진용 배출장치를 설치하여 작업자를 보호한다.
- 화학물질이 작업자의 손과 피부에 닿지 않도록 안전장갑과 마스크를 착용한다.
- 작업 후 작업자에게 묻은 미세먼지를 제거할 수 있는 에어컨을 설치한다.

3D프린터의 화학적 위험성과 안전수칙을 설명한 것이다. 아닌 것은?

① ABS재료는 열이 가해지면 VOC(Volatile Organic Compounds)라는 유해한 독성물질을 배출한다.

② SLA에서 사용하는 광개시제(Photo-initiaater)는 인체에 유해할 수 있으며 출력물 후가공 시 인체에 흡입될 수 있어서 위험하다.

③ 화학물질이 작업자의 손과 피부에 닿지 않도록 안전장갑과 마스크를 착용한다.

④ 3D프린팅실 내부에 집진용 배출장치를 설치하여 출력물을 보호한다.

> **해설**
> 3D프린팅실 내부에 집진용 배출장치를 설치하여 작업자를 보호하여야 한다.

정답 ④

(3) 3D프린터의 미세먼지 위험성과 안전수칙

① 3D프린터의 미세먼지 위험성

- 3D프린터는 출력 중 유해한 냄새와 미세먼지를 배출한다.
- 3D프린팅 출력물 후가공 시 미세먼지가 다량 발생한다.

② 안전수칙

- 3D프린터가 설치된 장소는 반드시 배기구를 설치 운영하여야 한다.
- 3D프린팅 시 챔버와 필터가 장착된 3D프린터를 사용한다.
- 후가공 시에는 보안경과 안전마스크를 착용한다.

다음은 3D프린터의 미세먼지 위험성과 안전수칙을 설명한 것이다. 아닌 것은?

① 3D프린터는 출력 중 유해한 냄새와 미세먼지를 배출한다.

② 3D프린팅 출력물 후가공 시 미세먼지가 다량 발생한다.

③ 후가공 시에는 보안경과 안전마스크를 착용한다.

④ 3D프린터가 설치된 장소는 필요에 따라 배기구를 설치·운영하여야 한다.

> **해설**
> 3D프린터가 설치된 장소는 반드시 배기구를 설치 운영하여야 한다.

정답 ④

(4) 기타 3D프린팅 시 위험성과 안전수칙

① 기타 3D프린팅 시 위험성

- 3D프린터 노즐온도가 높아서 화상의 위험이 있다.
- 3D 프린팅은 고온에서 적층하기 때문에 환기가 되지 않으면 화재의 위험성이 있다.
- 출력물을 제거할 때 날카로운 스크레이퍼 등의 사용으로 위험하다.

② 안전수칙

- 3D프린터 노즐은 손으로 만지지 않는다.
- 출력물을 제거하거나 노즐 등을 교체할 때는 반드시 안전장갑(가죽)을 착용한다.
- 유아나 어린이는 출력 중이나 출력물을 제거할 때 접근하지 못하도록 한다.

(5) 3D프린팅 안전수칙과 교육과정(공통)

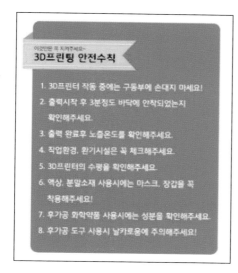
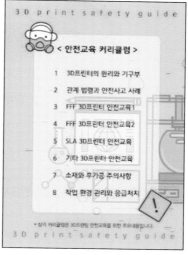

그림 8-1 3D프린팅 안전가이드(산업자원부, 3DPIA)

2. 안전보호구 취급

1) 방진마스크

FDM 방식의 프린터는 분진이 많이 발생하지만 약하기 때문에 일반 마스크를 사용해도 괜찮다. 그러나 SLS 방식은 분진이 많이 발생할 뿐만 아니라 작업자의 호흡기와 피부보호를 위하여 방진 마스크를 착용하여야 하며 피부보호를 위하여 긴 소매를 착용한다.

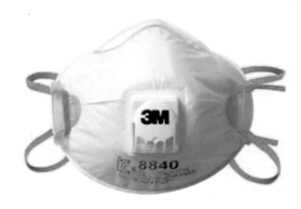

그림 8-2 방진마스크

⬡ 예상문제

3D프린터 출력물 후처리 시 방진마스크를 반드시 착용하고 작업해야 하는 방식으로 옳은 것은?

① SLS
② FDM
③ DLP
④ SLA

해설
SLS 방식은 분진이 많이 발생할 뿐만 아니라 작업자의 호흡기와 피부보호를 위하여 방진마스크를 착용하여야 하며 피부 보호를 위하여 긴 소매를 착용한다.

정답 ①

2) 안전장갑

3D프린팅용으로 사용되는 장갑은 FDM 방식에서는 가죽으로 제작된 장갑을 주로 사용하고 SLS 방식의 장갑은 정전기 방지와 고온에 견딜 수 있는 목이 긴 장갑을 사용한다. SLA 방식과 DLP 방식에서 후처리 할 때 사용하는 장갑은 일반 수술용 라텍스 장갑이 아닌 니트릴 장갑을 사용여야 한다. 라텍스 장갑은 레진에 약해서 피부를 보호하지 못하기 때문이다.

  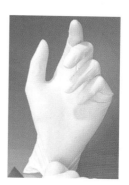

그림 8-3 안전장갑의 종류(가죽, 라텍스, 니트릴 장갑순)

🎲 예상문제

다음은 안전장갑의 사용에 관한 설명이다. 틀린 것은?

① FDM 방식에서는 가죽으로 제작된 장갑을 주로 사용

② SLS 방식의 장갑은 정전기 방지와 고온에 견딜 수 있는 목이 긴 장갑을 사용한다.

③ SLA 방식과 DLP 방식에서 후처리 할 때 사용하는 장갑은 일반 수술용 라텍스 장갑이 아닌 니트릴 장갑을 사용하여야 한다.

④ 라텍스 장갑은 레진에 강하고 피부를 보호하는 데 효과적이다.

해설

라텍스 장갑은 레진에 약해서 피부를 보호하지 못하기 때문이다.

정답 ④

그림 8-4 대형 안전장갑

3) 보안경

3D프린팅 시 레이저방식이 아닌 프린터는 일반 보안경을 사용한다. 그러나 SLA 방식이나 닌 방식처럼 레이저를 이용하여 적층할 때는 레이저 등급에 따라 차이는 있으나 작업자의 눈을 보호하기 위하여 반드시 레이저 보안경을 착용하여야 한다.

그림 8-5 레이저보안경

3D프린팅 시 보안경과 적층방식의 연결이 잘못된 것은?

① 일반보안경 – FDM
② 일반보안경 – SLS
③ 레이저보안경 – SLA
④ 레이저보안경 – SLS

해설

SLA 방식이나 SLS 방식처럼 레이저를 이용하여 적층할 때는 레이저 등급에 따라 차이는 있으나 작업자의 눈을 보호하기 위하여 반드시 레이저 보안경을 착용하여야 한다.

정답 ②

 ## 3. 응급처치 수행

1) 안전사고 발생 시 응급처치 순서

(1) 안전사고 → 긴급처리 → 사고조사 → 원인찾기 →대책수립 → 대책실행 → 평가

예상문제

다음은 안전사고 발생 시 응급처치 순서를 설명한 것이다. 맞는 것은?

① 안전사고 → 긴급처리 → 사고조사 → 원인찾기 → 대책수립 → 대책실행 → 평가
② 안전사고 → 사고조사 → 긴급처리 → 원인찾기 → 대책수립 → 대책실행 → 평가
③ 안전사고 → 긴급처리 → 원인찾기 → 사고조사 → 대책수립 → 대책실행 → 평가
④ 안전사고 → 긴급처리 → 대책수립 → 원인찾기 → 사고조사 → 대책실행 → 평가

해설

안전사고 → 긴급처리 → 사고조사 → 원인찾기 →대책수립 → 대책실행 → 평가

정답 ①

2) 응급처치하기

(1) 재해자의 상태를 파악하고 긴급조치를 한다. 재해자에 접근하기 전에 구조자는 현장이 안전한지 확인한 후 안전하다고 판단되면 환자에게 접근하여 반응을 확인한다. 반응이 있으나 손상으로 인하여 진료가 필요한 상태일 때 즉시 119에 연락하고 환자의 상태를 자주 확인한다.

① 1차 평가 및 처치를 한다.
　　가. 의식, 기도, 호흡, 맥박의 확인
　　나. 기본 소생술의 시행
　　다. 출혈 처치와 쇼크의 예방

② 2차 조사를 시행하고 처치한다.
　　가. 환자의 전반적인 상태 평가, 병력 청취
　　나. 골절, 외상 등에 대한 처치

(2) 응급 상황 시 행동요령

① 응급 상황을 인식한다.
목격자는 무엇이 잘못되었는지 이것이 응급상황인지 인식한다.

② 도움을 줄 것인지 결정한다.
어떤 사람이 응급 상황에 빠져 있을 때 도움을 주어야 할지를 결정한다.

③ 응급의료 체계를 이용한다.
주위 사람들이 구조를 요청하지 않은 채 일반 차량으로 부상자를 병원으로 이송하는 경우가 있는데, 이러한 행동은 부상자나 환자에게 심각한 위험을 초래할 수 있다.

④ 환자 평가를 한다.
환자 평가는 먼저 생명이 위급한 상황인지 파악하고 어떠한 조치가 필요한지 즉시 결정해야 한다. 환자가 다수일 경우는 우선순위를 결정한다.

⑤ 응급처치를 실시한다.
자신이 훈련받은 범위 내에서 환자에게 응급처치를 실시한다. 대부분의 생명구조 활동은 가장 가까이에 있던 사람이 응급처치를 즉시 취했을 때 효과가 가장 크다.

예상문제

다음은 응급 상황 시 행동요령이다. 아닌 것은?

① 목격자는 무엇이 잘못되었는지, 이것이 응급상황인지 인식한다.

② 어떤 사람이 응급 상황에 빠져 있을 때 도움을 주어야 할지를 결정한다.

③ 급한 환자는 일반차량으로 우선 후송 조치한다.

④ 자신이 훈련받은 범위 내에서 환자에게 응급처치를 실시한다.

해설

주위 사람들이 구조를 요청하지 않은 채 일반 차량으로 부상자를 병원으로 이송하는 경우가 있는데, 이러한 행동은 부상자나 환자에게 심각한 위험을 초래할 수 있다.

정답 ③

4. 장비의 위해 요소

1) 노즐부위에 의한 화상

FDM 장비의 경우 플랫폼과 노즐의 경우 화상을 입을 수 있으므로 주의한다.

2) 인화물질에 의한 화재 발생

3D프린트 출력 시 장비 근처에 인화물질이 있을 경우 화재의 위험이 있으므로 주의한다.

3) 재료에 따른 분진 및 소음

재료에 따라 분진이나 소음에 의한 위해가 있을 수 있으니 주의한다.

4) 출력물 후가공 시 손상

출력물 후가공 시 서포트를 제거할 때 손상이 있을 수 있으니 주의한다. 특히 SLA나 DLP 방식의 경우 후처리 공정에서 사용되는 화학물질이 피부에 닿지 않도록 안전 장갑을 착용한다.

5) 환기장치가 없는 경우 재해 위험

3D프린팅 시 밀폐된 공간에 오래 있게 되면 질식할 수 있으니 적당히 환기를 시켜주어야 하며 환기장치를 반드시 구비하여야 한다.

6) 후처리 공정에 사용되는 화학물질

후처리 공정에서 사용되는 화학물질이 눈이나 피부에 접촉되지 않도록 주의한다.

예상문제

다음은 장비의 위해요소를 나열한 것이다. 틀린 것은?

① 노즐부위에 의한 화상
② 인화물질에 의한 화재 발생
③ 장비에 따른 분진 및 소음
④ 미세먼지 필터설치

해설
미세먼지 필터설치는 위해요소가 아니라 안전장치이다.

정답 ④

5. 소재의 위해 요소

1) ABS 소재

ABS 소재의 경우에 열이 가해지면 VOC란 독성물질을 배출하게 되므로 주의한다.

2) 광경화성 소재

SLA 방식의 소재인 광개시제는 인체에 유해하고 출력물이 완성된 후 후가공 시 미세한 입자로 인체에 흡입될 수 있으니 주의한다.

3) SLS용 분말소재

SLS용 분말 소재에는 나일론, 금속 등 다양한 분말 소재들이 있는데 3D프린팅 후 후처리 시 반드시 보호구를 착용한 상태로 후처리를 하여야 한다.

4) 기타소재

3D프린터 재료 중 인체에 무해한 재료가 대부분이지만 인체에 유해한 화학 물질이 포함된 경우도 있으므로 취급에 주의하여야 한다.

🎲 예상문제

다음은 소재별 위해요소를 설명한 것이다. 틀린 것은?

① ABS소재의 경우에 열이 가해지면 VOC란 독성물질을 배출하게 되므로 주의한다.
② SLA 방식 광개시제는 인체에 유해하고 후가공 시 미세한 입자로 인체에 흡입될 수 있으니 주의한다.
③ SLS용 분말 소재에는 나일론, 금속 등 다양한 분말 소재들이 있는데 인체에 흡입될 수 있으니 주의한다.
④ 3D프린팅 후 후처리 시 반드시 보호구를 착용한 상태로 후처리를 하여야 한다.

해설
3D프린팅 후 후처리 시 반드시 보호구를 착용한 상태로 후처리를 하여야 한다는 것은 안전수칙에 관한 것이다.

정답 ④

1. 작업환경 관리

3D프린팅 과정에서 많은 부산물이 발생할 수 있으며 밀폐된 공간의 경우 유해한 가스나 냄새로 인한 사고가 발생할 수 있다. 그러므로 최적의 출력물을 제작하기 위하여 장비의 정비와 사용한 공구정리, 소재관리 등 작업환경을 항상 깨끗하게 유지하여야 한다.

1) 장비의 정비

사용한 장비는 다음 작업을 위하여 반드시 청결하게 정비를 한다.

(1) 출력물 찌꺼기가 남아있는 베드를 깨끗하게 청소하여 유지한다.

(2) 베드 청소 시 세정제를 활용하거나 플라스틱 스크레이퍼 등으로 청소한다.

(3) 프린터 베드와 프린터 바닥에 떨어져 있는 부산물을 주기적으로 청소한다.

🎲 예상문제

다음은 사용한 장비를 정비하는 방법이다. 관계없는 것은?

① 다음 작업을 위하여 반드시 청결하게 정비를 한다.
② 출력물 찌꺼기가 남아있는 베드를 깨끗하게 청소하여 유지한다.
③ 베드청소 시 물과 샌드페이퍼 등으로 깨끗이 청소한다.
④ 프린터 베드와 프린터 바닥에 떨어져 있는 부산물을 주기적으로 청소한다.

해설
베드청소 시 세정제를 활용하거나 플라스틱 스크레이퍼 등으로 청소한다. 물이나 샌드페이퍼 등으로 청소하지 않는다.

정답 ③

2) 소재의 관리

소재는 3D프린팅 형식에 따라 차이가 있으나 보관관리에 따라 결과물의 차이가 있다.

(1) FDM 방식에서 사용하는 신품 필라멘트는 약간의 습기와 점성이 있기 때문에 프린팅 시 베드에 안착되어 깔끔한 표면을 얻을 수 있다.

(2) 한번 개봉한 필라멘트는 되도록 빨리 사용하는 것이 좋다.

(3) 개봉 후 3개월 이상 사용하지 않으면 습기가 없어지고 출력물이 거칠어지기도 하며 노즐에도 악영향을 줄 수 있다.

🎲 예상문제

다음은 FDM 방식에서 사용하는 필라멘트 보관관리에 따라 결과물의 차이에 관한 내용이다. 아닌 것은?

① 신품 필라멘트는 약간의 습기와 점성이 있기 때문에 프린팅 시 베드에 안착되어 깔끔한 표면을 얻을 수 있다.
② 한 번 개봉한 필라멘트는 되도록 빨리 사용하는 것이 좋다.
③ 3개월 이상 사용하지 않으면 습기가 없어지고 출력물이 거칠어 지기도 하며 노즐에도 악영향을 줄 수 있다.
④ 오래된 필라멘트는 노즐의 온도를 낮추어서 출력하면 깔끔한 표면을 얻을 수 있다.

해설

오래된 필라멘트는 노즐의 온도를 낮추어서 출력하면 깔끔한 표면을 얻을 수 있다는 것은 맞지 않다. 다만 온도의 조절을 통해 출력물의 상태를 조절할 수는 있다.

정답 ④

2. 관련설비 점검

1) 장비 관리법

(1) 주변에 있는 인화성 물질을 제거한다.

(2) 충격이나 진동이 없는 곳에 장비를 설치한다.

(3) 직사광선이 없는 곳에 설치한다.

(4) 환기가 잘 되는 곳에 설치한다.

(5) 온도가 너무 높거나 낮은 곳은 피한다.

(6) 화학물질이나 가스 등이 있는 곳은 피한다.

(7) 물기가 많거나 습도가 높은 곳은 피한다.

(8) 정기적으로 점검한다.

(9) 문제가 생겼을 때 직접 해결하려 하지 말고 전문가에게 의뢰한다.

🔷 예상문제

다음은 장비의 관리 및 설치에 관한 내용이다. 관련이 없는 것은?

① 충격이나 진동이 없는 곳에 장비를 설치한다.
② 환기가 잘 되는 곳에 설치한다.
③ 물기가 많거나 습도가 높은 곳은 피한다.
④ 반드시 항온·항습이 되는 곳에 설치한다.

해설
반드시 항온·항습이 되는 곳에 설치하는 것은 아니다. 항온·항습장치가 있으면 좋으나 설치비 등의 애로사항이 있다.

정답 ④

2) 환기 장치

(1) 후드

① 유해물질이 발생하는 곳마다 설치한다.

② 유해인자의 발생과 비중, 작업 방법 등을 고려하여 설치한다.

(2) 덕트

① 가능한 한 길이를 짧게 하고 굴곡부를 최소화한다.

② 접속부 내부는 돌출된 부분이 없도록 한다.

③ 청소하기 쉬운 구조로 설치한다.

(3) 전체 환기 장치

① 송풍기 또는 배풍기는 가능한 한 발원지에 가깝게 설치한다.

② 배출된 유해물질이 작업장으로 재유입되지 않는 구조로 설치한다.

🔷 예상문제

다음은 환기장치에 대한 설명이다. 틀린 것은?

① 후드는 유해물질이 발생하는 곳마다 설치한다.

② 덕트는 가능한 한 길이를 짧게 하고 굴곡부를 최소화한다.

③ 환기장치는 배출된 유해물질이 작업장으로 재유입되지 않는 구조로 설치한다.

④ 송풍기나 배풍기는 가능한 한 발원지에서 먼 곳에 설치한다.

해설

송풍기 또는 배풍기는 가능한 한 발원지에 가깝게 설치하여야 한다.

정답 **④**

Craftsman
3DPrinter
Operation
3D프린터운용기능사

PART

09

+

기출문제

01 3D프린터의 개념 및 특징에 관한 내용으로 옳지 않은 것은?

① 컴퓨터로 제어되기 때문에 만들 수 있는 형태가 다양하다.

② 제작 속도가 매우 빠르며, 절삭 가공하므로 표면이 매끄럽다.

③ 재료를 연속적으로 한층, 한층 쌓으면서 3차원 물체를 만들어내는 제조 기술이다.

④ 기존 잉크젯 프린터에서 쓰이는 것과 유사한 적층 방식으로 입체물을 제작하는 방식도 있다.

해설

3D프린터에 관한 내용 설명 중 ①, ③, ④번은 개념이나 특징을 잘 표현 하고 있다. 그러나 ②번은 3D프린터의 속도가 빠르지 않은 것이 일반적이고 적층 가공이므로 표면에 층이 생기게 되어 있어 후처리가 필요하다고 설명되어야 하나 잘못 표현하고 있다.

정답 ②

02 다음 설명에 해당되는 데이터 포맷은?

- 최초의 3D호환 표준 포맷
- 형상 데이터를 나타내는 엔티티(entity)로 이루어져 있다.
- 점, 선, 원, 자유곡선, 자유곡면 등 3차원 모델의 거의 모든 정보를 포함한다.

① XYZ

② IGES

③ STEP

④ STL

해설

② IGES 파일 형식은 서로 다른 CAD/ CAM 시스템 간의 제품데이터 교환을 위해서 개발한 최초의 표준파일형식으로, CAD로 작성된 도면 모델, 즉 외형선, 중심선, 치수선 등의 선과 치수, 기호 등의 문자로 된 도면 데이터의 교환을 목적으로 개발되었다.

③ STEP 파일 형식은 설계, 생산 등 제품의 전 수명주기에 필요한 데이터의 저장과 교환에 필요한 정보 모델의 표준으로 3D CAD 데이터 호환용으로 많이 사용된다.

④ STL형식은 3D프린팅용 파일 포맷이다.

정답 ②

03 여러 부분을 나누어 스캔할 때 스캔 데이터를 정합하기 위해 사용되는 도구는?

① 정합용 마커
② 정합용 스캐너
③ 정합용 광원
④ 정합용 레이저

해설

다른 방향에서 스캐닝된 점데이터들 이 합쳐지는 과정을 정합이라고 한다. 3D스캐너로 복잡한 물건을 스캐닝할 때 앞면, 측면, 뒷면, 아랫면 등으로 여러 번 나누어 스캔한 데이터를 기준점이나 3개 이상의 포인터가 있는 도구를 활용하여 정렬하는데 이것을 정합용 마커라고 한다.

정답 ①

04 측정 대상물에 대한 표면 처리 등의 준비, 스캐닝 가능여부에 대한 대체 스캐너 선정 등의 작업을 수행하는 단계는?

① 역설계
② 스캐닝 보정
③ 스캐닝 준비
④ 스캔데이터 정합

해설

3D스캐닝을 하기 전에 피측정물에 대한 투과성, 반사정도와 크기, 정밀도에 따라 적정한 스캐너 선택도 중요하며 고정형, 이동형 등을 고려하는 모든 것들은 올바른 스캐닝이 가능하도록 스캐닝 준비과정이다.

정답 ③

05 다음 설명에 해당되는 3D스캐너 타입은?

> 물체 표면에 지속적으로 주파수가 다른 빛을 쏘고 수신광부에서 이 빛을 받을 때 주파수의 차이를 검출해 거리 값을 구해내는 방식

① 핸드헬드 스캐너
② 변조광 방식의 3D스캐너
③ 백색광 방식의 3D스캐너
④ 광 삼각법 3D 레이저 스캐너

해설

변조광 방식의 3D스캐너는 물체표면 에 지속적으로 주파수가 다른 빛을 쏘고 수광부에서의 주파수의 차이를 검출해 거리값을 구해내는 방식으로 작동하는 3D스캐너이다. 고속스캔이 가능하나 일정 영역의 주파수대를 모두 사용해야하기 때문에 레이저 세기가 약하다. 중거리 10 ~ 30m 영역을 스캔할 때 주로 이용된다.

정답 ②

06 모델을 생성하는 데 있어서 단면 곡선과 가이드 곡선이라는 2개의 스케치가 필요한 모델링은?

① 돌출(Extrude) 모델링
② 필렛(Fillet) 모델링
③ 쉘(Shell) 모델링
④ 스윕(Sweep) 모델링

해설

일정한 형태의 단면이 주어진 가이드를 따라가면서 모델이 형성되는 것을 스윕(Sweep)이라 한다. 이때 주어진 2D 스케치 단면을 Profile이라고 하며 가이드를 Path라고 한다. 이 문제는 스윕(Sweep)모델링을 설명하고 있다.

정답 ④

07 3D프린터를 출력용 모델링 데이터를 수정해야 하는 이유로 거리가 먼 것은?

① 모델링 데이터 상에 출력할 3D프린터의 해상도보다 작은 크기의 형상이 있다.
② 모델링 데이터의 전체 사이즈가 3D프린터의 최대 출력 사이즈보다 작다.
③ 제품의 조립성을 위하여 각 부품을 분할 출력하기 위해 모델링 데이터를 분할한다.
④ 3D프린터 과정에서 서포터를 최소한으로 생성시키기 위해 모델링 데이터를 분할 및 수정한다.

해설

① 프린터의 해상도보다 작은 크기는 출력이 불가능하니 수정해야 한다.
② 모델링 데이터가 최대 빌드 사이즈보다 작기 때문에 수정할 이유가 없다.
③ 조립한 상태로 출력 시 공차나 서포트 등으로 조립도가 불량하게 판단되는 경우이므로 부품으로 출력 후 조립하도록 수정하여야 한다.
④ 서포트를 최소화하기 위한다면 10번이라도 수정하여야 한다.

정답 ②

08 그림의 구속조건 중 도형의 평행(Parallel) 조건을 부여하는 것은?

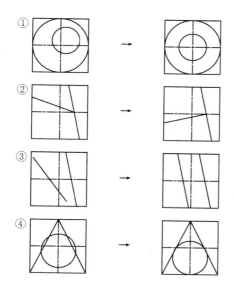

①

②

③

④

해설

3D모델링 작업 전 프로그램별로 2D 스케치 과정에서 선, 원, 다각형 등에 대하여 억제·구속(Constraints)하는 기능에 대한 문제이다.

① 중심이 다르게 그려진 원을 같은 중심으로 구속시킨 동심원(Concentric) 구속이다.
② 기준선과 임의 선의 각도를 수직(Perpendicular)으로 구속시킨 경우이다.
③ 주어진 선에 대하여 임의의 선을 평행(Parallel)구속을 한 경우이다.
④ 접선(Tangent)과 중심점(Midpoint) 구속 등으로 할 수 있는 기능이다.

정답 ③

09 2D도면 작성 시 가는 실선이 적용되는 것이 아닌 것은?

① 치수선
② 외형선
③ 해칭선
④ 치수 보조선

해설

[용도에 따른 선의 종류]

· 외형선(Visible line) : 물체의 보이는 부분을 나타낸다. 굵은 실선으로 그린다.
· 숨은선(Hidden line) : 보이지 않는 부분은 굵은 파선 또는 가는 파선으로 그린다.
· 중심선(Center line) : 도형의 중심을 표시할 때는 가는 1점 쇄선으로 그린다.
· 치수선(Dimension line) : 치수를 기입할 때 쓰인다. 가는 실선으로 그린다.
· 치수보조선(Extension line) : 치수를 기입할 때 쓰인다. 가는 실선으로 그린다.
· 가상선(Phantom line) : 부품의 동작 상태나 가상의 물체를 나타낼 때 사용한다. 가는 2점 쇄선으로 그린다.
· 파단선(break line) : 물체의 일부를 잘라낸 부분은 가는 실선(프리핸드)으로 그린다.
· 해칭선(section line) : 물체의 단면을 표시할 때 사용한다. 가는 실선으로 그린다.
· 지시선(leader line) : 개별 주(Specific note), 치수, 참조 등을 기입할 때 사용한다. 가는 실선으로 그린다.
· 선의 우선순위는 외형선 〉 숨은선 〉 절단선 〉 중심선 〉 무게 중심선 〉 치수 보조선 순이다.

정답 ②

10 다음 그림 기호에 해당하는 투상도법은?

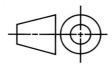

① 제1각법
② 제2각법
③ 제3각법
④ 제4각법

해설

위 그림에서 정면도를 기준으로 3각법은 우측에 우측면도가 위치하고 좌측에 좌측면도가 위치한다. 그러나 1각법은 정면도를 기준으로 우측에 좌측면도가 위치하고 좌측에 우측면도가 위치한다. 그 이유는 1각법은 투상시점 → 물체 → 투영면 순서이기 때문에 보는 방향의 반대쪽에 투상도가 배치하게 된다. 반면 3각법은 투상시점 → 투영면 → 물체 순서이기 때문에 보는 방향 쪽에 투상도가 배치된다.

정답 ①

11 기존에 생성된 솔리드 모델에서 프로파일 모양으로 홈을 파거나 뚫을 때 사용하는 기능으로서 돌출 명령어의 진행과정과 옵션은 동일하나 돌출 형상으로 제거하는 명령어를 뜻하는 것은?

① 합치기(합집합)
② 교차하기(교집합)
③ 빼기(차집합)
④ 생성하기(신규생성)

해설

3D 솔리드 모델링 기법으로 두 물체가 공통으로 교차하거나 겹치는 교집합(Intersection), 두 개의 겹치는 물체 중 한쪽을 빼기나 제거하는 차집합(Difference), 겹치는 두 개의 물체를 더하는 합집합(Union) 등의 방법으로 불린(boolean) 작업이라고 한다. 이러한 기법은 3D모델링 소프트웨어에 공통적으로 적용되고 있으며 돌출(Extrude) 명령어를 활용하여 더하기와 빼기를 할 수 있다. 여기서 더하기는 합치기를 의미하고 빼기는 제거하기를 의미한다.

정답 ③

12 3D프린터의 출력공차를 고려한 파트 수정에 대한 설명으로 옳은 것은?

① 조립되는 부분은 출력공차를 고려하여 부품 형상을 모델링하거나 필요할 경우에는 수정해야 한다.
② 조립 부품을 수정할 때에는 반드시 두 개의 부품을 모두 수정해야 한다.
③ 출력공차를 고려할 시 출력 노즐의 크기는 고려할 필요가 없다.
④ 공차를 고려할 사항으로는 소재 수축률, 기계공차, 도료 색상 등이 있다.

해설

출력용 설계 수정은 3D프린터 방식과 재료를 고려하여 파트의 공차, 크기, 두께를 변경할 수 있으며 3D프린팅 출력물 후가공 작업 편리성을 위하여 파트를 분할할 수 있다. 그리고 3D 프린팅 출력물의 품질을 고려하여 최근에는 DFAM(Design for Additive Manufactur _ing) 방식을 적용해서 설계하는 것이 최신 세계적인 추세이다.

· 공차적용 설계 측면 : 조립 부품 중에서 두 개의 부품을 모두 수정하는 것이 아니라, 두 부품 중에서 하나의 부품에만 공차를 적용하는 것이 바람직하다.
· 최소크기 고려한 설계 측면 : FDM 방식의 3D프린터 특성상 아주 작은 구멍이나 간격이 좁은 부품 요소들의 경우 제대로 출력이 되지 않는 경우가 발생한다. FDM 방식의 3D프린터로 출력할 경우, 구멍이 지름 1mm 이하이면 출력이 되지 않을 수 있으며, 축은 지름 1mm 이하에서 출력되지 않는다. 형상과 형상 사이의 간격은 최소 0.5mm 떨어지게 해야 하며 가능하면 1mm 이상 간격을 유지하도록 설계와 수정 시 고려하여야 한다.
· 고려한 설계 측면 : FDM 방식의 보급형 3D프린터는 출력 시간을 고려하여 대부분 0.4mm 노즐을 사용하여 출력하기 때문에 외벽 두께가 노즐 크기보다 작은 벽면 두께로 모델링된 경우 출력이 되지 않는 경우가 발생할 수 있으며, 너무 얇은 외벽 두께를 가진 부품은 외벽 두께를 변경해야 하며, 최소한 2~3mm 이상의 벽면으로 출력될 수 있도록 수정한다.
· 소재별 수축률을 감안하여 출력공차를 부여하여야 하며 서포트를 최소화하고 내부 공간을 매끈하게 출력하기 위하여 부품을 최적의 위로 분할 설계가 이루어져야 한다.

정답 ①

13 물체의 보이지 않는 안쪽 모양을 명확하게 나타낼 때 사용되며 일반적으로 45°의 가는 실선을 단면부 면적에 일정한 간격의 경사선으로 나타내어 절단되었다는 것을 표시해주는 것은?

① 해칭
② 스머징
③ 커팅
④ 트리밍

해설

단면도에는 필요한 경우 절단하지 않은 면과 구별하기 위하여 해칭(Hatching)이나 스머징(Smudging)을 한다. 그리고 인접한 단면의 해칭은 선의 방향 또는 각도를 달리하여 구분한다. (a)와 같이 해칭은 45°의 가는 실선을 단면부의 면적에 2~3mm의 같은 간격으로 경사선을 그은 것이고, (b)와 같이 스머징은 외형선 안쪽에 4B 연필이나 삼각 크레파스 등으로 컬러풀하게 색칠하는 것을 말한다.

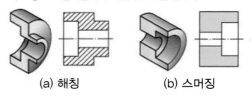

(a) 해칭　　　　(b) 스머징

정답 ①

14 엔지니어링 모델링에서 사용되는 상향식 (Bottom-up) 방식에 대한 설명으로 옳지 않은 것은?

① 파트를 모델링 해놓은 상태에서 조립품을 구성하는 것이다.
② 기존에 생성된 단품을 불러오거나 배치할 수 있다.
③ 자동차나 로봇 모형(프라모델) 분야에서 사용되며 기존 데이터를 참고하여 작업하는 방식이다.
④ 제품의 조립 관계를 고려하여 배치 및 조립을 한다.

해설

아래로부터(Bottom-up) 설계, 위로부터(Top-down) 설계 또는 이 두 방법을 모두 사용하여 어셈블리를 만들 수 있다. 아래로부터(Bottom-up) 설계 방법은 가장 보편적인 방법이다. 먼저 파트를 설계하고 모델한 다음, 조립품을 구성하는 방법이다. Bottom-up 방식은 이미 만들어 놓은 파트 또는 규격에 의해 모델링된 단품을 불러와서 배치나 조립 등을 고려하여 어셈블리를 구성하는 방법이다.

Top-down 방식은 어떤 제품을 설계할 때 우선 제품전체의 구조를 결정하고 조립성, 동작성 등을 고려하여 하위 단계의 모든 부품에 적용시켜 설계를 완성하는 방법으로 주로 모형분야에서 많이 사용된다.

정답 ③

15 스케치 요소 중 두 개의 원에 적용할 수 없는 구속조건은?

① 동심
② 동일
③ 평행
④ 탄젠트

해설

스케치 요소 중에서 원에 적용할 수 있는 구속조건은 중심이 같은 동심원(Concentric)구속과 원의 크기를 같게 동일값(Equal)으로 구속과 직선과 원, 원과 원 사이 등에서 접선(Tangent) 등은 가능하나 평행(Parallel)구속은 선과 선 사이를 구속할 때 사용할 수 있다.

정답 ③

16 다음 도면의 치수 중 A 위치에 기입될 치수의 표현으로 가장 정확한 것은?(단, 도면 전체에 치수편차 ±0.1을 적용한다.)

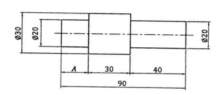

① □20
② (20)
③ 20
④ SR20

해설

치수기입의 원칙에서 중복되는 치수를 기입하지 않으나 기입이 필요하다고 판단될 때는 참고치수임을 표시하는 괄호( )치수로 표시한다. 문제에서의 치수는 중복 치수이므로 A 부분의 치수는 (20)으로 표시하여야 한다. 20은 사각형(가로 * 세로 = 20), SR20은 (Sphere Radius : 구R)로 나타낸다.

정답 ②

17 FDM 방식 3D프린팅 작업을 위해 3D형상 데이터를 분할하는 경우 고려해야 할 항목으로 가장 거리가 먼 것은?

① 3D프린터 출력 범위
② 서포터 생성 유무
③ 출력물의 품질
④ 익스트루더의 크기

해설

FDM 방식 3D프린터 작업 시 3D형상을 분할해서 출력할 경우 고려해야 할 요소로는 출력물이 빌드사이즈를 초과할 경우, 부품의 크기, 내부가 비어있는 부분을 활용하는 출력물은 출력물의 품질이나 서포트를 최소화하기 위해 분할을 고려하여야 하며 출력방향 등에 따라 3D 모델링 데이터를 분할하여 출력한다.

정답 ④

18 다음 중 3D프린팅 작업을 위해 3D모델링에서 고려해야 할 항목으로 가장 거리가 먼 것은?

① 1회 적층 높이
② 서포터 유무
③ 출력 프린터 제작 크기
④ 출력 소재 및 수축률

해설

3D프린팅 작업을 위해 3D모델링에서 고려해야 할 사항으로는 서포트를 최소화하기 위하여 출력물 방향이나 분할, 출력크기 용량, 출력 가능한 소재와 수축률 데이터 등을 고려하여 모델링하여야 한다. 최근에는 DFAM(Design for Additive Manufacturing) 기법을 활용하여 3D프린팅을 위한 최적의 3D기구설계가 현장에서 활용되고 있다. 레이어의 적층높이는 슬라이싱 프로그램에서 수행하면 되는 것이다.

정답 ①

19 3D모델링 방식의 종류 중 넙스(NURBS) 방식에 대한 설명으로 옳은 것은?

① 삼각형을 기본 단위로 하여 모델링을 할 수 있는 방식이다.
② 폴리곤 방식에 비해 많은 계산이 필요하다.
③ 폴리곤 방식보다는 비교적 모델링 형상이 명확하지 않다.
④ 도형의 외곽선을 와이어프레임 만으로 나타낸 형상이다.

해설

· 폴리곤 방식
폴리곤 방식은 삼각형을 기본 단위로 하여 모델링을 할 수 있는 방식이다. 삼각형의 꼭짓점을 연결해 3D 객체를 생성한다. 기본 삼각형은 평면이며 삼각형의 개수가 많을수록 형상이 부드럽게 표현된다.

· 넙스 방식
넙스 방식은 수학 함수를 이용하여 곡면의 형태를 만든다. 폴리곤 방식에 비해 많은 계산이 필요하지만 부드러운 곡선을 이용한 모델링에 많이 사용된다. 폴리곤 방식보다 정확한 모델링이 가능하다. 자동차나 비행기의 부드러운 곡면을 설계할 때 효과적이다.

· 솔리드 방식
면이 모여 입체가 만들어지는 상태로 속이 꽉 찬 물체를 이용해 모델링하는 방식이다. 솔리드 방식으로 모델링할 경우 재질의 비중을 계산해 무게 등을 측정할 수 있다.

정답 ②

20 치수 보조 기호를 나타내는 의미와 치수 보조기화가 잘못된 것은?

① 지름 : ∅10
② 참고지수 : (30)
③ 구의 지름 : S∅40
④ 판의 두께 : □4

해설

치수 보조 기호

기호	이름	기호	이름
∅	지름	t	판의 두께
R	반지름	⌒	원호의 길이
S∅	구의 지름	C	45°의 모따기
SR	구의 반지름	☐	이론적으로 정확한 치수
□	정사각형의 변	( )	참고 치수

정답 ④

21 내마모성이 우수하고, 고무와 플라스틱의 특징을 가지고 있어 휴대폰 케이스의 말랑한 소재나 장난감, 타이어 등으로 프린팅해서 바로 사용이 가능한 소재는?

① TPU
② ABS
③ PVA
④ PLA

해설

① TPU(Thermoplastic polyurethane) 소재
　열가소성 폴리우레탄 탄성체 수지인 TPU소재는 내마모성이 우수한 고무와 플라스틱의 특징을 고루 갖추고 휴대폰케이스나 장난감 소재, 바퀴 등으로 사용이 가능하다. 탄성이 뛰어나 휘어짐이 필요한 부품 제작에 주로 사용되나 가격이 비싼 편이다.

② ABS 소재
　FDM 방식 3D 프린터에서 PLA 소재와 더불어 가장 많이 사용되는 재료이다. 우리가 일상적으로 사용하는 플라스틱의 소재이기 때문에 가전제품, 자동차 부품, 파이프, 안전장치, 장난감 등 사용 범위가 넓다. 가열할 때 냄새가 나기 때문에 3D 프린터 출력 시 환기가 필요하다.

③ PVA(Polyvinyl Alcohol) 소재
　고분자 화합물로 폴리아세트산비닐을 가수 분해하여 얻어지는 무색 가루이다. 물에 녹기 때문에 PVA소재는 주로 서포터에 이용된다. PVA 소재를 서포터로 사용 시 FDM 방식의 3D프린터에는 노즐이 두개인 듀얼방식을 사용한다. 출력 후 출력물을 물에 담그게 되면 PVA소재의 서포터가 녹아 원하는 형상만 남아 다양한 형상 제작이 용이해진다.

④ PLA 소재
　옥수수 전분을 이용해 만든 재료로서 무독성 친환경적 재료이다. 열변형에 의한 수축이 적어 다른 FDM방식 재료에 비해 정밀한 출력이 가능하다. 서포터 발생 시 서포터 제거가 어렵고 표면이 거칠다.

정답 ①

22 FDM 방식 3D프린터로 출력하기 위해 확인해야 할 점검사항으로 볼 수 없는 것은?

① 장비 매뉴얼을 숙지한다.
② 테스트용 형상을 출력하여 프린터 성능을 점검한다.
③ 프린터의 베드(Bed) 레벨링 상태를 확인 및 조정한다.
④ 진동·충격을 방지하기 위해 프린터가 연질매트 위에 설치되었는지 확인한다.

해설

FDM 방식 3D프린터 출력 전에 점검사항은 작업할 장비의 작동방법 매뉴얼을 충분히 숙지하여야 하며 첫째로 플랫폼 레벨링이나 재료압출이 정상적으로 되는지를 샘플 파일을 이용하여 스커트나 브림, 라프트를 점검하고 성능을 점검하여야 한다. 스테핑 모터의 작동 상태와 노즐청소 상태 또한 점검하여야 한다. 프린터 설치는 충격이나 진동에 지장이 없는 바닥이나 테이블에 설치하는 것이 좋다.

정답 ④

23 라프트(Raft) 값 설정과 관련이 없는 것은?

① Base line width는 라프트의 맨 아래층 라인의 폭을 설정하는 옵션이다.
② Line spacing은 라프트의 맨 아래층 라인의 간격을 설정하는 옵션이다.
③ Surface layer는 라프트의 맨 위층의 적층 횟수를 설정하는 옵션이다.
④ Infill speed는 내부 채움 시 속도를 별도로 지정하는 옵션이다.

해설

Raft		
추가 마진 (mm)	5.0	
라인 간격 (mm)	3.0	→ Line spacing
베이스 두께 (mm)	0.3	
베이스 라인 폭 (mm)	1.0	→ Base line width
인터페이스 두께 (mm)	0.3	
인터페이스 라인 두께 (mm)	0.5	
Airgap	0.00	
첫번째 레이어 Airgap	0.22	
표면 레이어	2	→ surface layer
표면 레이어 두께 (mm)	0.3	
표면 레이어 라인 두께 (mm)	0.5	

CURA Raft설정값 테이블이다. Infill은 별도의 옵션이 있다.

정답 ④

24 FDM 델타 방식 프린터에서 높이가 258mm일 때 원점 좌표로 옳은 것은?

① (258, 0, 0)
② (0, 258, 0)
③ (0, 0, 258)
④ (0, 0, 0)

해설

델타 방식의 3D프린터는 출력부의 홈(Home)위치가 X = 0, Y = 0, Z = 지정된(설정된) 높이로 인식한다. 그러므로 원점 좌표값은 (0, 0, 258)이 된다.

정답 ③

25 3D프린팅에 적합하지 않은 3D데이터 포맷은?

① STL
② OBJ
③ MPEG
④ AMF

해설

· 3D프린팅에 적합한 3D데이터 포맷 종류
① .STL ② .ZPR ③ .OBJ ④ .ZCP & .PLY ⑤ .VRML
⑥ .SKP ⑦ .3DS ⑧ .3DM ⑨ .AMF 등이 있으며 계속 개발되고 있다.
· MPEG는 [Moving Picture Experts Group] – 동영상 압축파일명인데 공식적인 명칭은 동화상 전문가 그룹이다.

정답 ③

26 출력 보조물인 지지대(Support)에 대한 효과로 볼 수 없는 것은?

① 출력 오차를 줄일 수 있다.
② 지지대를 많이 사용할 시 후가공 시간이 단축된다.
③ 지지대는 출력물의 수축에 의한 뒤틀림이나 변형을 방지할 수 있다.
④ 진동이나 충격이 가해졌을 때 출력물의 이동이나 붕괴를 방지할 수 있다.

해설

3D프린팅은 제작 방식에 따라 오차가 있을 수 있다. 이를 해결하기 위해서 지지대를 형상 제작에 이용하면 오차를 줄일 수 있다. 그래서 FDM 방식에서 구조물을 제작할 때 제품의 아랫면이 크거나 뒤틀림이 존재할 때에는 지지대를 이용하여 제품을 제작하면 제품의 뒤틀림과 오차를 줄일 수 있다. 또한 진동이나 충격이 있을 때 출력물의 이동이나 붕괴를 막을 수 있다. 그러나 지지대를 최대화하는 것은 바람직하지 않으며 최소화하기 위해 3D 기구설계 시에 고민을 하여야 한다. 지지대를 많이 사용하면 후처리 시간이 많이 걸리기 때문이다.

정답 ②

27 다음 설명에 해당되는 코드는?

- 기계를 제어 및 조정해주는 코드
- 보조기능의 코드
- 프로그램을 제어하거나 기계의 보조장치들을 ON/OFF해주는 역할

① G코드   ② M코드
③ C코드   ④ QR코드

해설

3D프린터에서 사용하는 G코드는 NC가공 기계에서 사용하는 G코드와 유사하며 일부는 같은 G코드로 출력되는 경우도 있다. 어드레스는 준비기능(G), 보조기능(M), 기타 기능으로 이송(F), 속도(S), 공구(T) 기능 등이 있다. 보조기능(M) 중에는 3D프린터를 제어하거나 조정해주는 역할도 있으며 장비의 ON/OFF 등 여러 가지 보조기능이 있다.

정답 ②

28 FDM 방식 3D프린터 출력 전 생성된 G코드에 직접적으로 포함되지 않는 정보는?

① 헤드 이송속도
② 헤드 동작시간
③ 헤드 온도
④ 헤드 좌표

해설

② 헤드 동작시간은 G코드 명령과 무관하다.

- FDM방식 3D프린터 출력 전에 슬라이싱작업이 끝나면 G코드가 형성된다. 그 명령어 형식을 예를 들어 설명한다.
① 헤드이송속도 : G0 F1200 X0.000 Y0.000 Z0.200
  (헤드이송속도 1,200mm/min)
③ 헤드온도설정 : M104 S210
  (압출기온도를 210℃로 설정)
④ 헤드좌표 : G28 X0 Y0 Z0
  (각 축을 원점인 X = 0, Y = 0, Z = 0의 좌표로 이송시킨다.)

정답 ②

29 슬라이서 소프트웨어 설정 중 내부 채우기의 정도를 뜻하는 것으로 0~100%까지 채우기가 가능하며 채우기 정도가 높아질수록 출력시간이 오래 걸리는 단점이 있는 것은?

① Infill
② Raft
③ Support
④ Resolution

해설
슬라이싱 작업 시 내부 채우기는 Infill에서 설정하며 일반적으로 20~40%가 기본으로 설정되어 있다. 채우기 정도가 높으면 출력시간이 오래 걸리는 단점이 있다. Raft는 플랫폼에 출력물이 잘 붙게 하기 위해서 사용하는 기능이다. Support는 형상에 따라 다를 수 있으나 최소화하는 것이 좋다.

정답 ①

30 FDM 방식 3D프린터를 사용하여 한 변의 길이가 50mm인 정육면체 형성을 출력하기 위해 한 층의 높이 값을 0.25mm로 설정하여 슬라이싱 하였다. 이 때 생성된 전체 layer의 층수는?

① 40개
② 80개
③ 120개
④ 200개

해설
50mm의 높이를 설정된 레이어값 0.25mm로 나누게 되면 200개의 레이어층이 계산된다. 1mm에 4개의 레이어가 필요한 것이기 때문에 계산하면 50mm × 4 = 200이다.

정답 ④

31 3D프린팅은 3D모델의 형상을 분석하여 모델의 이상유무와 형상을 고려하여 배치한다. 다음 그림과 같은 형태로 출력할 때 출력시간이 가장 긴 것은? (단, 아랫면이 베드에 부착되는 면이다.)

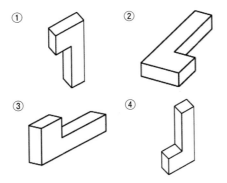

해설
같은 형상의 출력물도 방향에 따라 출력시간이 차이가 난다. 지지대를 최소화하는 것이 출력시간을 최소화할 수 있다. 문제에서는 Overhang angle에 해당하는 ①번이 출력시간이 가장 길어진다.

정답 ①

32 3D프린터의 종류와 사용소재의 연결이 옳지 않은 것은?

① FDM → 열가소성 수지(고체)
② SLA → 광경화성 수지(액상)
③ SLS → 열가소성 수지(분말)
④ DLP → 열경화성 수지(분말)

해설

①, ②, ③번은 프린팅 방식에 맞는 재료로 연결되어 있으나 ④번 DLP 방식은 액상소재를 사용하는 3D프린팅 방식이다.

정답 ④

33 FDM 방식 3D프린팅을 위한 설정값 중 레이어(Layer) 두께에 대한 설명으로 틀린 것은?

① 레이어 두께는 프린팅 품질을 좌우하는 핵심적인 치수이다.
② 일반적으로 레이어 두께를 절반으로 줄이면 프린팅 시간은 2배로 늘어난다.
③ 레이어가 얇을수록 측면의 품질뿐만 아니라 사선부의 표면이나 둥근 부분의 품질도 좋아진다.
④ 맨 처음 적층되는 레이어는 베드에 잘 부탁이 되도록 가능한 얇게 설정하는 것이 좋다.

해설

①, ②, ③은 올바른 설명이다. ④번 같은 경우 일반적으로 First layer의 두께는 정해진 레이어 두께와 동일하게 사용한다. 재료에 따라 첫째 레이어 두께를 다르게 할 수 있으나 가능한 한 얇게 설정하는 것은 플랫폼과 출력물의 접착력이 약해질 수 있어서 적층 작업중 이탈 등의 위험이 생기게 되므로 적절치 못하다.

정답 ④

34 3D모델링을 다음 그림과 같이 배치하여 출력할 때 안정적인 출력을 위해 가장 기본적으로 필요한 것은? (단, FDM 방식 3D 프린터에서 출력한다고 가정한다.)

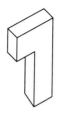

① 서포터 ② 브림
③ 루프 ④ 스커트

해설

Overhang처럼 생긴 출력물은 지지대(Support)가 없으면 윗부분 적층이 불가능하기 때문에 이 문제에서는 반드시 서포트가 필요하다.

정답 ①

35 다음 중 3D프린터 출력물의 외형강도에 가장 크게 영향을 미치는 설정 값은?

① Reft
② Brim
③ Speed
④ Number of shells

해설

출력물의 외형강도에 영향을 가장 크게 미치는 것은 쉘의 두께가 크거나 수가 많으면 강도가 향상되며 채우기 (Infill)의 %에 따라 강도를 조절할 수도 있다. Raft나 Brim은 출력물의 강도와는 관련이 없으나 Speed는 일부 영향을 줄 수 있다.

정답 ④

36 G코드 중에서 홈(원점)으로 이동하는 명령어는?

① G28
② G92
③ M106
④ M113

해설

G코드 명령어 기능과 보조기능인 M코드 기능은 아래와 같다.
· G28 : 원점이동 명령
· G92 : 공작물 좌표계 설정
· M106 : Fan on
· M113 : 익스트루더 세팅

정답 ①

37 다음 설명에 해당하는 소재는?

> • 전기 절연성, 치수 안정성이 좋고 내충격성도 뛰어난 편이라 전기 부품 제작에 가장 많이 사용되는 재료이다.
> • 연속적인 힘이 가해지는 부품에 부적당하지만 일회성으로 강한 충격을 받는 제품에 주로 쓰인다.

① ABS
② PLA
③ Nylon
④ PC

해설

· ABS : 플라스틱 소재이기 때문에 가전 제품, 자동차부품, 파이프, 안전장치, 장난감 등 사용 범위가 넓으나 가열 시 냄새 때문에 출력작업 시 환기가 필요하다.
· PLA : 경도가 다른 플라스틱 소재에 비해 강한 편이며 쉽게 부서지지 않는다. 표면에 광택이 있고 히팅베드 없이 출력이 가능하며 출력 시 유해 물질 발생이 적다.
· Nylon : ABS나 PLA보다 강도가 높은 재질로서 옷을 만들 때도 사용되며 충격 내구성이 강하고 특유의 유연성과 질긴 소재의 특징 때문에 휴대폰 케이스나 의류, 신발 등을 출력하는 데 유용한 소재이다.
· PC : 전기절연성, 치수안정성이 좋고 내충격성도 뛰어난 편이라 전기부품 제작에 가장 많이 사용되는 재료이다. 연속적인 힘이 가해지는 부품에는 부적당하지만 일회성으로 강한 충격을 받는 제품에도 주로 쓰인다.

정답 ④

38 분말을 용융하는 분말융접(Powder Bed Fusion) 방식의 3D프린터에서 고형화를 위해 주로 사용되는 것은?

① 레이저 　　② 황산
③ 산소 　　　④ 글루

해설

Powder Bed Fusion(분말적층 용용) 방식은 파우더 재료를 레이저 또는 전자빔을 사용하여 녹이거나 용융시켜 적층하는 방식으로 모델을 조형한다. PBF 방식의 기술은 Selective Laser Sintering(SLS), Selective Laser Melting(SLM), Direct Metal Laser Sintering(DMLS), Electron Beam Melting(EBM), Selective Heat Sintering(SHS)이 있다.

정답 ①

39 노즐에서 재료를 토출하면서 가로 100mm, 세로 200mm 위치로 이동하라는 G코드 명령어에 해당하는 것은?

① G1 X100 Y200
② G0 X100 Y200
③ G1 A100 B200
④ G2 X100 Y200

해설

G코드 명령어에 대한 문제이다. G0은 위치결정, G1은 직선보간 기능으로 이동기능이다. 이때 가로(X), 세로(Y)는 각각 X, Y의 좌표값을 나타낸다. 3D프린팅에서 G2 원호보간은 사용하지 않는다.

정답 ①

40 3D프린터의 출력 방식에 대한 설명으로 옳지 않은 것은?

① DLP 방식은 선택적 레이저 소결 방식으로 소재에 레이저를 주사하여 가공하는 방식이다.
② SLS 방식은 재료 위에 레이저를 스캐닝하여 융접하는 방식이다.
③ FDM 방식은 가열된 노즐에 필라멘트를 투입하여 가압 토출하는 방식이다.
④ SLA 방식은 용기 안에 담긴 재료에 적절한 파장의 빛을 주사하여 선택적으로 경화시키는 방식이다.

해설

광중합방식에 속하는 DLP 방식은 모델을 슬라이싱하여 영화 필름의 한 컷과 같은 슬라이드를 레이저를 대신해 프로젝터로 조사하여 광경화성 수지를 경화시켜 한 층씩을 프린팅하여 모델을 완성하는 방식이다. ①번은 SLS방식을 설명하고 있다.

정답 ①

41 3D프린터의 정밀도를 확인 후 장비를 교정하려 한다. 출력물 내부 폭을 2mm로 지정하여 10개의 출력물을 뽑아서 내부 폭의 측정값을 토대로 구한 평균값(A)과 오차 평균값(B)으로 옳은 것은?

출력회차	1	2	3	4	5
측정값	1.58	1.72	1.63	1.66	1.62
출력회차	6	7	8	9	10
측정값	1.65	1.72	1.78	1.8	1.65

① A : 1.665, B : -0.335
② A : 1.672, B : -0.328
③ A : 1.678, B : -0.322
④ A : 1.681, B : -0.319

해설
측정값을 더한 다음 10으로 나눈 값이 측정 평균값이 되고 오차 평균값은 오차값을 10으로 나눈 값을 말한다.

정답 ④

42 3D프린터 출력을 하기 위한 오브젝트의 수정 및 오류검출에 관한 설명으로 옳지 않은 것은?

① 출력용 STL파일의 사이즈는 슬라이서 프로그램에서 조정이 가능하다.
② 오브젝트의 위상을 바꾸어 출력하기 위해서는 반드시 모델링 프로그램에서 수정할 필요는 없다.
③ 같은 모양의 오브젝트를 멀티로 출력할때는 반드시 모델링 프로그램에서 수량을 늘려주어야 한다.
④ 오브젝트의 위치를 바꾸기 위한 반전 및 회전은 슬라이서 프로그램에서 조정 가능하다.

해설
출력용 오브젝트는 슬라이서 프로그램에서 사이즈변경, 위상바꿈, 위치바꿈, 반전 및 회전이 가능하며 같은 크기 출력이 여러 개 필요한 경우 슬라이싱 프로그램에서 원하는 수만큼 복사하여 출력이 가능하다.

정답 ③

43 3D프린터 출력 시 STL파일을 불러와서 슬라이서 프로그램에서 출력 조건을 설정 후 출력을 진행할 때 생성되는 코드는?

① Z코드
② D코드
③ G코드
④ C코드

해설

슬라이서 프로그램에서 출력조건(온도, 재료, 이송속도 등)을 설정 후 슬라이싱을 진행하면 G코드가 형성되는데, 오픈 소스에서는 G코드를 추출할 수 있으나 제품별, 회사별로 그 유형은 조금씩 다를 수 있다.

정답 ③

44 3D프린터용 슬라이서 프로그램이 인식할 수 있는 파일의 종류로 올바르게 나열된 것은?

① STL, OBJ, IGES
② DWG, STL, AMF
③ STL, OBJ, AMF
④ DWG, IGES, STL

해설

3D프린터용 파일포맷의 종류는 STL, ZPR, OBJ, ZCP, PLY, VRML, SKP, 3DS, 3DM, AMF 등이 있으나 계속 개발되고 있다.

정답 ③

45 3D프린터에서 출력물 회수 시 전용공구를 이용하여 출력물을 회수하고 표면을 세척제로 세척 후 출력물을 경화기로 경화시키는 방식은?

① FDM
② SLA
③ SLS
④ LOM

해설

3D프린팅 출력물을 회수하여 표면을 세척제로 세척하고 출력물을 경화기로 경화시키는 출력방식은 SLA 방식, DLP 방식 등이 있다.

정답 ②

46 3D프린터 출력 오류 중 처음부터 재료가 압출되지 않는 경우의 원인으로 거리가 먼 것은?

① 압출기 내부에 재료가 채워져 있지 않을 때
② 회전하는 기어 톱니가 필라멘트를 밀어내지 못할 경우
③ 가열된 플라스틱 재료가 노즐 내부와 너무 오래 접촉하여 굳어있는 경우
④ 재료를 절약하기 위해 출력물 내부에 빈 공간을 너무 많이 설정할 경우

해설

①, ②, ③번의 경우가 재료가 압출이 안 되는 원인을 설명하고 있다. ④번의 경우는 재료의 절약과도 직접적인 효과가 없으며 내부 공간을 크게 하는 것 등은 관계가 없다.

정답 ④

47 3D프린터 출력물에 용융된 재료가 흘러나와 얇은 선이 생겼을 경우 이러한 출력오류를 해결하는 방법으로 옳지 않은 것은?

① 온도 설정을 변경한다.
② 리트렉션(retraction) 거리를 조절한다.
③ 리트렉션(retraction) 속도를 조절한다.
④ 압출 헤드가 긴 거리를 이송하도록 조정한다.

해설

이러한 현상은 얇은 거미줄처럼 지저분하게 출력이 될 경우는 온도 설정 조정, 리트랙션 거리 및 속도 조정으로 해결할 수 있다. 압출헤드가 긴거리를 이송하게될 때 이런 현상이 더 많이 생기게 된다.

정답 ④

48 출력용 파일의 오류 종류 중 실제 존재할 수 없는 구조로 3D프린팅, 부울 작업, 유체 분석 등에 오류가 생길 수 있는 것은?

① 반전 면
② 오픈 메시
③ 클로즈 메시
④ 비(非)매니폴드 형상

해설

비매니폴드 형상은 실제 존재할 수 없는 구조로 3D프린팅, 부울작업, 유체분석 등에 오류가 생길 수 있다. 올바른 구조인 매니폴드 형상은 하나의 모서리를 2개의 면이 공유하고 있지만, 올바르지 못한 비매니폴드 형상은 하나의 모서리를 3개 이상의 면이 공유하고 있는 경우와 모서리를 공유하고 있지 않은 서로 다른 면에 의해 공유되는 정점을 나타낸다.

정답 ④

49 문제점 리스트를 작성하고 오류 수정을 거쳐 출력용 데이터를 저장하는 과정이다. A, B, C에 들어갈 내용이 모두 옳은 것은?

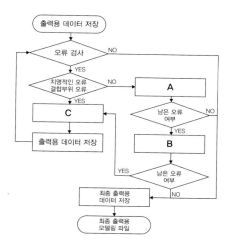

```
ㄱ. 수동 오류 수정
ㄴ. 자동 오류 수정
ㄷ. 모델링 소프트웨어 수정
```

① A : ㄱ, B : ㄴ, C : ㄷ
② A : ㄴ, B : ㄱ, C : ㄷ
③ A : ㄴ, B : ㄷ, C : ㄱ
④ A : ㄷ, B : ㄴ, C : ㄱ

해설

오류수정 프로세스 과정을 나타내는 것으로 필수 숙지사항이다. 파일에 문제가 없으면 자동수정으로 끝날 수 있으며 간단한 오류는 수동으로 메움 등의 기능으로 해결할 수 있다. 마지막으로 치명적 결함이 있는 것은 3D모델링으로 돌아가 수정하여야 한다.

정답 ②

50 FDM 방식 3D프린터 출력 시 첫 번째 레이어의 바닥 안착이 중요하다. 바닥에 출력물이 잘 고정되게 하기 위한 방법으로 적절하지 않은 것은?

① Skirt 라인을 1줄로 설정하여 오브젝트를 출력한다.
② 열 수축현상이 많은 재료로 출력을 하거나 출력물의 바닥이 평평하지 않을 때 Raft를 설정하여 출력한다.
③ 출력물이 플랫폼과 잘 붙도록 출력물의 바닥 주변에 Brim을 설정한다.
④ 소재에 따라 Bed를 적절한 온도로 가열하여 출력물의 바닥이 수축되지 않도록 한다.

해설

출력물이 플랫폼에 잘 고정되게 하는 방법은 Raft를 설치하거나 Brim을 바닥에 넓게 설치해주고 소재에 맞게 플랫폼 온도를 설정해 주어야 한다. 여기서 Skirt는 출력물 고정하고는 전혀 상관이 없다. Skirt는 단지 정상 토출을 확인하기 위함이다.

정답 ①

51 3D프린터 제품 출력 시 제품 고정 상태와 서포터에 관한 설명으로 옳지 않은 것은?

① 허공에 떠 있는 부분은 서포터 생성을 설정해 준다.
② 출력물이 베드에 닿는 면적이 작은 경우 라프트(Raft)와 서포터를 별도로 설정한다.
③ 3D프린팅의 공정에 따라 제품이 성형되는 바닥면의 위치와 서포터의 형태는 같다.
④ 각 3D프린팅 공정에 따라 출력물이 성형되는 방향과 서포터는 프린터의 종류에 따라 다르다.

해설

제품 출력 시 서포터 설치에 대한 설명으로 ①, ②, ④번은 일반적인 내용이다. 그러나 ③번의 경우 바닥면의 위치에 따라 서포트형상은 많은 차이가 있다. 또한 파라메타 설정값에 따라서도 다를 수 있으며 3D프린팅 방식에 따라서도 다르다.

정답 ③

52 FDM 방식 3D프린터에서 재료를 교체하는 방법으로 옳은 것은?

① 프린터가 작동 중인 상태에서 교체한다.
② 재료가 모두 소진되었을 때만 교체한다.
③ 프린터가 정지한 후 익스트루더가 완전히 식은 상태에서 교체한다.
④ 프린터가 정지한 상태에서 익스트루더의 온도를 소재별 적정 온도로 유지한 후 교체한다.

해설

익스트루더가 선택된 재료에 맞게 예열이 시작되고 예열이 끝나면 새 재료를 익스트루더에 넣고 버튼을 누르게 되면 핫앤드 헤드를 통해서 소재가 일정량 정상적으로 로딩이 되었는지 확인한 다음 3D 프린팅을 하면 된다. 즉 로딩이나 언로딩 시 익스트루더의 온도가 유지되어 있어야 재료 교체가 가능하다. 익스트루더가 완전히 식으면 안 된다.

정답 ④

53 3D프린터로 제품을 출력할 때 재료가 베드(Bed)에 잘 부착되지 않는 이유로 볼 수 없는 것은?

① 온도 설정이 맞지 않은 경우
② 플랫폼 표면에 문제가 있는 경우
③ 첫 번째 층의 출력속도가 너무 빠른 경우
④ 출력물 아랫부분의 부착 면적이 넓은 경우

해설

온도가 맞지 않거나 바닥이 거칠거나 첫 레이어나 Raft의 속도가 빠르거나 출력물 아랫부분의 부착 면적이 작을 경우가 출력 시 베드에 잘 부착되지 않는 이유들이다. 출력물 아랫부분이 넓을 경우는 부착력이 매우 좋다.

정답 ④

54 3D프린터 출력 시 성형되지 않은 재료가 지지대(Support) 역할을 하는 프린팅 방식은?

① 재료분사(Material Jetting)
② 재료압출(Material Extrusion)
③ 분말적층용융(Powder Bed Fusion)
④ 광중합(Vat Photo Polymerization)

해설

분말적층용융(PBF) 방식 중 SLS 방식이나 SLM 방식 등이 레이저에 의해 조사되지 않은 부분이 서포트 역할을 한다. 이렇게 성형되지 않은 재료는 재활용이 가능하다.

정답 ③

55 3D프린터로 한 변의 길이가 25mm인 정육면체를 출력하였더니 X축 방향 길이가 26.9mm가 되었다. 이때 X축 모터 구동을 위한 G코드 중 M92(Step per unit) 명령상 설정된 스텝 수가 85라면 치수를 보정하기 위해 설정해야 할 스텝 값은? (단, 소수점은 반올림한다.)

① 79
② 91
③ 113
④ 162

해설

$85 : 26.9 = X : 25$ 의 식으로 구할 수 있다.
즉 $26.9X = 2125$
  $X = 2125/26.9 = 78.996 ≒ 79$

정답 ①

56 FDM 방식 3D프린터 가동 중 필라멘트 공급장치가 작동을 멈췄을 때 정비에 필요한 도구로 거리가 먼 것은?

① 망치
② 롱노즈
③ 육각 렌치
④ +, - 드라이버

해설

3D프린터 가동 중에 필라멘트 공급장치가 작동을 멈췄을 때 망치는 관련이 없는 도구이다. 제품을 플랫폼에서 제거할 때 플라스틱 해머는 가끔 사용하는 경우가 있다.

정답 ①

57 오픈소스기반 FDM 방식의 보급형 3D프린터가 초등학교까지 보급되는 상황에서 학생들의 호기심을 자극하고 있다. 이러한 상황에서 안전을 고려한 3D프린터의 운영으로 가장 거리가 먼 것은?

① 필터를 장착한 장비를 권장하고 필터의 교체주기를 확인하여 관리한다.
② 장비의 내부 동작을 볼 수 있고, 직접 만져볼 수 있는 오픈형 장비의 운영을 고려한다.
③ 베드는 노히팅 방식을 권장하고 스크레퍼를 사용하지 않는 플렉시블 베드를 지원하는 장비의 운영을 고려한다.
④ 소재는 ABS보다 비교적 인체에 유해성이 적은 PLA를 사용한다.

해설

①, ③, ④번은 바람직한 방법을 추천하고 있으나 호기심 많은 초등학생들에게 장비의 내부동작은 볼 수 있게 하더라도 직접 만져볼 수 있게 하는 것은 화상을 입을 수 있으며 찰과상 등이 염려되므로 밀폐형이 요구된다.

정답 ②

58 다음과 같은 구조를 가지는 방진 마스크의 종류는?

> 여과제 → 연결관 → 흡기변
> → 마스크 → 배기변

① 격리식
② 직결식
③ 혼합식
④ 병렬식

해설

격리식 방진마스크는 연결관이 있고 직결식은 연결관이 없다.

정답 ①

59 ABS소재의 필라멘트를 사용하여 장시간 작업할 경우 주의해야 할 사항은?

① 융점이 기타 재질에 비해 매우 높으므로 냉방기를 가동하여 작업한다.

② 옥수수 전분 기반 생분해성 재질이므로 특별히 주의해야 할 사항은 없다.

③ 작업 시 냄새가 심하므로 작업장의 환기를 적절히 실시한다.

④ 물에 용해되는 재질이므로 수분이 닿지 않도록 주의해야 한다.

해설

ABS소재와 열가소성 소재의 경우 냄새뿐만 아니라 환경 호르몬 등 유해물질이 배출될 수 있으므로 장시간 작업할 경우 적절한 환기가 필요하다.

정답 ③

60 SLA 방식 3D프린터 운용 시 주의해야 할 사항으로 옳지 않은 것은?

① UV 레이저를 조사하는 방식이므로 보안경을 착용하여 운용한다.

② 레진은 보관이 까다롭고 악취가 심하기 때문에 환기가 잘되는 곳에서 운용한다.

③ 레진은 어두운 장소에서 경화반응을 일으키므로 햇빛이 잘 드는 곳에서 보관, 운용한다.

④ 출력물 표면에 남은 레진은 유해성분이 있기에 방독 마스크와 니트릴 보호 장갑을 착용해야 한다.

해설

광경화성 수지인 레진은 자연광이나 광도가 센 실내등에도 경화반응을 일으키므로 직사광선이나 실내등이 너무 밝은 곳에 보관하면 딱딱하게 경화된다. 대개 SLA 장비는 차광 유리 등이 장착되어 있는 것이 일반적이다.

정답 ③

01 도면에 사용되는 레이어, 치수 스타일, 회사 로고, 단위 유형, 도면이름 등을 미리 정해놓고 필요할 때 불러서 사용하는 도면 양식은 무엇인가?

① 스케치
② 매개변수
③ 템플릿
④ 스타일

해설

현장이나 학교에서 도면작업을 할 때 자주 사용하는 크기의 도면은 레이어, 치수스타일, 단위등을 원형도면(Template)으로 저장해 두었다가 수시로 불러서 사용한다. 이때 저장은 반드시 다른이름으로 저장하여야 한다.

정답 ③

02 3D프린터 출력물 회수에 대한 내용으로 틀린 것은?

① 전용 공구를 사용하여 플랫폼에서 출력물을 분리한다.
② 분말 방식 프린터는 작업이 끝나면 바로 꺼내어 건조한다.
③ 액체 방식 프린터는 에틸알코올 등을 뿌려 표면에 남아 있는 광경화성 수지를 제거한다.
④ 플랫폼에 남은 분말 가루는 진공 흡입기를 이용하여 제거한다.

해설

출력물 회수시에는 전용공구를 사용하며 출력형식에 따라 안전수칙을 지키는것이 중요하다. 분말방식은 끝나고 난다음 챔버내 온도가 고온이므로 바로 회수시 화상을 입을수 있으며 적층물이 냉각되지 않아서 허물어질 수 있으므로 장비회사 규정 에따라 일정온도 이하로 내려간 후 해체작업(Break out)을 하여야한다.

정답 ②

03 개별 스캐닝 작업에서 얻어진 데이터를 합치는 과정인 정합에서 사용하는 값은?

① 병합 데이터
② 측정 데이터
③ 최종 데이터
④ 점군 데이터

해설

스캔데이터는 보통 여러번의 측정에 따른 점군 데이터를 서로 합친 최종 데이터이다. 이렇게 개별 스캐닝작업에서 얻어진 점 데이터들이 합쳐지는 과정을 정합이라고 한다. 정합은 정합용 고정구 및 마커등을 사용하는 경우와 측정 데이터 자체로 정합을 하는 경우가 있다.

정답 ④

04 FDM 3D프린터에서 필라멘트 재료를 선택할 때 고려할 사항이 아닌 것은?

① 표면 거칠기
② 강도와 내구성
③ 용융온도
④ 열 수축성

해설

고려할 사항으로는 재료의 강도, 내구성, 용융온도, 수축성 정도이다. 표면거칠기는 고려하지 않아도 된다.

정답 ①

05 솔리드 모델링으로 표현하기 힘든 기하 곡면을 모델링하고 형상의 표면 데이터만 존재하는 모델링은?

① 파라메트릭 모델링
② 서피스 모델링
③ 파트 모델링
④ 형상 모델링

해설

모델링은 와이어, 서피스, 솔리드 모델링으로 분류되는데 와이어 모델링은 형상을 와이어로만 표현한것이고 서피스 모델링은 형상의 내부가 빈 표면데이터만 표현하는것이며 솔리드모델링은 내부가 꽉찬 덩어리형태로 체적을 갖는 모델링 기법이다.

정답 ②

06 패턴 이미지 기반의 삼각 측량 3차원 스캐너에 대한 설명으로 옳지 않은 것은?

① 휴대용으로 개발하기가 용이하다.
② 한꺼번에 넓은 영역을 빠르게 측정할 수 있다.
③ 가장 많이 사용하는 방식이다.
④ 광 패턴을 바꾸면서 초점 심도 조절이 가능하다.

해설

①, ②, ④번 설명은 패턴이미지 기반 삼각측량 스캐너를 올바르게 설명하고 있으나 ③번 설명은 잘못되었다. 가장 많이 사용되는 방식은 레이저기반 스캐너이다.

정답 ③

07 프린터 출력 중 파워 서플라이(SMPS) 고장으로 전원이 나갈 경우 가장 먼저 취해야 하는 조치로 옳은 것은?

① 전원 스위치를 끈다.
② 전원 공급 장치를 먼저 수리한다.
③ 출력 중인 출력물을 회수한다.
④ 배전반을 먼저 점검한다.

해설

프린터 출력중 전원이 나갈 경우 우선적으로 전원스위치를 내리고 차근 차근 점검해 나가야한다. 전기적 수리나 제품 회수는 점검 작업후 해도된다.

정답 ①

08 FDM 3D프린터 방식에서 필라멘트 재료를 노즐로부터 뒤로 빼주는 기능은?

① SUPPORT
② RETRACTION
③ SLICING
④ BACKUP

해설

출력중 필라멘트 재료를 노즐로부터 후퇴시키는 것을 리트렉션(Retraction)이라고 하며 리트렉션 거리가 짧거나 속도가 느릴 때 실이 새어나와 품질이 낮아지므로 적정한 거리와 속도로 조정해 출력해준다.

정답 ②

09 G1 X50 Y120 E50 에 대한 G코드 설명으로 옳은 것은?

① 헤드를 X=50, Y=120으로, 이송 속도를 50mm/min 이송
② 헤드를 X=50, Y=120으로, 노즐 온도를 50℃로 설정
③ 헤드를 X=50, Y=120으로, 플렛폼 온도를 50℃로 설정
④ 헤드를 X=50, Y=120으로, 필라멘트를 50mm까지 압출하면서 이송

해설

G1은 직선보간기능으로 X, Y값으로 이동하라는 명령어이고 E50은 압출되는 필라멘트의 길이를 명령한 것이다.

정답 ④

10 압축된 금속 분말에 열에너지를 가해 입자들의 표면을 녹이고 금속 입자를 접합시켜 금속 구조물의 강도와 경도를 높이는 공정은?

① 분말 용접
② 경화
③ 소결
④ 합금

해설

SLS형식의 3D프린터에서 사용하는 적층방식으로 금속, 비금속 분말등에 레이저나 열에너지를 조사시켜서 입자를 접합시켜 시제품이나 완제품을 제작할 때 사용하는데 이것을 소결(Sintering)이라고 한다.

정답 ③

11 아래 그림 (A)를 그림 (B)처럼 수정할 때 필요 없는 명령어는?

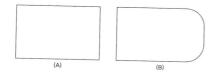

(A)　　　　　(B)

① CHAMFER
② ARC
③ CIRCLE
④ TRIM

해설

명령어중 호, 원, 자르기는 관련이 있으나 모따기는 관련이 없음.

정답 ①

12 FDM 3D프린터 방식에서 노즐 크기가 0.4mm일 때 아래 그림에서 출력 작업이 원활하지 않은 부분은?

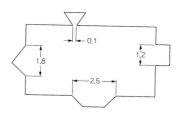

① 1.2mm
② 0.1mm
③ 2.5mm
④ 1.8mm

해설

노즐크기 보다 작은 출력을 시행할때는 당연히 원만한 출력을 기대할수 없다.

정답 ②

13 2D 스케치 환경에서 원을 호로 수정 시 필요한 명령어는?

① 자르기
② 연장
③ 늘이기
④ 간격띄우기

해설

원을 호로 편집할 때 선그리기와 자르기를 이용하면 호를 만들 수 있다.

정답 ①

14 FDM 3D프린터 방식에서 출력물의 표면 품질에 미치는 직접적인 원인으로 옳지 않은 것은?

① 압출량 설정이 적절하지 않은 경우
② 타이밍벨트의 장력이 높은 경우
③ 노즐 설정 온도가 너무 낮은 경우
④ 첫 번째 층이 너무 빠르게 성형될 경우

해설

출력물 품질에 직접적인 영향을 미치는 것으로는 노즐 온도가 너무 낮거나 높을 때, 압출량이 맞지않을 때, 밸트의 장력이 적정하지 않을 때, 재료에 따른 최적조건이 맞지않을 때 등이다. 첫 번째 층이 너무 빠르게 성형될 경우는 직접적인 원인으로 볼수 없다.

정답 ④

15 온 단면도(전 단면도)에 대한 설명으로 옳은 것은?

① 상하 좌우 대칭형의 물체는 중심선을 경계로 반은 외형도로, 나머지 반은 단면도로 동시에 표현한 단면도
② 외형도에서 필요로 하는 일부분만 나타낸 단면도
③ 물체의 기본적인 모양을 가장 잘 나타낼 수 있도록 물체의 중심에서 반으로 절단하여 나타낸 단면도
④ 구조물의 부재 등의 절단면은 90° 회전하여 나타낸 단면도

해설

①은 반단면도, ②는 부분단면도, ③은 전단면도, ④는 회전단면도를 설명함.

정답 ③

16 출력물의 형상을 확대, 축소, 회전, 이동을 통하여 지지대 없이 성형되기 어려운 부분을 찾는 방법은?

① 형상 배치
② 형상 분석
③ 형상 설계
④ 형상 출력

해설

출력물의 형상을 확대, 축소, 회전, 이동을 통하여 지지대 없이 성형되기 어려운 부분을 최소화하여 서포트소비를 줄이며 최적의 출력 방법을 찾는 것을 형상분석이라고 하며 오픈소스와 메이커별로 차이가 있는편이다.

정답 ②

17 3D프린터에 따른 형상 설계 오류에 관한 설명으로 거리가 먼 것은?

① 3D프린터로 제품을 제작할 때에는 3D프린터에 따른 형상 설계 오류를 고려해야 한다.

② SLA, DLP 방식의 3D프린터는 최대 10~15 μm으로 매우 좋은 정밀도를 가진다.

③ 광경화 조형 방식에서 광경화성 수지의 성질을 이해하지 못하면 제품 출력 시 뒤틀림 오차 등이 발생한다.

④ FDM 방식으로 설계 시 정밀도보다 작은 치수 표현은 불가능하다.

해설

SLA, DLP 방식은 최대 1~5μm의 매우 높은 정밀도 출력이 가능하다.

정답 ②

18 CAD 환경에서 일반적으로 사용하는 좌표계가 아닌 것은?

① 직교 좌표계

② 극 좌표계

③ 구면 좌표계

④ 원근 좌표계

해설

CAD환경에서 사용하는 좌표계는 직교, 극, 구면, 원통 좌표계를 사용한다.

정답 ④

19 액체 기반 3D프린터의 사용 용도와 거리가 가장 먼 것은?

① 액세서리, 피규어 제작에 활용된다.

② 산업 전반에 걸쳐 폭넓게 활용될 수 있다.

③ 3D프린터를 처음 접하는 사람이나 가정용으로 적당하다.

④ 의료, 치기공, 전자제품 등 정밀한 형상을 제작할 때 사용한다.

해설

액체기반 3D프린터는 특성상 적층할때와 후처리할 때 냄새가 날뿐 아니라 후처리시 알콜등 약품을 사용하기 때문에 초보자나 가정에서 사용 하기는 적당하지 않다.

정답 ③

20 3D모델을 2차원 유한 요소인 삼각형들로 분할한 후 각각의 삼각형의 데이터를 기준으로 근사시켜 가면 쉽게 STL 파일로 생성할 수 있다. 이때 꼭짓점 수가 220개이면 모서리 수는 몇 개인가?

① 660개
② 654개
③ 664개
④ 666개

모서리 수 = (꼭지점 수 × 3) − 6

정답 ②

21 보호(안전) 장갑에 대한 내용으로 거리가 가장 먼 것은?

① 주요 보호 기능은 전기 감전 예방, 화학물질로부터 보호하는 것이다.
② 화학물질용 안전장갑은 왼쪽의 화학물질 방호 그림을 확인한다.
③ 사용설명서에 나와 있는 파과 시간이 지나면 즉시 교체한다.
④ 제품 인증 화학물질이 사용할 화학물질과 일치하지 않으면 제조사에 정보를 요청해 적합한 것으로 바꾼다.

해설

파과란 대응하는 가스에 대하여 정화통 내부의 흡착제가 포화상태가 되어 흡수능력을 상실한 상태를 말하며 파과 시간이란 어느 일정농도의 유해 물질등을 포함한 공기를 일정유량으로 정화통에 통과하기 시작부터 파과가 보일 때까지의 시간을 말한다. 방독마스크의 교체시기의 기준이 된다.

정답 ③

22 보호(안전) 장갑의 설명 중 틀린 것은?

① 내전압용 절연장갑은 00등급에서 4등급까지 있다.
② 내전압용 절연장갑은 숫자가 클수록 두꺼워 절연성이 높다.
③ 화학물질용 안전장갑은 1~6의 성능 수준이 있다.
④ 화학물질용 안전장갑은 숫자가 작을수록 보호 시간이 길고 성능이 우수하다.

해설

화학물질용 안전장갑은 숫자가 클수록 보호시간이 길고 성능이 우수하다.

정답 ④

23 다음 중 오류 검출 프로그램이 아닌 것은?

① NETFABB
② AMF
③ MESHMIXER
④ MESHLAB

해설

오류검출프로그램으로는 무료로 사용할수 있는 NETFABB, MESHMIXER, MESHLAB이 있고 유료로 사용할수 있는 MAGICS가 있다. AMF는 Additive Manufacturing File의 약자로 3D프린팅 출력을 위한 표준화일로 만들어 졌는데 사용자가 적은편이다.

정답 ②

24 다음에서 STL 파일의 오류가 아닌 것은?

① 오픈 메쉬
② 반전 면
③ 메니폴드 형상
④ 메쉬가 떨어져 있는 경우

해설

출력용 파일의 오류종류는 오픈메쉬와 크로즈메쉬, 비메니폴드형상, 메쉬가 떨어져있는 경우, 반전면, 오류를 수정하지않고 출력한 것으로 나뉜다.

정답 ③

25 다음 중 SUPPORT 설치에 대한 설명으로 거리가 가장 먼 것은?

① 제품을 출력할 때 적층되는 바닥과 제품이 떨어져 있을 경우
② SLA 방식으로 제품을 제작할 때 지지대 유무에 따라 형상의 오차 및 처짐 등이 발생할 수 있다.
③ 제품의 출력 시 적층되는 바닥과 제품을 견고하게 유지시켜 준다.
④ 지지대가 많을수록 제품의 품질이 좋다.

해설

Support를 최소화하면서 제품을 출력할 수 있어야 한다. 과도하게 지지대를 설치하면 재료손실은 물론 제품 적층시 에러나 손상을 가져올수 있다.

정답 ④

26 FDM 3D프린터 방식에서 노즐과 베드 사이의 간격이 맞지 않을 때 생기는 현상과 거리가 먼 것은?

① 적층 면을 구성하는 선 사이에 빈 공간이 생길 수 있다.
② 재료가 끊긴 형태로 나올 수 있다.
③ 베드에 의해서 노즐 구멍이 막히게 된다.
④ 재료가 제대로 압출되기 어렵다.

해설

노즐과 베드사이의 간격은 노즐직경의 60%정도가 적당하다. 하지만 간격이 맞지 않을 때 생기는 현상은 재료가 압출이 안된다거나 재료가 끊어져 간헐적으로 적층된다. 특히 너무 가까우면 노즐구멍이 막히는 경우도 있으며 정밀도가 아주 안좋아 지거나 밀려서 적층되기도 한다.

정답 ①

27 FDM 3D프린터 방식에서 출력 순서로 옳은 것은?

① G-CODE 파일 → 슬라이싱 → STL 파일 → 출력

② 모델링 - STL 파일 → 슬라이싱 → 출력

③ 모델링 - G-CODE 파일 → 슬라이싱 → 출력

④ G-CODE 파일 → STL 파일 → 슬라이싱 → 출력

해설

FDM 3D프린터 방식에서 출력 순서는 모델링 → STL 파일 → 슬라이싱 → 출력의 순이다.

정답 ②

28 G-CODE에 대한 설명으로 관계가 없는 것은?

① 모터의 움직임을 제어하기 위한 좌표 값이 기입되어 있다.

② 3D프린터 외에도 CNC, LASER 커팅기 등에도 사용한다.

③ G-CODE 생성 프로그램을 슬라이서 프로그램이라 한다.

④ 대표적인 프로그램으로 NETFABB이 있다.

해설

NETFABB는 STL화일에 대한 오류를 검출 및 수정하는 소프트웨어이다.

정답 ④

29 제3각법에서 도면 배치에 대한 설명으로 틀린 것은?

① 정면도를 기준으로 배치한다.

② 저면도는 정면도의 아래에 배치한다.

③ 좌측면도는 정면도의 왼쪽에 배치한다.

④ 배면도의 위치는 가장 왼쪽에 배치한다.

해설

3각법에서 도면배치는 정면도를 기준으로 위에 평면도, 우측에 우측면도, 좌측에 좌측면도, 아래에 저면도, 배면도는 좌.우측면도 여유 있는곳에 배치한다.

정답 ④

30 FDM 3D프린터 출력물이 X0.4, Y0.6, Z0.8 출력오차 발생 시 가장 적절한 대응 방법은?

① X, Y축 방향으로 프린터 속도를 올린다.
② 프린터 노즐 온도를 올린다.
③ Z축 레이어 높이를 조정한다.
④ 노즐과 베드 사이의 간격을 조정한다.

해설

교과서적인 내용은 아니지만 경험적지식으로 해석해보면 X,Y축에 대해서는 속도를 줄여주고 노즐온도는 최적 조건으로 조정 한다음 Z축 레이어 높이를 조정하면서 수정 보완해야 할것으로 판단한다.(단, 노즐과 베드사이 간격은 정상)

정답 ③

31 도면 작성 시 가는 실선의 용도가 아닌 것은?

① 절단선
② 해칭선
③ 치수선
④ 치수 보조선

해설

도면 작성 시 가는 실선의 용도는 치수선, 치수보조선, 해칭선, 지시선 등에 쓰인다. 절단선(파단선)은 실선이나 굵은 실선을 사용한다.

정답 ①

32 FDM 방식의 출력물 후가공 처리 중 아세톤 훈증에 대한 내용으로 거리가 먼 것은?

① 붓을 이용해 출력물에 발라도 되고 실온에서 훈증하거나 중탕하는 방법이 있다.
② 아세톤은 무색의 휘발성 액체로 밀폐된 공간에 부어 놓기만 해도 증발되어 훈증 효과를 볼 수 있다.
③ 냄새가 많이 나지 않고 디테일한 부분을 잘 표현할 수 있다.
④ 밀폐된 용기 안에 출력물을 넣고 아세톤을 기화시켜 표면을 녹이는 방법으로 매끈한 표면을 얻을 수 있다.

해설

아세톤 훈증 방식은 추천하는 방식은 아니다. 치수나 정밀도 보다는 외관의 매끄러움을 요하는 캐릭터부분에 많이 사용되지만 냄새가 독하고 훈증가스 흡입시 건강에 치명적이며 디테일한 부분은 녹아내릴 수 있어 참고해야 한다.

정답 ③

33 좌표 지령의 방법은 절대(absolute) 지령과 증분(incremental) 지령으로 구분된다. 절대지령은 'G90'을 사용하고 증분 지령은 'G91'을 사용한다. 두 지령이 해당하는 그룹은?

① 모달 그룹 1
② 모달 그룹 2
③ 모달 그룹 3
④ 모달 그룹 4

해설
G로시작하는 준비기능은 17개의 모달그룹으로 분류 되어 있다. G90,G91기능은 모달그룹(Modal Group)3에 속한다.

정답 ③

34 지지대와 관련된 성형 결함 중 제작 시 하중으로 인해 아래로 처지는 현상을 무엇이라 하는가?

① Overhang
② Warping
③ Unstable
④ Sagging

해설
지지대와 관련된 성형 결함 중 제작 시 하중으로 인해 아래로 처지는 현상을 "Sagging"이라 한다.

정답 ④

35 지지대와 관련된 성형 결함 중 제작 시 소재가 경화화면서 수축에 의해 뒤틀림이 발생하는 현상은?

① Overhang
② Warping
③ Unstable
④ Sagging

해설
지지대와 관련된 성형 결함 중 소재가 경화하면서 수축에 의해서 뒤틀림이 발생하게되는 현상을 "Warping"이라고 한다.

정답 ②

36 2D 스케치에서 라인을 수정할 수 없는 명령어는?

① 분할　　　　② 연장
③ 생성　　　　④ 자르기

해설
2D스케치에서 라인을 수정하는 명령어는 분할, 연장, 자르기, 모따기, 라운드등 많은 명령어들이 있다. 생성은 수정하는 것이 아니라 새로 만드는 명령어이다.

정답 ③

37 작업자가 감전 사고로 쓰러져 호흡정지 4분 후 심폐소생술을 했을 때 생존이 가능한 확률은?

① 15% 미만
② 50% 미만
③ 75% 이상
④ 90% 이상

해설

호흡정지 1분 내에 심폐소생술이 시행되면 97% 생존률을 보이고 1분이 경과할때마다 7~25%씩 생존율이 떨어지며 4분경과시 50% 미만으로 떨어진다.

정답 ②

38 축의 지름이 50mm, 구멍의 지름이 50mm이고, 축의 공차가 ±0.2mm일 때 축의 최소 지름은?

① Ø49.8
② Ø49.2
③ Ø50.0
④ Ø50.2

해설

축의지름 $50^{\pm0.2mm}$ 인 경우 축의 최대지름은 50.2이고 축의 최소지름은 49.8이다.

정답 ①

39 다음 중 스케치 드로잉 명령어가 아닌 것은?

① 호
② 슬롯
③ 점
④ 대칭

해설

스케치 드로잉도구 명령어로는 일반적으로 점, 선, 원, 원호, 타원, 사각형, 슬롯, 자르기, 연장등이 있다. 대칭은 편집 명령어이다.

정답 ④

40 전문가가 호흡이 없거나 이상 호흡이 감지되는 재해자의 맥박 확인 결과 맥박이 있을 때 실시하며, 성인은 일반적으로 1분간 10~12회의 속도로 실시하는 응급처치는?

① 심폐 소생술
② 인공호흡
③ 호흡 확인
④ 보온 조치

해설

인공호흡은 재해자의 호흡이 감지될 때 실시하며 전문가가 하여야 한다. 성인은 일반적으로 1분간 10~12회의 속도로 재해자의 코를 막고 입에 숨을 불어넣는 것을 인공호흡이라고 한다.

정답 ②

41 밑면의 반지름이 5cm, 높이가 10cm인 원기둥의 부피는?

① 78.5cm³
② 7,850cm³
③ 785cm³
④ 78,500cm³

해설
원기둥의 부피공식이 $V = \pi r^2 h$ 이므로 $3.14 \times 5^2 \times 10 = 3.14 \times 250 = 785cm^3$ 임

정답 ③

42 ABS 소재의 출력 시 베드 온도로 가장 적절한 것은?

① 50℃
② 100℃
③ 60˚C
④ 10℃

해설
ABS 소재의 출력 시 베드 온도로 가장 적절한 온도는 80도 이상이다.

정답 ②

43 ABS 소재의 출력 시 노즐 온도로 가장 적절한 것은?

① 220℃
② 260˚C
③ 305℃
④ 175℃

해설
소재별 출력시 적절한 노즐온도 ABS : 220~250 PLA : 180~230 등

정답 ①

44 3D 엔지니어링 소프트웨어에서 하나의 부품형상을 모델링하는곳으로 형상을 표현하는 가장 중요한 요소는?

① 조립품 작성
② 도면 작성
③ 매개 변수 작성
④ 파트 작성

해설
3D 엔지니어링 소프트웨어의 대부분은 대개 Part작성 툴에서 부품 형상을 모델링하고 어세블리에서 조립이나 작동환경을 점검한다.

정답 ④

45 3D프린터 출력 중 단면이 밀려서 성형되는 경우와 관련이 없는 것은?

① 플랫폼의 상·하 방향 움직임이 일시적으로 멈추는 경우 발생한다.
② 헤드가 너무 빨리 움직일 때 발생할 수 있다.
③ 초기부터 타이밍벨트의 장력이 너무 높게 설정되어 있는 경우 문제가 될 수 있다.
④ 스테핑모터의 축이 제대로 회전하지 않는 경우 발생한다.

해설

출력중 단면이 밀려서 성형되는 경우는 헤드속도가 빠를 때, 타이밍 벨트 장력이 너무 높거나 낮게 설정 되었을 때, 타이밍 풀리가 스태핑모터 축에 헐겁게 고정된 경우, 전류 의약화로 스태핑 모터를 회전시켜 주지 못할때등의 원인으로 볼수있다. 플랫폼의 움직임이 일시적으로 멈추면 성형 작업도 중지되기 때문에 관련이 없다.

정답 ①

46 출력물이 다른 부품이나 다른 출력물과 결합 또는 조립을 필요로 할 때 고려해야 하는 부분은 무엇인가?

① 서포트
② 출력물 크기
③ 출력물 형상
④ 공차

해설

조립이나 결합하고자 하는 출력물은 출력공차를 고려하여 설계하고 출력한다.

정답 ④

47 다음에서 출력물과 지지대의 재료가 서로 다른 3D프린팅 공정은?

① 수조 광경화 (Vat Photopolymerization)
② 접착제 분사 (Bindler Jetting)
③ 분말 용접 (Powder bed fusion)
④ 재료 분사 (Material Jetting)

해설

출력물과 지지대 재료가 다른 프린팅 공정은 MJ방식과 Objet방식이 있으며 최근에는 FDM방식에서도 서포트재료를 수용성을 사용하고 있다.

정답 ④

48 현재의 좌표 값이 (X20, Y45)이고, 이동할 좌표 값이 (X120, Y90)일 때 증분 좌표 값으로 옳은 것은?

① X6.0, Y2.0
② X120, Y90
③ X100, Y45
④ X140, Y135

해설

이동할 좌표가 X120, Y90일 때 절대좌표는 원점좌표를 기준으로 절대좌표값 G90 X120, Y90으로 해야하지만 증분좌표는 항상 현재좌표를 X0, Y0으로 보고 X, Y 증분값 좌표 만큼 G91 X100, Y45로 명령하면 된다.

정답 ③

49 (G1 F500) G코드에 대한 해석으로 올바른 것은?

① 이송 거리를 500mm으로 설정
② 압출 거리를 500mm으로 설정
③ 이송 속도를 500mm/min으로 설정
④ 압출 속도를 500mm/min으로 설정

해설

G1 F500의 이미는 분당 이송속도가 500mm로 움직임을 뜻한다.

정답 ③

50 3D프린터의 동작을 담당하는 모든 스테핑 모터에 전원을 공급하는 M 명령어는?

① M17   ② M1
③ M18   ④ M104

해설

M17은 모든 스테핑모터에 전원을 공급하는 명령어, M1은 시스템종료, M18은 모든 스태핑모터 전원차단, M104는 압출기 온도설정 명령어이다.

정답 ①

51 분말 방식 3D프린터의 출력물을 회수하는 순서로 옳은 것은?

① 3D프린터 작동 중지 → 보호구 착용 → 3D프린터 문 열기 → 출력물 분리
② 보호구 착용 → 3D프린터 문 열기 → 출력물에 묻어있는 분말 제거 → 출력물 분리
③ 보호구 착용 → 3D프린터 작동 중지 → 3D프린터 문 열기 → 출력물 분리
④ 3D프린터 문 열기 → 보호구 착용 → 출력물에 묻어있는 분말 제거 → 출력물 분리

해설

SLS방식 회수절차는 작업이 완료되면 3D프린터 자동중지 대기모드로 적층 챔버내에서 온도 내리기(Cooling down) – 보호구 착용 – 프린터문열기 – 파우더꺼내기 – 파우더 옮기기 – 분말제거(Break out)작업 – 출력물 분리의 과정이 정상이다.

정답 ②

52 3D프린터를 구입할 때 고려해야 할 사항으로 거리가 먼 것은?

① 제품의 가격이나 유지비
② 3D프린터 사용 시간
③ 재료의 가격이나 유지비
④ 출력물 사이즈와 프린터 크기

해설

3D프린터를 구입할 때 고려해야 할 사항은 제품가격, 사용재료가격, 출력물사이즈, 프린터 크기와 유지비등을 고려하여 구입한다. 특히 제작하고자하는 출력물의 경제성과 가성비를 고려하여야 한다.

정답 ②

53 방진 마스크의 선정 기준과 가장 거리가 먼 것은?

① 안면 접촉 부위에 땀을 흡수할 수 있는 재질을 사용한 것
② 안면 밀착성이 좋아 기밀이 잘 유지되는 것
③ 마스크 내부에 호흡에 의한 습기가 발생하지 않는 것
④ 분진 포집 효율이 높고 흡기 · 배기 저항은 높은 것

해설

방진마스크는 ①, ②, ③, 내용을 포함하고 분진 · 포집 효율은 높고 흡기 · 배기 저항은 낮은 것 이어야한다.

정답 ④

54 다음 도면의 치수 중 A 부분에 기입될 치수로 가장 정확한 것은?

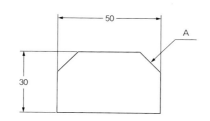

① C10
② R10
③ 2-R10
④ 2-C10

해설

2개의 45°모따기(Chamfer)를 기입하는법은 2—C10의 형식이 표준이다.

정답 ④

55 FDM 방식의 3D프린터 특성상 제대로 출력되지 않는 경우가 있는데 출력되지 않는 원인으로 가장 거리가 먼 것은?

① 간격이 좁은 부품 요소
② 모델링 형상 외벽 두께가 노즐 크기보다 작을 경우
③ 구멍이나 축의 지름이 1mm 이하인 경우
④ 부품 중에서 하나에만 공차를 적용한 경우

해설
문제에서 요구하는 원인으로 거리가 가장먼 것은 부품중에서 하나에만 공차를 적용한 경우는 출력과는 무관하다.

정답 ④

56 3D프린팅에서 자주 사용되는 M코드 중 조형을 하는 플랫폼을 가열하는 코드는?

① M135
② M190
③ M109
④ M104

해설
M135는 헤드온도 측정 및 출력값 설정시간지정, M190은 조형하는 플랫폼을 가열기능, M109는 열선온도조정기능, M104는 헤드온도지정 명령어이다.

정답 ②

57 고분자 화합물로 폴리아세트산비닐을 가수 분해하여 얻어지는 무색 가루이며, 물에는 녹고 일반 유기 용매에는 녹지 않는 특성을 가져 주로 서포트에 이용되는 소재는?

① PVA(Polyvinyl Alcohol) 소재
② HIPS(High-Impact Polystyrene) 소재
③ PC(Polycarbonate) 소재
④ TPU(Thermoplastic Polyurethane) 소재

해설
고분자 화합물로 폴리아세트산비닐을 가수 분해하여 얻어지는 무색 가루이며, 물에는 녹고 일반 유기 용매에는 녹지 않는 특성을 가져 주로 서포트에 이용되는 소재는 PVA(Polyvinyl Alcohol) 이다.

정답 ①

58 G코드에서 고정 사이클 초기점 복귀 기능이 있고 종료 후 초기점으로 복귀하는 코드는?

① G96 ② G97
③ G98 ④ G99

해설
G96 : 공구와 공작물의 운동속도를 일정하게제어기능
G97 : 분당 rpm일정
G98 : 종료후 초기점으로 복귀코드로 고정사이클 초기점복귀 기능
G99 : 종료 후 R점으로 복귀

정답 ③

59 고체 방식 3D프린터 출력물 회수하기 내용으로 틀린 것은?

① 전용 공구를 사용하여 출력물을 분리한다.
② 마스크, 장갑, 보안경을 착용한다.
③ 플랫폼에 이물질이 있으면 전용 솔을 이용한다.
④ 강한 힘을 주어 출력물을 제거한다.

해설

출력물을 회수할때는 항상 전용공구를 사용하고 안전장구를 착용하며 플랫폼을 항상 깨끗하게 정리한다. 특히 출력물을 제거 할때 강한 힘을 주어서는 안된다.

정답 ④

60 아래 표는 축 기준식 억지 끼워 맞춤이다. 빈칸에 들어갈 내용으로 옳은 것은?

	축 치수	구멍 치수
지름	Ø80	Ø80
공차	h5	P6
최소 허용 치수	79.987	79.955
최대 허용 치수	80	ⓐ
치수 공차	0.013	0.019
최소 쬠새	ⓑ	
최대 쬠새	0.045	

① ⓐ 0.013, ⓑ 79.974
② ⓐ 79.974, ⓑ 0.013
③ ⓐ 0.019, ⓑ 79.974
④ ⓐ 79.974, ⓑ 0.019

해설

구멍의 최대허용치수 ⓐ는 $80 - 0.026 = 79.974$, 최소쬠새 ⓑ는 $0.026 - 0.013 = 0.013$임.

정답 ②

01 비접촉 3차원 스캐닝 방식 중 측정 거리가 먼 방식부터 바르게 나열한 것은?

① TOF 방식 레이저 스캐너 → 변조광 방식의 스캐너 → 레이저 기반 삼각 측량 스캐너

② 변조광 방식 레이저 스캐너 → TOF 방식의 스캐너 → 레이저 기반 삼각 측량 스캐너

③ TOF 방식 레이저 스캐너 → 레이지 기반 삼각 측량 스캐너 → 변조광 방식의 스캐너

④ 변조광 방식 레이저 스캐너 → 레이저 기반 삼각 측량 스캐너 → TOF 방식의 스캐너

해설

TOF 방식 레이저 스캐너는 30m이상의 물체를 스캐닝할 때 사용되며 건물이나 지형을 스캔할 때 사용한다. 변조광 방식의 스캐너는 10 ~ 30m정도 거리에 있는 대상을 스캔할 때 사용한다. 레이저 기반 삼각 측량 스캐너는 5m내외에 있는 대상을 고정하여 스캔할 때 사용한다.

정답 ①

02 다음 치주 보조 기호 중 모따기 기호로 옳은 것은?

① ∅

② △

③ C

④ R

해설

∅ : 지름
△ : 다듬질기호
C : 45°모따기일 때 사용
R : 반지름

정답 ③

03 선택한 면과 면, 선과 선 사이에 일정한 거리를 주는 제약 조건은 무엇인가?

① 일치 제약 조건

② 오프셋 제약 조건

③ 고정 컴포넌트

④ 접촉 제약 조건

해설

일반적으로 사용하는 3D모델링 프로그램에서는 제약조건보다는 구속조건으로 표현한다. 여기서는 오프셋 구속(제약)조건은 설명하고 있다.

정답 ②

04 2D 라인 없이 3D 형상 제작 방법 중 합집합, 교집합, 차집합을 적용하여 객체를 만드는방법은?

① 폴리곤 방식
② AMF 방식
③ IGES 방식
④ CSG 방식

해설

CSG(constructive solid geometry : 구조적 입체기하학) 방식으로 3차원물체를 컴퓨터에서 데이터로 표현하기위해 직육면체,정육면체,원통등의 기본적인 입체의 합성으로 논리연산과 트리구조로 기록하는 방법이다. 불린(Boolean) 작업으로 합집합, 교집합, 차집합을 적용하여 객체를 만드는 방법이다.

정답 ④

05 3D모델을 2차원 유한 요소인 삼각형들로 분할한 후 각 삼각형의 데이터를 기준으로 근사시키면 STL 파일을 쉽게 생성할 수 있다. 이때 모서리 수를 구하는 공식은?

① 모서리 수 = (꼭짓점 수 × 2) – 6
② 모서리 수 = (꼭짓점 수 × 3) – 6
③ 모서리 수 = (꼭짓점 수 × 2) – 4
④ 모서리 수 = (꼭짓점 수 × 3) – 4

해설

모서리수 = (꼭짓점수×3) – 6, 꼭짓점수 = (총삼각형수/2) + 2

정답 ②

06 다음 중 G1 X70 E95에 대한 설명으로 맞는 것은?

① 현재 위치에서 X70으로, 필라멘트를 현재 길이에서 95mm까지 압출하면서 이송한다.
② X70 지점으로 속도는 95nm/min 이송한다.
③ 현재 위치에서 X70으로, 속도는 95mm/min 이송한다.
④ X70 지점으로 빠르게 이송, 필라멘트를 현재 길이에서 95mm까지 압출하면서 이송한다.

해설

G1 : 지정된 좌표 X70으로 직선이동과 압출
E95 : 압출길이 95mm

정답 ①

07 원호와 선 또는 원호와 원호를 서로 접하게 만드는 구속 조건은?

① 동심 구속 조건
② 일치 구속 조건
③ 접선 구속 조건
④ 평행 구속 조건

접선(Tangent) 구속 조건을 설명하고 있다.

정답 ③

08 다음 중 솔리드 모델링 작업 순서로 옳은 것은?

① 스케치 작성 → 대략적인 2D 단면 그리기 → 치수 기입 → 베이스 피처 작성
② 스케치 작성 → 치수 기입 → 대략적인 2D 단면 그리기 → 구속 조건 부여
③ 스케치 작성 → 구속 조건 부여 → 대략적인 2D 단면 그리기 → 치수 기입
④ 스케치 작성 → 대략적인 2D 단면 그리기 → 베이스 피처 작성 → 구속 조건 부여

해설

일반적으로 솔리드모델링 작업순서는 스케치 작성 – 대략적인 2D기준단면 선정 및 치수 구속하기 – 구체적인 치수 부여 – 기본피처 작성 – 조건에 따라 모델링 편집 및 수정하기 정도 순이다.

정답 ①

09 3D프린터에서 재료가 플랫폼에 제대로 안착되지 않는 원인으로 옳지 않은 것은?

① 첫 번째 층이 너무 빠르게 성형될 때
② 출력물과 플랫폼 사이의 부착 면적이 작을 때
③ 용융된 재료가 과다하게 압출될 경우
④ 온도 설정이 맞지 않는 경우

해설

①, ②, ④의 경우가 플랫폼에 적층재료가 잘 붙지 않는경우이고 ③의 경우는 과다하게 압출되어 거칠거나 조립이 불가능상태로 되어 불량이 나는 것이지 프랫폼에 안착되지 않는 이유로는 부적합하다.

정답 ③

408   3D프린터운용기능사 필기 실기

10 3D프린터 출력 시 분할하여 출력하고자 할 때 가장 적절한 방법은? (분할 선은 빨간선)

 ①   ②

③   ④

해설

문제를 위한 문제를 출제한 것 같아서 어색 하지만 굳이 분할 한다면 2개의 독립된 부품으로 출력후 접착이나 조립할 수 있도록 기구설계하는 방법이 있다.

정답 ③

11 다음에서 설명하는 3D프린터 소재로 옳은 것은?

- 유독가스를 제거한 석유 추출물을 이용해 만든 재료이다.
- 충격에 강하고 오래 가면서 열에도 상대적으로 강한 편이다.
- 출력 시 힘 현상이 있어 설계 시 유의해야 한다.
- 출력 시 환기가 필요하다.

① PLA   ② ABS
③ PVA   ④ TPU

해설

ABS 소재를 설명하고 있으며 우리가 일상생활에서 사용하는 플라스틱 소재로 가전제품, 자동차부품, 장난감등에 사용하고 있다. ABS 소재로 출력시 가열할 때 냄새가 많이 나기 때문에 반드시 환기 장치나 헤파(HEPA : High Efficiency Particulate Air)필터등을 설치하여야 한다.

정답 ②

12 다음 중 3D프린터 조형 방식과 재료에 따른 지지대 제거 방식으로 옳지 않은 것은?

① 액상 기반의 재료를 사용하는 SLA, DLP 방식의 경우 광경화성 수지를 사용하므로 모델 재료와 지지대 재료가 같다.

② 지지대는 자동 생성 되지만 소프트웨어를 통해 지지대 생성을 하지 않을 수도 있다.

③ 분말 기반의 재료를 사용하는 3DP, SLS 방식과 같은 적층 기술은 지지대를 사용하지 않기 때문에 분말만 털어주면 출력물을 얻을 수 있다.

④ 액상 기반의 재료를 사용하는 SLA, DLP 방식의 경우 지지대가 출력물에서 쉽게 떨어지지 않는다.

해설

액상 기반의 재료를 사용하는 SLA, DLP 방식의 경우 지지대가 가는 기둥으로 되어있기 때문에 출력물에서 쉽게 떨어진다.

정답 ④

13 3D프린터에서 출력물을 출력할 때의 작업 순서로 옳은 것은?

① 2D 스케치 → 도면 배치 → STL 파일 저장 → G CODE 생성 → 출력

② 2D 스케치 → 3D 모델링 → STL 파일 저장 → G CODE 생성 → 출력

③ 2D 스케치 → 3D 모델링 → G CODE 생성 → STL 파일 저장 → 출력

④ 2D 스케치 → 도면 배치 → G CODE 생성 → STL 파일 저장 → 출력

해설

출력작업 순서는 2D스케치-3D모델링 – STL화일 저장 – Netfabb로 파일오류 체크 – G CODE 화일 생성 – 출력 – 출력물 제거 – 서포트 제거 및 작동검사

정답 ②

14 두 점 사이의 거리를 실제로 측정한 치수를 무엇이라 하는가?

① 실 치수
② 점 치수
③ 거리 치수
④ 측정 치수

해설

두 점 사이의 거리를 실제로 측정한 치수를 실치수라 한다.

정답 ①

15 다음 빈칸에 들어갈 단어로 옳은 것은?

> 끼워 맞춤에서 구멍의 치수가 축의 치수보다 클 때를 (   )라 하고, 구멍의 치수가 축의 치수보다 작을 때를 (   )라 한다.

① 허용 공차, 한계 공차
② 죔새, 틈새
③ 틈새, 죔새
④ 한계 공차, 허용 공차

해설

구멍치수 〉 축의 치수일 때 틈새, 구멍치수 〈 축의 치수일 때 죔새

정답 ③

---

16 다음 중 기하 공차의 기호 중 모양 공차로 진원도 공차를 나타내는 기호는?

① ⊙   ② ⌒
③ ○   ④ ◎

해설

⊙ : 관련없음
⌒ : 선의윤곽도공차
○ : 진원도공차
◎ : 동축도, 동심도공차

정답 ③

---

17 3D모델링에서 스케치가 두 개 있어야 형상을 완성할 수 있는 3차원 형상화 명령은?

① 회전 명령
② 스윕 명령
③ 돌출 명령
④ 구멍 명령

해설

3D모델링에서 스케치가 두 개 있어야 형상을 완성할 수 있는 3차원 형상화 명령어는 스윕(sweep) 명령어이다.

정답 ②

---

18 작업 현장에서 사람이 전기에 감전되어 쓰러졌을 때 하면 안 되는 행동은?

① 재해자 주변의 위험물을 제거한다.
② 감전 환자의 몸에 접촉되어 있는 전선은 절연체로 자신을 보호한 후 제거한다.
③ 재해자의 의식을 확인한다.
④ 재해자의 신체를 흔들어 깨운다.

해설

감전된 재해자의 신체를 안전장구없이 터치해서는 안된다.

정답 ④

19 다음 중 오류 검출 프로그램이 아닌 것은?

① 카티아(CATIA)
② 넷팹(NETFABB)
③ 메쉬믹서(MESHMIXER)
④ 메쉬랩(MESHILAB)

해설

카티아(CATIA)는 3D모델링 프로그램으로 CAD/CAM작업이 가능하다. 오류검출 프로그램 중 오픈 sw는 Netfabb, Meshmixer, Meshlab등이 있고 유료 sw로는 Magics 등이 있다.

정답 ①

---

20 다음 중 출력 공차에 대한 설명으로 틀린 것은?

① 3D 엔지니어링 프로그램에서의 모델링은 기본적으로 공차가 발생하지 않는다.
② 3D프린터 같은 경우 가공자에 의한 출력 공차를 부여할 수 있다.
③ 조립 부품이 작은 축과 구멍으로 조립이 되는 경우 구멍을 조금 더 키워 출력한다.
④ 부품 중에서 하나에만 공차를 적용하는 것이 바람직하다.

해설

3D프린터는 3D모델링 데이터가 STL데이터로 변환되어 슬라이싱과정을 통해 G Code로 출력되기 때문에 가공자가 임의로 출력공차를 부여할 수 없다.

정답 ②

---

21 다음 중 3D 프린팅 시 출력용 파일의 오류가 아닌 것은?

① 반전 면
② 매니폴드 형상
③ 오픈 메쉬
④ 메쉬가 떨어져 있는 경우

해설

출력용 파일의 오류 유형이 반전면, 비매니폴드, 오픈·클로즈 메쉬, 메쉬가 떨어져 있는 경우등이 있다.

정답 ②

22 압출기 노즐과 플랫폼 사이의 거리가 너무 가까울 때 발생하는 현상이 아닌 것은?

① 노즐의 구멍이 플랫폼에 의해서 막힐 수 있다.

② 녹은 플라스틱 재료가 제대로 압출되기 어렵다.

③ 출력물의 면을 구성하는 선과 선 사이에 빈 공간이 생긴다.

④ 처음에는 재료가 압출되지 않다가 3, 4번째 층부터 제대로 압출되기도 한다.

해설

출력물의 면을 구성하는 선과 선 사이에 빈 공간이 생기는 것은 재료의 압출량이 적을 때 나타나는 현상임.

정답 ③

23 다음 중 SLS 방식의 3D프린터 출력물 회수 순서로 옳은 것은?

> ㉠ 3D프린터 작동 중지
> ㉡ 플랫폼에서 출력물 분리
> ㉢ 보호 장구 착용
> ㉣ 3D프린터 문 열기
> ㉤ 플랫폼에 남아 있는 분말 가루를 제거
> ㉥ 출력물에 묻어 있는 분말 가루 제거

① ㉠ → ㉢ → ㉣ → ㉡ → ㉥ → ㉤
② ㉢ → ㉠ → ㉣ → ㉡ → ㉥ → ㉤
③ ㉠ → ㉢ → ㉣ → ㉡ → ㉤ → ㉥
④ ㉢ → ㉠ → ㉣ → ㉡ → ㉤ → ㉥

해설

보호구 착용 – 장비작동 중지 – 챔버문 열기 – 플랫폼에서 출력물 분리 – 플랫폼 분말가루 제거 – 출력물 분말제거 순으로 한다.

정답 ④

24 레이저 기반 삼각 측량 3차원 스캐너에서 계산하는 방식으로 옳은 것은?

① 한 변과 2개의 각으로부터 나머지 변의 길이 계산

② 두 변과 2개의 각으로부터 나머지 변의 길이 계산

③ 한 변과 1개의 각으로부터 나머지 변의 길이 계산

④ 두 변과 1개의 각으로부터 나머지 변의 길이 계산

해설

레이저를 측정물에 조사하여 레이저 발진부, 수광부, 측정 대상물로 이루어진 삼각형에서 한 변과 2개의 각으로부터 나머지 변의 길이를 계산하는 방식이다.

정답 ①

25 3D프린터 방식 중 SLA 방식의 특징이 아닌 것은?

① 나일론 계열의 폴리아미드가 주로 사용된다.
② 빛을 이용하기 때문에 정밀도가 높다.
③ 폐기 시 별도의 절차가 필요하다.
④ 강도가 낮은 편이라 시제품을 생산하는 데 주로 사용된다.

해설

SLA방식은 FDM방식과는 달리 출력물 재료로 액체상태의 광경화성 수지를 이용한다. 사용재료로는 UV레진과 가시광선 레진을 사용한다. 나일론 계열의 폴리아미드는 플라스틱 분말로서 SLS형식에서 사용한다.

정답 ①

26 다음 중 PLA 소재의 노즐 온도로 가장 적합한 것은?

① 240 ~ 260°C
② 180 ~ 230°C
③ 250 ~ 300°C
④ 175 ~ 250°C

해설

소재에따른 노즐온도는
PLA (180 ~ 230°C)
ABS (220 ~ 250°C)
나일론 (240 ~ 260°C)
PC (250 ~ 305°C)
PVA (220 ~ 230°C)
HIPS (215 ~ 250°C)
TPU (210 ~ 230°C)
나무 (175 ~ 250°C)

정답 ②

27 3D 모델링 방식의 종류 중 넙스 방식의 설명으로 틀린 것은?

① 수학 함수를 이용하여 곡면 표현이 가능하다.
② 부드러운 곡선을 이용한 모델링에 많이 사용된다.
③ 재질의 비중을 계산하여 무게 등을 측정할 수 있다.
④ 자동차나 비행기의 표면과 같은 부드러운 곡면을 설계할 때 효과적이다.

해설

①, ②, ④번 내용은 넙스(NURBS : Non-uniform Rational B-Spline)모델링 방식을 설명하고 있다. ③번 내용은 솔리드 모델링 방식을 설명하고 있다.

정답 ③

28 다음 중 소결에 대한 설명으로 틀린 것은?

① 압축된 금속 분말에 열에너지를 가해 입자들의 표면을 녹인다.

② 금속 입자를 접합시켜 금속 구조물의 강도와 경도를 높이는 공정이다.

③ 압력이 가해지면 분말 사이의 간격이 좁아져 밀도가 높아진다.

④ 금속 용융점보다 높은 열을 가하면 금속 입자들의 표면이 달라붙어 소결이 이루어진다.

해설

소결(Sintering)이란 압축된 금속분말에 적절한 열에너지를 가해 입자들의 표면을 녹이고 녹은 표면을 가진 금속입자를 서로 접합시켜 금속구조물의 강도와 경도를 높이는 공정을 말하며 느슨한 상태의 분말에 압력이 가해짐에 따라서 분말들 사이의 간격이 좁아지게된다. 이렇게 분말사이의 간격이 좁아져 밀도가 높아진 상태에서 금속의 용융점보다 조금낮은 정도의 적절한 열을 가하게되면 금석입자들의 표면이 서로 달라붙게 되어 소결이 이루어지게된다.

정답 ④

29 위치 결정 방식에서 헤드 또는 플랫폼의 현재 위치를 기준점으로 하여 임의로 지정한 값만큼 이송하는 방식은?

① 증분 좌표 방식

② 절대 좌표 방식

③ 기계 좌표 방식

④ 로컬 좌표 방식

해설

절대좌표방식은 항상 원점기준으로 좌표명령을 하고 증분좌표방식은 항상 현재위치를 새로운 원점으로 생각하여 증분값으로 명령을 하는 방식이다.

정답 ①

30 다음 중 G코드 명령어 설명으로 바르지 않은 것은?

① G1 : 현재 위치에서 지정된 위치까지 헤드나 플랫폼을 직선으로 이송한다.

② G28 : 3D프린터의 각 축을 원점으로 이송시킨다.

③ G90 : 지정된 값이 현재 값이 되며 3D프린터가 동작하지는 않는다.

④ G91 : 지정된 이후의 모든 좌표 값은 현재 위치에 대한 상대 좌표 값으로 설정된다.

해설

G90은 지정된 이후의 모든 좌표값은 원점기준 절대좌표값 설정됨.

정답 ③

31 3D 프린터 기능에서 리트렉션 (RETRACTION)에 대한 설명으로 옳은 것은?

① 스테핑모터의 축이 제대로 회전하지 않을 때 작동한다.

② 노즐과 플랫폼 사이의 간격을 조정한다.

③ 기어 이빨이 필라멘트 재료를 뒤로 빼주는 동작이다.

④ 출력 속도가 너무 높을 때 동작한다.

해설

리트렉션은 필라멘트를 노즐방향으로 밀어주거나 노즐 반대방향으로 뒤로 빼주는 기어(피니언기어)가 있는데 필라멘트 재료를 뒤로 빼주는 동작을 말한다.

정답 ③

32 헤드나 플랫폼을 목적지로 빠르게 이송시키기 위해서 사용하는 G코드는?

① G1　　　② G0

③ G20　　④ G21

해설

G1 : 직선이동
G0 : 급송이송
G20 : inch데이터입력
G21 : mm데이터입력

정답 ②

33 다음 중 형상을 분석할 때 사용하지 않는 기능은?

① 형상물의 분할

② 형상물의 확대 및 축소

③ 형상물의 이동

④ 형상물의 회전

해설

형상분석을 통해 지지대를 최소화하기 위하여 형상을 확대, 축소, 회전, 이동 등의 기능을 활용한다.

정답 ①

34 작업 안전수칙 중 작동 종료 후에 발생할 수 있는 상황이 아닌 것은?

① 용제 등은 중추신경계에 영향을 줄 수 있다.

② 플라스틱으로 만들어진 조형물은 연삭작업 이전에 완전히 경화된 상태여야 한다.

③ 조형물의 표면을 처리하는 작업을 수행하면 다양한 화학물질에 노출될 수 있다.

④ 나노 물질에 노출되면 폐 등에 염증성 반응을 유발할 수 있다.

해설

나노물질에 노출되면 폐등에 염증성 반응을 유발할수 있는경우는 재료 압출이나 출력상황에서 일어날 수 있는 재해이다.

정답 ④

35 FDM방식의 프린팅 방식의 장점 및 단점으로 맞는 것은?

① 작은 제품부터 큰 제품까지 제작할 수 있지만 정밀도가 떨어진다.

② 작은 제품부터 큰 제품까지 제작할 수 있고 표면치리가 뛰어나다.

③ 조형 속도가 빠르고 정밀도가 높아 미세한 형상 구현이 가능하다.

④ 조형 속도가 빠르고 작은 제품부터 큰 제품까지 제작할 수 있다.

해설

FDM 방식의 프린팅 방식의 장점은 강도가있는 크고작은 제품제작이 가능하다.
단점으로는 표면처리 작업이 힘들고, 조형속도가 늦고, 정밀도가 떨어지고, 미세한 형상 구현이 어렵다.

정답 ①

36 3D모델링 방식에서 폴리곤 방식에 대한 설명으로 거리가 먼 것은?

① 삼각형을 기본 단위로 하여 모델링한다.

② 다각형의 수가 적은 경우에는, 빠른 속도로 렌더링이 가능하지만 표면이 거칠게 표현된다.

③ 모델링 시 많은 계산이 필요하다.

④ 크기가 작은 다각형을 많이 사용하여 형상 구성 시, 표면이 부드럽게 표현되지만 렌더링 속도는 떨어진다.

해설

①, ②, ④번은 폴리곤 방식에 대한 설명을 한것이고 ③번은 넙스(NURBS)방식을 설명한 것이다. 넙스 방식은 모델링시 많은 계산이 필요하고 정밀한 모델링이 가능하여 자동차나 비행기의 표면처럼 부드러운 곡면을 설계할 때 사용된다.

정답 ③

37 객체들 간의 자세를 흐트러짐 없이 잡아 두고, 차후 디자인 변경이나 수정 시 편리하고 직관적으로 업무를 수행하기 위해서 필요한 가장 중요한 기능을 무엇이라 하나?

① 형상 조건
② 구속 조건
③ 편집 조건
④ 구성 조건

해설

3D모델링 작업에서 가장 중요한 제약조건으로 구속조건이라한다.

정답 ②

38 3D프린터 슬라이싱 프로그램 방식에서 불러 올 수 있는 파일 형식으로 맞는 것은?

① STL, OBJ
② STL, EMF
③ STL, IGES
④ STL, STEP

해설
슬라이싱 프로그램에서 불러 올 수 있는 파일형식은 프로그램에 따라 차이가 있을 수 있으나 일반적으로 STL, OBJ, AMF, PLY, VRML, 3DS, ZPR등이 있다.

정답 ①

39 다음 중 지지대의 형상과 명칭이 서로 다른 것은?

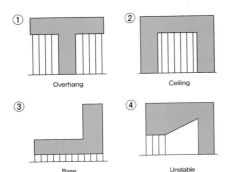

① Overhang
② Ceiling
③ Base
④ Unstable

해설
④번은 Island 형상으로 지지대가 받쳐주지 않으면 허공에 떠있는 상태가 되어 제대로 적층되지 않는 경우이다.

정답 ④

40 3D프린터로 제품을 제작할 때 프린팅 방식에 따라 형상 설계 오류를 고려해야 하는데 다음 중 고려 사항과 거리가 먼 것은?

① FDM방식 3D프린터는 최대 정밀도가 0.1mm 정도로 정밀도가 좋지 않다.
② SLA, DLP방식은 광경화 조형 방식으로 제품을 아주 디테일하게 만들 수 있다.
③ FDM방식으로 설계 시 정밀도보다 작은 치수 표현은 불가능하다.
④ 광경화성 수지의 성질을 이해하지 못하여도 형상 설계 후 출력하면 제품의 뒤틀림이 발생하지 않는다.

해설
SLA방식에서 사용하는 광경화성 수지의 경우 수지의 성질을 잘이해할 수 있어야 출력 후 제품의 뒤틀림이나 정밀도를 유지 할 수 있다. 얇고 길 경우 적당한 리브를 설치하여 설계한다든지 수축율을 고려한 기구설계가 가능해야 정밀한 제품을 출력할 수 있다. 최근에는 DFAM(Design For Additive Manufacturing)처럼 3D프린팅을 위한 설계기법이 유행되고 있다.

정답 ④

41 다음 중 슬라이싱 프로그램이 아닌 것은?

① 큐라(CURA)
② FUSION 360
③ 메이커 봇 데스크톱
④ SIMPLIFY 3D

해설

Fusion360은 Autodesk사에서 출시한 3D프린팅 직결이 가능한 프로그램으로 CAD/CAM 기능을 겸비한 3D모델링 및 기구설계를 위한 소프트웨어 이다.

정답 ②

42 다음 중 빈칸에 들어가야 하는 용어가 순서대로 바르게 연결된 것은?

> 죄지령의 방법은 절대(absolute) 지령과 증분(incremental) 지령으로 구분된다. 지령은 모두 모델 그룹 3에 해당되며, 절대 지령은 ( )을 시용하고 증분 지령은 ( )을 사용한다.

① G91, G90
② G00, G10
③ G90, G91
④ G10, G00

해설

G90 : 절대지령방식
G91 : 증분지령방식

정답 ③

43 STL형식 파일을 G코드로 변환할 때 추가되는 내용이 아닌 것은?

① 적층 두께
② 내부 채움 비율
③ 필라멘트 색상
④ 플랫폼 적용 유무와 유형

해설

STL형식 파일을 G코드로 변환한다는 것은 슬라이싱작업을 한다는 의미이다. 이때 슬라이싱 작업전에 여러가지 조건들을 세팅하여야 하며 슬라이싱을 실행하면 G코드로 변환된다. G코드로 변화전에 주어지는 조건은 적층 경로, 속도, 두께, 내부채움, 압출온도, 히팅베드 사용여부 및 온도, 소재직경, 노즐직경, 쿨링팬 가동여부 등 최적의 출력물을 얻기위한 조건들이다.

정답 ③

44 3D 프린팅은 제작 방식에 따라 제작의 오차 및 오류가 존재하는데, 이러한 오류를 제거하기 위해 지지대를 이용한다. 다음 중 지지대가 필요한 이유와 거리가 먼 것은?

① 지지대가 있으면 형상 제작에 들어가는 재료를 절약할 수 있다.

② 지지대를 이용하면 형상 제작의 오차를 줄일 수 있다.

③ 제품을 제작할 때 윗면이 크면 제품 형상의 뒤틀림이 존재하기 때문이다.

④ SLA 방식으로 제작할 때, 지지대 유무에 따라 형상의 오차 및 처짐 등이 발생할 수 있다.

해설

지지대를 설치하는 이유는 재료를 절약하기 위함이 아니라 정확한 출력물을 얻기 위함이다.

정답 ①

45 다음 중 안전 보호구와 거리가 먼 것은?

① 차광 보안경
② 방음 보호구
③ 호흡 보호구
④ 작업용 면장갑

해설

일반적으로 안전보호구는 작업자 환경 조건에따라 차광 보안경(일반 보안경 포함), 방음보호구(귀 보호용), 호흡 보호구(방진, 방독, 송기마스크등), 안전장갑 등이다. 작업 용면 장갑은 안전보호구라 할수 없다.

정답 ④

46 다음에서 설명하는 3D프린터 소재는?

> - 금속과 비금속 원소의 조합으로 이루어져 있다.
> - 알루미나(Al_2O_3), 실리카(SiO_2) 등이 대표적이다.
> - 플라스틱에 비해 강도가 높으며, 내열성이나 내화성이 탁월하다.
> - 보통 산소와 금속이 결합된 산화물, 질소와 금속이 결합된 질화물, 탄화물 등이 있다.

① 금속 분말 소재
② 세라믹 분말 소재
③ 나일론 분말 소재
④ TPU 분말 소재

해설

세라믹 분말 소재를 설명하고 있다. 교재 P240참조.

정답 ②

47 슬라이서 프로그램에서 베드 고정 타입 옵션과 거리가 먼 것은?

① None
② Brim
③ Fill Density
④ Raft

해설

Fill Density기능은 채움밀도(0 ~ 100%) 기능으로 회사마다 최적의 데이터로 세팅되어 있으나 사용자가 변경하여 사용할 수 있다.

정답 ③

48 입체 모델링을 단면별로 나누어 레이어 및 출력 환경을 설정하고 프린팅 소프트웨어에서 동작할 수 있게 G코드를 생성하는 프로그램을 무엇이라 하는가?

① 형상 분석 프로그램
② 슬라이서 프로그램
③ 모델링 프로그램
④ 조립 분석 프로그램

해설

G코드를 생성하는 프로그램을 슬라이서 프로그램 이라고 한다.

정답 ②

49 다음 중 최적의 스캐닝 방식에 대한 설명으로 옳지 않은 것은?

① 표면 코팅이 불가한 경우에는 비접촉식 측정 방법을 사용한다.
② 측정 대상물이 쉽게 변형되는 경우에는 비접촉식 측정 방법을 사용한다.
③ 원거리에 있는 대상물을 측정할 경우에는 TOF방식을 사용하는 것이 유리하다.
④ 큰 측정 대상물의 일부를 스캔하는 경우에는 이동식 스캐너를 사용하는 것이 좋으나   정밀도가 떨어질 수 있다.

해설

측정대상이 투명한 소재이거나 스캔용 코팅이 불가한 경우는 터치식 플루우브를 사용하는 3차원 측정기를 이용하여 접촉식방법으로 스캔을 한다.

정답 ①

50 다음 중 수조 광경화 3D프린팅 공정별 출력 방향과 지지대에 대한 설명으로 거리가 먼 것은?

① 플랫폼의 이송 방향에 따라서 출력물이 성형되는 방향은 아래쪽이다.
② 지지대는 출력물과 동일한 재료이며, 제거가 용이하도록 가늘게 만들어진다.
③ 빛이 주사되는 방향으로 플랫폼이 이송되며 층이 성형된다.
④ 액체 상태의 광경화성 수지(photopolymer)에 빛을 주사하여 선택적으로 경화시킨다.

해설

일반적으로 SLA형식은 플랫폼이 아래로 내려가면서 출력되지만 DLP형식은 플랫폼이 위쪽으로 올라가면서 형성된다. 광경화성 프린터공정은 형식에따라 성형 방향이 위·아래로 바뀔수 있다.

정답 ①

51 다음 중 도면 작성 시 사용하는 선의 종류와 설명으로 옳지 않은 것은?

① 가는 1점 쇄선 = 도형의 중심을 표시하는 데 사용한다.
② 은선, 파선 = 대상물의 보이지 않는 부분을 표시할 때 사용한다.
③ 가는 실선 = 치수 기입 또는 지시선에 사용한다.
④ 가는 2점 쇄선 = 단면도의 절단면을 표시하는 데 사용한다.

해설

가는 실선은 치수선, 치수보조선, 해칭선, 지시선 등으로 사용한다. 단면도의 절단면을 표시 할때는 굵은 일점 쇄선을 사용한다.

정답 ④

52 M코드 중에서 3D프린터 압출기 온도를 설정하는 것은?

① M102
② M103
③ M104
④ M109

해설

M102 : 압출기전원켜기
M103 : 압출기전원끄기
M104 : 압출기온도설정
M109 : 압출기온도설정후 가열혹은 냉각하면서 대기 기능

정답 ③

53 FDM방식에서 재료를 노즐로 이송하는 역할을 하는 장치는

① 서보 모터
② 기어드 모터
③ 스테핑 모터
④ 유압 모터

해설

FDM방식에서 재료 압출 방법으로 스테핑 모터와 노즐을 사용한다.

정답 ③

54 SLS방식에서 제품에 분말을 추가하거나 분말이 담긴 표면을 매끄럽게 해 주는 장치는?

① 레벨링(회전) 롤러
② 레이저 광원
③ 플랫폼
④ X, Y 구동축

해설

SLS방식에서 제품에 분말을 추가하거나 분말이 담긴 표면을 매끄럽게 해주는 장치는 장비에 따라 차이는 있으나 모두 레벨링을 위한 장치이며 롤러 타입과 브레이드 타입, 나이프 타입 등이 있다.

정답 ①

55 3D프린터에서 필요에 의해 공작물 좌표계 내부에 또 다른 국부적인 좌표계가 필요할 때 사용하는 좌표계는?

① 직교 좌표계
② 로컬 좌표계
③ 기계 좌표계
④ 증분 좌표계

해설

공작물 좌표계 혹은 로컬 좌표계라 한다.

정답 ②

56 다음 중 KS규격에 의한 안전색과 사용 용도를 잘못 연결한 것은?

① 녹색 → 구호, 구급, 피난
② 청색 → 진행, 안전
③ 적색 → 방화 금지, 위험, 정지
④ 노랑 → 주의, 조심

해설

①, ③, ④는 올바르게 연결되어 있으나 ②번은 주의, 지시, 수리중 등으로 사용된다.

정답 ②

57 제품 출력 시 진동, 충격에 의한 출력품의 붕괴나 이동을 방지하기 위한 지지대는 무엇인가?

① Ceiling
② Island
③ Raft
④ Base

해설

기초지지대를 설명하고 있다.

정답 ④

58 다음 그림에서 기하 공차와 기호가 틀린
것은?

① 선의 직진도 공차

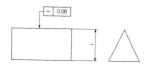

① 점의 위치도 공차

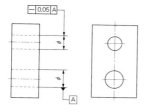

① 평면도 공차

① 진원도 공차

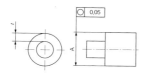

해설

②번의 점의 위치도 공차는 평행도 공차를 잘못 표현 한
것이다.

정답 ②

59 3D프린터에서 출력물 프린팅 시 실패하지
않기 위해 고려해야 할 사항이 아닌 것은?

① 출력물이 완성되는 시간
② 지지대 생성 유무
③ 소재에 따른 노즐 온도 파악
④ 출력 시 적층 높이

해설

출력물이 완성되는 시간은 소재나 장비에 따라 최적 조건
으로 출력되는 것이기 때문에 고려사항이 아니다.

정답 ①

60 접촉식의 대표적 방법으로 터치 프로브(touch probe)가 직접 측정 대상물과의 접촉을 통해 좌표를 읽어내는 방식은?

① TOF 방식
② WCL 방식
③ CMM 방식
④ MCT 방식

해설

CMM(Coordinate Measuring Machine)은 접촉식의 대표적 방법으로 3차원 측정기라고 부르며 터치 푸루우브가 대상물을 터치하여 좌표가 입력되어 형상을 스캔하는 방식이다.

정답 ③

01 기하 공차를 기입하는 틀 안에 표시하는 내용과 거리가 먼 것은?

① 위치
② 치수
③ 모양
④ 흔들림

> **해설**
>
> 기하 공차를 기입하는 틀 안에 표시하는 내용으로는 치수 공차, 끼워맞춤과 함께 모양, 자세, 위치, 흔들림 등을 표시한다.
>
> 정답 ②

02 스캐닝 데이터를 저장할 때 모든 스캔 소프트웨어 또는 데이터 처리 소프트웨어에서 사용 가능한 포맷이 아닌 것은?

① XYZ
② IGES
③ STL
④ STEP

> **해설**
>
> 표준포맷화일이 아닌 것은 3D프린팅용 파일인 STL화일이다.
>
> 정답 ③

03 도면에 표시되는 치수 기입의 원칙 설명 중 틀린 것은?

① 치수는 계산해서 구할 수 있어야 한다.
② 치수는 주 투상도에 집중한다.
③ 치수는 필요에 따라 기준으로 하는 점, 선 또는 면을 기준으로 하여 기입한다.
④ 치수는 대상물의 크기, 자세 및 위치를 가장 명확하게 표시할 수 있도록 기입한다.

> **해설**
>
> 치수는 계산해서 구할 필요가 없도록 기입하여야 한다.
>
> 정답 ①

04 출력 중에 지지대가 특별히 필요한 곳은 없으나 출력 도중 자중에 의해 붕괴되는 형상은?

① Ceiling
② Overhang
③ Unstable
④ Island

해설

출력 중에 지지대가 특별히 필요한 곳은 없으나 출력 도중 자중에 의해 붕괴되는 형상은 Unstable이다.

정답 ③

05 다음 형상을 파트 분할하여 출력하는 경우 가장 적합한 분할 방법은?

해설

지지대가 필요없게 분할한 ④번의 2분할이 가장 바람직하다.

정답 ④

파트 분할 모델

① 2분할

② 4분할

③ 4분할

④ 2분할

06 다음에서 설명하는 소재는 무엇인가?

> 작은 분자에서 유도된 단위체가 반복되어 있는 긴 사슬로 이루어진 거대분자(중합체)로 이루어진 합성물질을 말한다.
>
> 용융과 고체화를 반복적으로 할 수 있으며, 셀룰로오스 유도체, 첨가중합체(폴리에틸렌, 폴리프로필렌, 비닐, 아크릴, 플루오로카본수지, 폴리스티렌), 축합중합체(나일론, 테레프탈산폴리에틸렌, 폴리카르보네이트, 폴리아미드) 등이 있다.

① 세라믹
② 열가소성수지
③ 알루미늄
④ 실리카

해설

열가소성 수지를 설명하고 있으며 원료는 석유에서 추출된다.

정답 ②

07 전기용 안전장갑에 대한 실명으로 틀린 것은?

① 내전압용 절연장갑은 00등급부터 4등급까지 있으며 숫자가 작을수록 절연성이 높다.
② 이음매가 없고 균질해야 한다.
③ 고무는 열, 빛 등에 의해 쉽게 노화되므로 열 및 직사광선을 피하여 보관해야 한다.
④ 6개월마다 1회씩 규정된 방법으로 절연 성능을 점검하고 그 결과를 기록해야 한다.

해설

내전압용 절연장갑은 00등급부터 4등급까지 있으며 숫자가 클수록 절연성이 높다.

정답 ①

08 3D프린터 출력 시 한 층의 높이를 0.20에서 0.1로 변경하여 출력하면 일어나는 현상으로 맞는 것은? (단, 소재는 ABS 사용한다.)

① 노즐 온도는 190°C이며 품질이 좋아진다.
② 노즐 온도는 240°C이며 품질이 떨어진다.
③ 노즐 온도는 190°C이며 출력 시간이 빨라진다.
④ 노즐 온도는 240°C이며 출력 시간이 느려진다.

해설

레이어높이를 작게하면 출력시간이 느려진다. ABS소재의 노즐온도는 220 ~ 250°C이다.

정답 ④

09 3D프린터 사용 소재 선정 시 고려하여야 할 사항이 아닌 것은?

① 소재의 무게
② 소재의 녹는점
③ 소재의 직경
④ 소재의 유해성

해설

소재의 무게는 프린팅시 고려사항이 아니다. 소재는 장비별로 사용가능한 소재가 세팅되어 있기 때문이다.

정답 ①

10 아래에서 설명하는 방식은?

- 기본 객체들에 집합 연산을 적용하여 새로운 객체를 만드는 방법이다.
- 집합 연산은 합집합, 교집합, 차집합이 있다.
- 피연산자의 순서가 바뀌면 합집합과 교집합은 동일한 결과를 나타내지만, 차집합의 경우는 다른 객체가 만들어진다.

① 폴리곤 방식
② CSG 방식
③ 로프트 방식
④ 스윕 방식

해설

연산작업(Boolean)에 의해 형상을 모델링하는 기법으로 CSG(Constructive Solid Geometry)방식이다.

정답 ②

11 다음 중 지지대(서포트)에 대한 내용으로 옳은 것은?

① 제품을 제작할 때 아래의 면이 작으면 제품 형상의 뒤틀림이 존재하기 때문에 필요하다.

② 지지대를 과도하게 형성할 경우 제품 품질이 좋아진다.

③ 3D프린터는 적층 성형 방식으로 표면에 레이어가 남게 되고 출력 후에 생긴 지지대를 제거하는 후가공이 필요하다.

④ 디자인에 따라 아래쪽이 넓고 위쪽이 좁은 출력물이라면, 서포트 설정을 통한 지지대가 필요하다.

해설

3D프린팅은 출력후 표면 후가공과 지지대 제거작업과 후가공을 하여야 한다.

정답 ③

12 레이어 해상도, 레이어 두께라고도 표현하며 3D프린터가 형상물을 출력하는데 필요한 기본 설정 값을 무엇이라 하는가?

① 공차 값

② 출력 값

③ 기본 값

④ 적층 값

해설

3D프린팅에서 레이어해상도, 레이어두께로 표현되는값이 적층(Built_up)값이다.

정답 ④

13 형상의 완성도를 결정하는 가장 중요한 부분으로 제작할 형상의 가장 기본적인 단면을 생성하기 위해 형상의 레이아웃을 작성하는 단계는?

① 모델링

② 스케치

③ 슬라이싱

④ 형상분석

해설

제작할 형상의 가장 기본적인 단면을 생성하기 위해 형상의 레이아웃을 작성하는 단계는 2D스케치 과정이다.

정답 ②

14 기계를 제어, 조정하는 보조기능인 M코드에서 압출기 온도를 지정된 온도로 설정하는 M코드는?

① M104
② M103
③ M109
④ M18

해설
M104 : 압출기 온도설정
M103 : 압출기전원 끄고 후진
M109 : 압출기온도 설정 후 해당온도까지 대기
M18 : 스테핑모터 끄기

정답 ①

15 3D프린터 출력 전 장비 외부 주변 온도에 대한 설명으로 옳지 않은 것은?

① MJ 방식은 20 ~ 25℃ 사이의 온도를 권장하며 냉방 시설은 불필요하다.
② 외부의 온도가 너무 낮거나 높으면 정상적인 출력이 어려울 수 있다.
③ 사용하는 3D프린터에 따라 외부 공기 흐름을 차단시켜 챔버 내부 온도를 올려 출력에 맞는 적정 온도를 유지시켜 주기도 한다.
④ 장비 외부 온도도 내부 온도 조건 못지않게 중요하다.

해설
MJ 방식은 20 ~ 25℃ 사이의 온도를 권장하며 일정온도 유지를 위하여 냉방 시설이 필요하다.

정답 ①

16 3D프린팅할 때의 문제점 중에서 공차에 대한 설명으로 옳지 않은 것은?

① 결합 부분의 치수대로 만들어도 과정에서 수축과 팽창으로 치수가 달라질 수 있다.
② 출력물이 다른 부품이나 다른 출력물과 결합 또는 조립을 필요로 할 때는 공차를 고려해야 한다.
③ 다른 3D프린터로 출력할 경우, 수치가 달라지는 값이 일정하므로 평소 출력물의 수치를 측정해서 달라지는 값을 확인할 수 있다.
④ 출력 전에 미리 늘어나는 값을 확인하고 수정해서 출력함으로써 재수정하고 출력하는 일이 없도록 해야 한다.

해설
다른 3D프린터로 출력할 경우, 수치가 달라지는 값이 불규칙하므로 평소 출력물의 수치를 측정해서 달라지는 값을 참고하여 출력하여야 한다.

정답 ③

17 다음 중 공작물 좌표계를 설정하는 명령은 무엇인가?

① G01
② G04
③ G28
④ G92

해설

G01 : 직선가공
G04 : 대기지령
G28 : 원점복귀
G92 : 공작물좌표계 설정

정답 ④

18 3D프린터 출력물의 한 층의 높이를 설정하는 옵션 기능은?

① BRIM
② LAYER HEIGHT
③ SKIRT
④ THICKNESS

해설

3D프린터 출력물의 한 층의 높이를 설정하는 옵션 기능 (LAYER HEIGHT)

정답 ②

19 출력용 파일의 오류 종류 중 실제 존재할 수 없는 구조로 3D프린팅, 부울 작업, 유체 분석 등에 오류가 발생할 수 있는 것은?

① 비(非)매니폴드 형상
② 클로즈 메쉬 형상
③ 오픈 메쉬 형상
④ 반전 면 형상

해설

비(非)매니폴드 형상은 하나의 모서리를 3개이상의 면이 공유하고 있거나 모서리를 공유하고 있지 않은 서로 다른면에 의해 공유되는 실재로 존재할수 없는 구조로 3D 프린팅, 부울 작업, 유체분석 등에 오류가 발생할 수 있는 형상이다.

정답 ①

20 현재 위치에서 가로 88mm, 세로 33mm로 필라멘트를 현재 길이에서 15.5mm까지 압출하면서 이송할 때 해당하는 G코드는?

① GO X88 Y33 E15.5
② G1 X88 Y33 E15.5
② G1 X88 Y33 F15.5
④ GO X88 Y33 F15.5

해설

가로(X), 세로(Y), Ennn(압출이송길이)이므로 G1 X88 Y33 E15.5로 명령한다.

정답 ②

21 일반적으로 CAD 시스템에서 사용하는 좌표계로 거리와 각도로 표현하는 좌표계는?

① 직교 좌표계
② 극 좌표계
③ 구면 좌표계
④ 원통 좌표계

해설
거리와 각도로 표현하는 좌표계 @100 〈 45처럼 명령한다.

정답 ②

22 FDM 방식 3D프린터 출력에서 출력 오류를 최소화하기 위해 점검해야 할 내용과 거리가 먼 것은?

① 노즐과 히팅베드의 수평 확인
② 빛샘 현상(Light Bleeding) 확인
③ 스테핑 모터 압력 부족 확인
④ 노즐 출력 두께 확인

해설
빛샘 현상(Light Bleeding)은 SLA방식에서 발생하는 출력 오류이다.

정답 ②

23 3차원 형상화 기능 명령에서 모델 면에 일정한 두께를 부여하여 속을 만드는 기능은?

① 구멍(Hole) 명령
② 스윕(Sweep) 명령
③ 돌출(Extrude) 명령
④ 쉘(Shell) 명령

해설
쉘(Shell) 명령은 솔리드형태의 입체에 일정한 두께를 부여하는 기능이다.

정답 ④

24 FDM 방식 3D프린터에서 출력 오류의 형태로 볼 수 없는 것은?

① 빛이 새어 나가면 경화를 원하지 않는 부분까지 경화되는 현상이 발생할 수 있다.

② 3D프린터를 동작시켰으나, 처음부터 재료가 압출되지 않는다.

③ 스풀에 더 이상 필라멘트가 없으면 재료가 압출되지 않는다.

④ 모터 드라이버가 과열되어 다시 냉각될 때까지 모터의 회전이 멈추기도 한다.

해설

①번은 SLA형식의 3D프린터에서 일어나는 출력 오류현상이다.

정답 ①

25 3D프린터 출력 시 온도 조건은 매우 중요한 요소이다. 온도 조건에 대한 설명으로 틀린 것은?

① 노즐 온도는 사용되는 필라멘트 재질에 따라 달라진다.

② PLA 소재는 히팅베드를 사용하지 않고도 출력이 가능하다.

③ 히팅베드 온도는 소재별로 다르게 설정하지 않아도 된다.

④ 레이저 열원(CO_2 레이저)이 많이 사용된다.

해설

히팅베드는 소재에 따라 사용할 수도 있고 안할 수도 있다.

정답 ③

26 모델에 치명적인 오류가 있을 경우 자동 오류 수정을 하게 되면 메쉬가 전부 사라져 버리기 때문에 이런 경우에는 모델링 소프트웨어를 사용해서 수정해야 한다. 이때 필요한 파일은?

① 수정 모델링 파일

② 사본 모델링 파일

③ 원본 모델링 파일

④ 곡면 모델링 파일

해설

원본 모델링 파일을 수정하여 사용할 수 밖에 없는 경우이다.

정답 ③

27 전기 작업에 사용하는 절연장갑의 등급과 색상이 맞지 않는 것은?

① 0등급(빨간색)
② 1등급(흰색)
③ 2등급(노란색)
④ 3등급(갈색)

해설

3등급은 녹색, 갈색은 00등급임.

정답 ④

28 3D프린터 출력물 회수 방법으로 옳지 않은 것은?

① 3D프린터에서 출력물을 제거할 때는 마스크, 장갑 및 보안경을 착용한다.
② 분말 방식 3D프린터는 작업이 마무리되면 출력물을 바로 꺼내어 건조해야 한다.
③ 프린터가 출력을 종료한 것을 확인한 후 3D프린터의 문을 연다.
④ 전용 공구를 사용하여 플랫폼에서 출력물을 분리한다.

해설

분말방식의 3D프린터는 작업이 마무리되면 일정온도로 내려갈때까지 쿨링타임을 가져야한다. 즉시 꺼내게되면 적층된 제품이 무너지거나 부러지게 된다.

정답 ②

29 다음 보기에서 모델링 방식이 다른 것은?

① 기본 도형을 이용한 모델링
② 로프트 모델링
③ CSG 방식
④ 폴리곤 모델링

해설

로프트모델링은 넙스방식의 모델링방식이다.

정답 ②

30 삼각형 메쉬 생성 법칙은 점과 점 사이의 법칙(vertex-to-vertex rule)으로 삼각형들은 꼭짓점을 항상 공유해야 한다. 이 법칙을 위배하는 경우로 틀린 것은?

① 삼각형이 있는 부분, 즉 구멍이 생길 수 없는 부분
② 삼각형들끼리 서로 겹치는 경우
③ 꼭짓점 연결이 안 되는 경우
④ 공간상에서 삼각형이 서로 교차를 하는 경우

해설
삼각형이 없는 부분, 즉 구멍이 생길 수 있는 부분

정답 ①

31 비접촉 3차원 스캐닝 중에서 측정 속도가 가장 빠른 스캐너는 다음 중 어느 것인가?

① 백색광(White light) 방식의 스캐너
② 핸드헬드(Handheld) 스캐너
③ 패턴 이미지 기반의 삼각 측량 3차원 스캐너
④ TOF(Time-Of-Flight) 방식 레이저 3D스캐너

해설
특정패턴을 피사체에 투영시키고 그패턴의 변형형태를 파악ㆍ분석하여 3D정보를 얻는 방식으로 측정속도가 비접촉 3차원 스캐닝 중에서 가장 빠르다.

정답 ①

32 SLA(Stereolithography Apparatus) 방식에서 일정한 빛을 한 점에 집광시켜 구동기가 움직이며 구조물을 제작하는 방식은?

① 전사 방식
② 반사 방식
③ 주사 방식
④ 집사 방식

해설
SLA(Stereolithography Apparatus) 방식에서 일정한 빛을 한 점에 집광시켜 구동기가 움직이며 구조물을 제작하는 방식은 주사 방식으로 가공이 쉬우나 가공속도가 느리다.

정답 ③

33 스케치 요소 구속 조건에서 서로 크기가 다른 두 개의 원에 적용할 수 없는 구속 조건은?

① 동심
② 접선
③ 동일
④ 평행

해설

동심은 중심구속, 접선은 탄젠트구속, 동일은 동일크기구속이 가능하다. 그러나 원 2개를 이용해서 평행구속은 할 수가 없다.

정답 ④

34 3D엔지니어링 소프트웨어는 대부분 솔리드 모델링과 곡면 모델링을 같이 수행할 수 있는 기능을 제공하는데 이 기능은?

① 폴리곤 모델링
② 하이브리드 모델링
③ 서피스 모델링
④ 파라메트릭 모델링

해설

하이브리드 모델링은 하나의 프로그램으로 CAD / CAM 기능을 통합하여 솔리드 모델링과 곡면 모델링을 같이 수행할 수 있다.

정답 ②

35 3D프린터에서 제품을 출력할 때 지지대의 안정적인 설정을 위해 가장 중요한 항목은?

① 지지대의 모양
② 지지대의 적용 각도
③ 지지대의 크기
④ 지지대의 적용 소재

해설

지지대 적용 각도에 따라 필요없는 지지대 재료를 낭비하지 않고 출력시간을 단축하며 표면완성도를 높일 수 있기 때문에 가장 중요하다.

정답 ②

36 FDM 방식 3D프린터에서 출력 도중에 재료가 압출되지 않는 경우와 거리가 먼 것은?

① 압출기 내부에 재료가 채워져 있지 않을 때

② 스풀에 더 이상 필라멘트가 없을 때

③ 압출 헤드의 모터가 충분히 냉각되지 못하고 과열되었을 경우

④ 필라멘트 재료가 얇아졌을 때

해설

①번은 처음부터 출력되지 않는 경우이다. ②, ③, ④번은 출력도중 재료가 압출되지 않는 경우이다.

정답 ①

37 다음에서 설명하는 응급 처치 시행자의 행동 수칙은?

> 현장 응급 처치 시행자에 의한 1차 처치가 4분 이내에 이루어지고 전문가에 의한 처치가 8분 이내에 이루어질 수 있도록 의료기관이나 119 구조대에 연락하고 신속하게 처치해야 한다.

① 신속한 판단과 처치

② 신속한 예방과 처치

③ 신속한 연락과 상황 파악

④ 신속한 연락과 처치

해설

응급처치 시행자의 행동수칙으로 신속한 연락과 처치, 응급 처치에 대한 허락, 추가 손상의 방지등이 있으며 위 문제의 주문은 신속한 연락과 처치에 관한 내용이다.

정답 ④

38 아래 사진처럼 출력물 윗부분에 구멍이 생기는 현상이 나타날 때 적절한 대처법은?

① 프린터 출력 속도를 줄인다.

② 서포트 설정을 다시 한다.

③ 내부 채움을 100%로 한다.

④ 노즐 온도를 올린다.

해설

출력물 윗부분에 구멍이 생기는 경우는 단면의 빈공간을 100%로 해준다.

정답 ③

39 아래에서 설명하는 후가공 공구는?

> • 출력물의 표면을 다듬기 위해 사용한다.
> • 거칠기마다 번호가 있으며 번호가 낮을 수록 표면이 거칠고 높을수록 표면이 곱다.
> • 사용 시에는 번호가 낮은 거친 것으로 시작해서 번호가 높은 고운 것으로 넘어간다.

① 아트 나이프
② 조각도
③ 니퍼
④ 사포

해설
출력후 제품후처리용으로 사용하는 샌드페이퍼(사포)를 말하며 거칠기에 따라 #100, #500등으로 표기 사용한다

정답 ④

40 3D프린팅의 G코드로 G1 F250을 바르게 설명한 것은?

① 쿨링팬의 회전속도를 250rpm으로 설정
② 이송 속도를 250mm/min으로 설정
③ 압출기의 온도를 250℃로 설정
④ F지점으로 빠르게 250mm 이동 설정

해설
G1은 직선이송, F250은 이송을 250mm/min로 설정한다는 의미임.

정답 ②

41 3D프린터 출력을 위한 사전 준비에서 매우 중요한 요소로 출력 전에 필수로 살펴봐야 하는 조건은?

① 내 · 외부의 청결 상태
② 소재별 온도 조건 확인
③ 소재의 단가
④ 출력물의 형상

해설
출력소재 확인, 온도조건 확인은 필수적 확인사항이다.
베드의 청결 상태 확인 등은 기본이다.

정답 ②

42 금속 원소에 소량의 비금속 원소가 첨가되거나, 두 개 이상의 금속 원소에 의해 구성된 금속 물질을 무엇이라 하는가?

① 합금
② 비철금속
③ 실리카
④ 폴리아미드

해설

금속 원소에 소량의 비금속 원소가 첨가되거나, 두 개 이상의 금속 원소에 의해 구성된 금속 물질을 합금(Alloy)이라 한다.

정답 ①

43 Support Type 설정 중 전체 서포트에 대한 설명으로 틀린 것은?

① 서포트를 제거하는 데 어려움이 있어 출력물의 품질이 떨어진다.
② 형상물 전체에 지지대가 필요한 부분에 슬라이서 프로그램으로 서포트를 설정하는 방식
③ 지지대가 필요한 부분을 슬라이서 프로그램이 자동으로 설정해주는 방식
④ 시간이 오래 소요되지만 형상물의 모양을 최대한 유지하여 출력함

해설

지지대가 필요한 부분을 슬라이서 프로그램이 자동으로 설정해주는 방식은 부분서포트 방식이다

정답 ③

44 다음 도면의 설명으로 가장 정확한 것은?

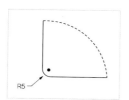

① 객체의 모서리 부분에 반지름 5mm만큼 모깎기가 된다.
② 객체의 모서리 부분에 지름 5mm만큼 모깎기가 된다.
③ 객체의 모서리 부분에 반지름 5mm만큼 모따기가 된다.
④ 객체의 모서리 부분에 지름 5mm만큼 모따기가 된다.

해설

객체의 모서리부분을 둥글게 라운드 처리하는 것을 모깎기라 한다.
R5의 의미는 반지름(Radius) 5mm로 하라는 의미임

정답 ①

45 FDM 방식의 3D프린터 특성상 제대로 출력되지 않는 경우가 있는데 출력되지 않는 원인으로 가장 거리가 먼 것은?

① 간격이 좁은 부품 요소
② 모델링 형상 외벽 두께가 노즐 크기보다 작을 경우
③ 구멍이나 축의 지름이 1mm 이하인 경우
④ 부품 중에서 하나에만 공차를 적용한 경우

해설

④번의 경우는 조립하는 제품의경우를 설명하고 있다. 일반적으로 결합부위의 공차는 양쪽 모두 부여하는 것이 맞다. 출력되지 않는 원인과는 관계없음.

정답 ④

46 지지대와 관련된 성형 결함으로 소재가 경화하면서 수축에 의해 뒤틀림이 발생하는 현상을 무엇이라 하는가?

① Island
② Warping
③ Ceiling
④ Base

해설

지지대와 관련된 성형 결함으로 소재가 경화하면서 수축에 의해 뒤틀림이 발생하는 현상을 Warping이라고 한다.

정답 ②

47 다음 설명에 해당하는 좌표 지령은?

- G90을 사용한다.
- 좌표를 지정된 원점으로부터의 거리로 나타내는 방식이다.
- 좌표 값으로부터 현재 가공할 위치가 어디인지 직관적으로 알 수 있다.
- 사람이 코드를 읽기 쉬운 장점이 있다.

① 절대 지령
② 상대 지령
③ 증분 지령
④ 대기 지령

해설

G90은 절대지령 방식이고 G91은 증분지령 방식이다.

정답 ①

48 SLS방식의 3D프린터에서 세라믹 분말에 대한 특징으로 가장 거리가 먼 것은?

① 금속과 비금속 원소의 조합으로 이루어져 있다.

② 점토, 시멘트, 유리 등도 세라믹이다.

③ 알루미나, 실리카 등이 대표적이다.

④ SLS 방식에서 가장 흔히 사용되는 소재이다.

해설

SLS방식에서 가장 흔히 사용되는 소재는 비금속 경우에는 광경화성 수지가 사용되고 있으며 금속 경우에는 다양한 금속 분말등이 사용된다. 인코넬 금속 분말은 우주선 연료 펌프를 제작하기위한 만들어진 특수 분말이다.

정답 ④

49 SLA 방식 3D프린터에서 빛샘 현상(Light Bleeding)에 대한 설명으로 옳지 않은 것은?

① 광경화성 수지가 어느 정도의 투명도를 가지면 발생함

② 경화 부분이 타거나 열을 받아 열 변형을 일으켜 출력물에 뒤틀림 현상이 발생함

③ 빛샘 현상을 줄이기 위해서는 레진 구성 요소와 경화 시간을 적절히 맞춰야 함

④ 빛이 새면 경화를 원하지 않는 부분까지 경화되는 현상이 발생할 수 있음

해설

①, ③, ④번 이외에도 빛샘현상으로 출력물이 지저분해지는 경우가 발생한다.

정답 ②

50 다음 중 FDM 방식의 3D프린터 소재로 가장 거리가 먼 것은?

① 시멘트

② Soft-PLA 소재

③ 플라스틱 분말

④ PVC 소재

해설

FDM방식의 3D프린터 소재는 기본이 필라멘트 소재이지 분말소재가 아니다.

정답 ③

51 FDM방식 3D프린터에서 구현되지 않는 평면 설정 코드는?

① G19
② G10
③ G90
④ G17

해설
G19 : Y–Z평면설정
G10 : 시스템원점좌표설정
G90 : 절대좌표계설정
G17 : X–Y평면설정 기능중에서 3D에서는 XY평면설정 기능만 사용한다.

정답 ①

52 3D프린터가 구동될 때 헤드가 항상 일정한 위치로 복귀하게 되는 기준점이 있는데, 이 기준점을 좌표축의 원점으로 사용하는 좌표계를 무엇이라 하는가?

① 공작물 좌표계
② 기계 좌표계
③ 로컬 좌표계
④ 증분 좌표계

해설
기계좌표계 혹은 원점좌표계라고도 하며 X, Y, Z값이 0, 0, 0일 때 원점이라 한다.

정답 ②

53 현재의 좌표 값이 (X100, Y130)이고 이동한 좌표 값이 (X180, Y200)이다. 이동할 좌표로 지정한 값이 (X180, Y200)이면 다음 중 어떤 좌표 방식인가?

① 증분 좌표 방식
② X, Y 좌표 방식
③ 평면 좌표 방식
④ 절대 좌표 방식

해설
절대좌표는 항상 원점인 0, 0에서 계산하기 때문에 X180, Y200은 절대좌표방식이다.

정답 ④

54 압출기 노즐과 플랫폼 사이의 거리가 너무 가까울 때 발생하는 현상과 거리가 가장 먼 것은?

① 노즐의 구멍이 막히게 된다.
② 녹은 플라스틱 재료가 제대로 압출되기 어렵다.
③ 처음에는 압출되지 않다가 3, 4번째 층부터 압출이 되기도 한다.
④ 재료의 일부가 흘러내리는 현상이 생긴다.

해설

재료의 일부가 흘러내리는 현상은 노즐과 플랫폼사이가 클 때 생길수 있다.

정답 ④

55 출력물 출력 중에 단면이 밀려서 성형되는 원인으로 거리가 가장 먼 것은?

① 적절한 전류가 모터로 전달되지 않는 경우
② 프린터 헤드의 속도가 너무 느리게 움직일 때
③ 타이밍 벨트의 장력이 낮은 경우
④ 모터가 과열되어 회전이 멈춘 경우

해설

출력물 출력 중에 단면이 밀려서 성형되는 원인은 헤드속도가 너무빠를 때, 타이밍벨트 장력이 높거나 낮을 때, 타이밍풀리가 스태핑 모터의축에 헐겁게 고정된 경우 등이다.

정답 ②

56 스캐닝 준비 단계에서 적용 분야별 스캐너의 설명으로 잘못된 것은?

① 산업용은 매우 높은 수준의 정밀도를 요한다.
② 산업용은 피측정물의 표면 코팅을 통해 난반사를 미리 제거할 수 있다.
③ 일반용은 3차원 프린팅용으로 높은 수준의 정밀도가 요구된다.
④ 일반용은 난반사를 위한 코팅이 필요하지 않을 수 있다.

해설

일반용은 3차원 프린팅용으로 비교적 낮은 수준의 정밀도가 요구된다.

정답 ③

57 고체 기반(FDM 방식) 3D프린터의 작동 원리(구조)와 관계가 없는 것은?

① 롤러 구동부
② 압출기
③ 필라멘트
④ XY축 구동부

해설
롤러구동부가 있는 3D프린터는 SLS방식이나 3DP방식등에서 볼수 있다

정답 ①

58 폴리곤 모델링에서 면(POLYGON)에 대한 편집 명령 설명 중 옳지 않은 것은?

① 면에 높이를 주는 기능
② 면을 따라 면을 돌출시키는 기능
③ 선택한 면의 넓이를 늘리거나 줄이는 기능
④ 면과 면을 연결하는 기능

해설
선을 따라 선택한 면을 돌출시키는 기능

정답 ②

59 3D 엔지니어링 프로그램에서 제약 조건에 대한 내용으로 가장 거리가 먼 것은?

① 디자인 변경 및 수정 시 발생하는 문제를 최소화할 수 있다.
② 매개 변수를 사용하여 제약 조건을 부여할 수 있다.
③ 부품과 부품의 위치 구속을 필요로 할 때 사용한다.
④ 면과 면, 점과 점, 선(축)과 선(축) 등 조건에 맞는 제약 조건을 부여할 수 있다.

해설
구속조건은 매개변수를 사용하여 부여하지 않는다.

정답 ②

60 다음 중 M코드 용도에 대한 설명으로 잘못된 것은?

① 스테핑 모터 비활성화

② 압출기 온도를 지정된 온도로 설정

③ 지정된 좌표로 직선 이동하며 지정된 길이만큼 압출 이동

④ 압출기 온도를 설정하고 해당 온도에 도달하기를 기다림

지정된 좌표로 직선 이동하며 지정된 길이만큼 압출 이동의미는 G1기능과 Ennn기능으로 압출이동거리를 지정하는 명령어이다.

① 번은 M18   ② 번은 M104   ④ 번은 M109 이다.

정답 ③

**Craftsman
3DPrinter
Operation**

3D프린터운용기능사

PART

10

실기편

◇ 저자가 알려주는 Tip

　　예 : 비번호 02　**3D프린터운용기능사 실기시험 프로세스**

◇ 2022년 3D프린터운용기능사 공개문제(도면 21형별 포함)

　　※ 일부 내용은 변경될 수 있으니 이점 유의하여 준비하시기 바랍니다.

◇ 공개 도면

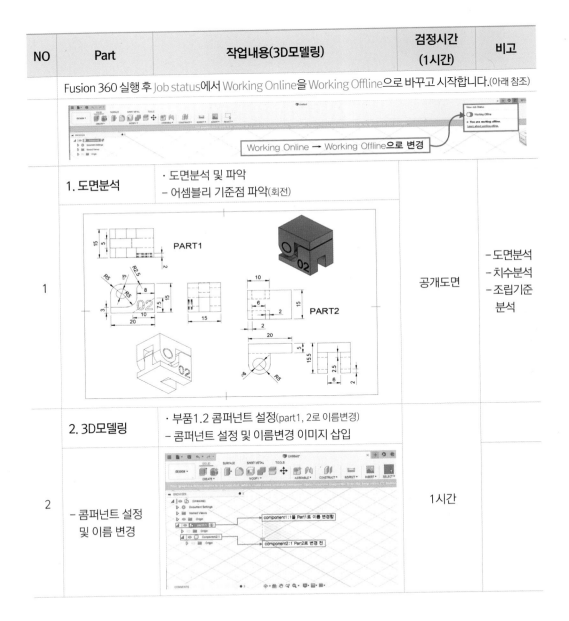

NO	Part	작업내용(3D모델링)	검정시간 (1시간)	비고
		Fusion 360 실행 후 Job status에서 Working Online을 Working Offline으로 바꾸고 시작합니다.(아래 참조)		
		Working Online → Working Offline으로 변경		
1	1. 도면분석	· 도면분석 및 파악 – 어셈블리 기준점 파악(회전) PART1 PART2	공개도면	– 도면분석 – 치수분석 – 조립기준 분석
2	2. 3D모델링 – 콤퍼넌트 설정 및 이름 변경	· 부품1.2 콤퍼넌트 설정(part1, 2로 이름변경) – 콤퍼넌트 설정 및 이름변경 이미지 삽입 component1:1을 Part1로 이름 변경함 component2:1 Part2로 변경 전	1시간	

NO	Part	작업내용(3D모델링)	검정시간 (1시간)	비고
2	– 부품1 3D모델링	– 부품1 모델링(고정 : Ground) 완성		
	– 부품1 완성 이미지			
	☞ Process	· 부품1 모델링 완성과정 – 순차적 이미지 삽입		
	– 1번부품 스케치		1시간	
	– 1번부품 스케치 완성			
	– 1번부품 주돌출			

NO	Part	작업내용(3D모델링)	검정시간 (1시간)	비고
2	– 1번부품 보조돌출1		1시간	
	– 1번부품 보조돌출2			
	– 1번부품 비번호 돌출(CUT)			
	– 1번부품 구배홈 돌출(CUT)			

NO	Part	작업내용(3D모델링)	검정시간 (1시간)	비고
2	– 1번부품 완성	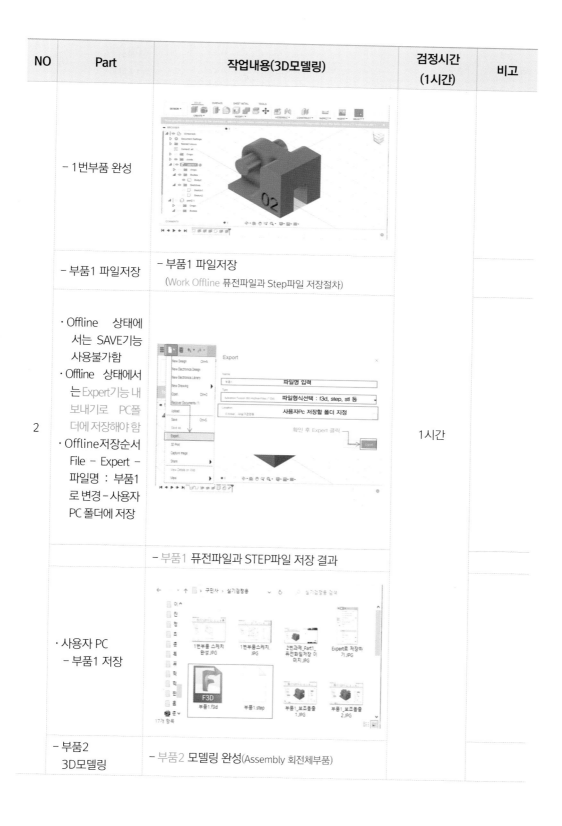	1시간	
	– 부품1 파일저장	– 부품1 파일저장 (Work Offline 퓨전파일과 Step파일 저장절차)		
	· Offline 상태에서는 SAVE기능 사용불가함 · Offline 상태에서는 Expert기능 내보내기로 PC폴더에 저장해야함 · Offline저장순서 File – Expert – 파일명 : 부품1로 변경 – 사용자 PC 폴더에 저장			
		– 부품1 퓨전파일과 STEP파일 저장 결과		
	· 사용자 PC – 부품1 저장			
	– 부품2 3D모델링	– 부품2 모델링 완성(Assembly 회전체부품)		

NO	Part	작업내용(3D모델링)	검정시간 (1시간)	비고
2	– 부품2 완성 이미지			
	☞ Process	· 부품2 모델링 완성과정 – 순차적 이미지 삽입		
	– 2번부품 스케치		1시간	
	– 2번부품 스케치 완성			
	– 2번부품 주돌출			

NO	Part	작업내용(3D모델링)	검정시간 (1시간)	비고
2	– 2번부품 보조돌 출(CUT)		1시간	
	– 2번부품 완성			
	– 부품2 파일저장	– 부품2 파일저장 (Work Offline 뷰전파일과 Step파일 저장절차)		
	· Offline 상태에 서는 SAVE기능 사용불가함 · Offline 상태에서 는 Expert기능 내 보내기로 PC폴더 에 저장해야함 · Offline저장순서 File – Expert – 파일명 : 부품1 로 변경 – 사용자 PC 폴더에 저장			

NO	Part	작업내용(3D모델링)	검정시간 (1시간)	비고
2	· 사용자 PC- 부품 2 저장	– 부품2 퓨전파일(f3d)과 STEP파일 저장 결과 		
3	3. 어셈블리파일 생성	· 부품1과 부품2 어셈블리 이미지 파일	1시간	
	– 1번부품 고정 (Ground) – 2번부품 회전 (Revolve)			
	– Assembly 파일 저장	– Assembly 파일저장(퓨전파일(f3d)1개, Step파일1개)		
	· 저장 순서	· 저장 : File– Expert– 파일명– 저장형식(f3d, step – 저장폴더선택 –Export		
	– 저장된 파일 (f3d, step)			

NO	Part	작업내용(3D모델링)	검정시간 (1시간)	비고
	4. Assembly 출력파일 저장	· Assembly 출력파일(STL) 저장 (비번호 파일명 : 02.STL로 저장)		
	– offline 저장방법			
4	– Mesh상태 옵션 체크 시 화면		1시간	
	– STL 파일 저장			
5	5. Assembly파일 G코드 생성	· Assembly 파일 슬라이싱 상태 합격을 위한 TIP – 완성제품의 작동을 위하여 반드시 회전시켜 출력한다. (합격여부 중요)		

NO	Part	작업내용(3D모델링)	검정시간 (1시간)	비고
5	– 레이어, 라프트, 인필, 서포트 등 을 조정해서 1시 간 10분 이내로 출력 조정	 · Assembly 파일 G코드로 저장 – Expert ZCODE (= GCODE) 여기 클릭해서 저장 · Assembly 파일 G코드(Zortrax는 Zcode)로 저장 확인 – G code 저장 	1시간	

NO	Part	작업내용(출력)	검정시간 (2시간)	비고
5		· 파일을 4개 저장해서 감독에게 제출하고 확인을 받는다. - 1번부품, 2번부품 Assembly 사용SW 파일1개, Assembly STEP파일 1개 : 2개 - Assembly 파일 STL파일 1개, Slicing 파일 G코드파일 1개 : 2개		
6	6. 장비조정 및 출력	· 장비조정 및 출력 - 출력 전 재료의 로딩과 언로딩 방법을 알고 있는지 체크한다. - 필라멘트 교체를 할 수 있는지 여부를 체크한다. - 플랫폼 수평작업(캘리브레이션 등)을 시킬 수 있다.	2시간	
	- 출력	- USB 저장 파일 중 개인별(본인) G-코드 파일을 찾아서 로딩한다. - 출력을 실행한다. (02_1번.Zcode) : 파일이름이 한글이면 인식불가함		
	- G_code파일 검색 선택			
	- 출력 완성(정면)			

NO	Part	작업내용(출력)	검정시간 (2시간)	비고
6	– 출력 완성(윗면)		2시간	
7	7. 후처리 및 제품 완성	· 후처리		
	– 후처리	– 제품의 안전을 고려하며 회수한다 – 서포트를 제거하고 마무리 한다.		
	–제품 완성			
8	8. 출력물 제출	출력물 제출 완료		

Craftsman
3DPrinter
Operation
3D프린터운용기능사

국가기술자격 실기시험문제

자격종목	3D프린터운용기능사	[시험 1] 과제명	3D모델링작업

※ 문제지는 시험종료 후 본인이 가져갈 수 있습니다.

비번호		시험일시		시험장명	

※ 시험시간 : [시험 1] 1시간

1. 요구사항

※ 지급된 재료 및 시설을 사용하여 아래 작업을 완성하시오.

※ 작업순서는   가. 3D모델링   →   나. 어셈블리   →   다. 슬라이싱   순서로 작업하시오.

가. 3D모델링

1) 주어진 도면의 부품①, 부품②를 1:1척도로 3D모델링 하시오.

2) 상호 움직임이 발생하는 부위의 치수 A, B는 수험자가 결정하시오.

   (단, 해당부위의 기준치수와 차이를 ±1 mm 이하로 하시오.)

3) 도면과 같이 지정된 위치에 부여받은 비번호를 모델링에 음각으로 각인하시오.

   (단, 글자체, 글자 크기, 글자 깊이 등은 별도의 정보가 없으므로 도면과 유사한 모양 및 크기로 작업하시오.

   예시 비번호 2번을 부여받은 경우 2 또는 02와 같이 각인하시오.)

나. 어셈블리

1) 각 부품을 도면과 같이 1:1척도 및 조립된 상태로 어셈블리 하시오.

   (단, 도면과 같이 지정된 위치에 부여받은 비번호가 각인되어 있어야 합니다.)

2) 어셈블리 파일은 하나의 조립된 형태로 다음과 같이 저장하시오.

   가) '수험자가 사용하는 소프트웨어의 기본 확장자' 및 'STP(STEP) 확장자' 2가지로 저장하시오.

   (단, STP 확장자 저장 시 버전이 여러 가지일 경우 상위 버전으로 저장하시오.)

   나) 슬라이싱 작업을 위하여 STL 확장자로 저장하시오.

   (단, 어셈블리 형상의 움직이는 부분은 출력을 고려하여 움직임 범위 내에서 임의로 이동시킬 수 있습니다.)

   다) 파일명은 부여받은 비번호로 저장하시오.

다. 슬라이싱

1) 어셈블리 형상을 1:1척도 및 조립된 상태로 출력할 수 있도록 슬라이싱 하시오.

2) 작업 전 반드시 수험자가 직접 출력할 3D프린터 기종을 확인한 후 슬라이서 소프트웨어의 설정값을 수험자가 결정하여 작업하시오.

   (단, 3D프린터의 사양을 고려하여 슬라이서 소프트웨어에서 3D프린팅 출력시간이 1시간 20분 이내가 되도록 설정값을 결정하시오.)

3) 슬라이싱 작업 파일은 다음과 같이 저장하시오.

   가) 시험장의 3D프린터로 출력이 가능한 확장자로 저장하시오.

   나) 파일명은 부여받은 비번호로 저장하시오.

※ 최종 제출파일 목록

구분	작업명	파일명 (비번호 02인 경우)	비고
1	어셈블리	02.***	확장자 : 수험자 사용 소프트웨어 규격
2		02.STP	채점용 (※ 비번호 각인 확인)
3		02.STL	슬라이서 소프트웨어 작업용
4	슬라이싱	02.***	3D프린터 출력용 확장자 : 수험자 사용 소프트웨어 규격

1) 슬라이서 소프트웨어 상 출력예상시간을 시험감독위원에게 확인받고, 최종 제출파일을 지급된 저장매체 (USB 또는 SD-card)에 저장하여 제출하시오.

2) 모델링 채점 시 STP확장자 파일을 기준으로 평가하오니, 이를 유의하여 변환하시오.

   (단, 시험감독위원이 정확한 평가를 위해 최종 제출파일 목록 외의 수험자가 작업한 다른 파일을 요구할 수 있습니다.)

2. **수험자 유의사항**

※ 다음의 유의사항을 고려하여 요구사항을 완성하시오.

1) 시험 시작 전 장비 이상유무를 확인합니다.
2) 시험 시작 전 시험감독위원이 지정한 위치에 본인 비번호로 폴더를 생성 후 작업내용을 저장하고, 파일 제출 및 시험 종료 후 저장한 작업내용을 삭제합니다.
3) 인터넷 등 네트워크가 차단된 환경에서 작업합니다.
4) 정전 또는 기계고장을 대비하여 수시로 저장하시기 바랍니다.
   (단, 이러한 문제 발생 시 "작업정지시간 + 5분"의 추가시간을 부여합니다.)
5) 시험 중에는 반드시 시험감독위원의 지시에 따라야 합니다.
6) 다음 사항에 대해서는 채점대상에서 제외하니 특히 유의하시기 바랍니다.

   가) 기권
      (1) 수험자 본인이 수험 도중 시험에 대한 포기의사를 표하는 경우
      (2) 실기시험 과정 중 1개 과정이라도 불참한 경우

   나) 실격
      (1) 시설·장비의 조작 또는 재료의 취급이 미숙하여 위해를 일으킬 것으로 시험감독위원 전원이 합의하여 판단한 경우
      (2) 시험 중 봉인을 훼손하거나 저장매체를 주고받는 행위를 할 경우
      (3) 시험 중 휴대폰을 소지/사용하거나 인터넷 및 네트워크 환경을 이용할 경우
      (4) 3D프린터운용기능사 실기시험 3D모델링작업, 3D프린팅작업 중 하나라도 0점인 과제가 있는 경우
      (5) 시험감독위원의 정당한 지시에 불응한 경우

   다) 미완성
      (1) 시험시간 내에 작품을 제출하지 못한 경우
      (2) 요구사항의 최종 제출파일 목록(어셈블리, 슬라이싱)을 1가지라도 제출하지 않은 경우

라) 오작

    (1) 슬라이싱 소프트웨어 설정 상 출력 예상시간이 1시간 20분을 초과하는 경우

    (2) 어셈블리 STP파일에 비번호 각인을 누락하거나 다른 비번호를 각인한 경우

    (3) 어셈블리 STP파일에 비번호 각인을 지정된 위치에 하지 않거나 음각으로 각인하지 않은 경우

    (4) 채점용 어셈블리 형상을 1:1척도로 제출하지 않은 경우

    (5) 채점용 어셈블리 형상을 조립된 상태로 제출하지 않은 경우

    (6) 모델링 형상 치수가 1개소라도 ±2 mm를 초과하도록 작업한 경우

※ 국가기술자격 시험문제는 저작권법상 보호되는 저작물이고, 저작권자는 한국산업인력공단입니다. 시험문제의 일부 또는 전부를 무단 복제, 배포, (전자)출판하는 등 저작권을 침해하는 일체의 행위를 금합니다.

〈국가기술자격 부정행위 예방 캠페인 : " 부정행위, 묵인하면 계속됩니다."〉

3. 지급재료 목록

자격종목 : 3D프린터운용기능사

일련번호	재료명	규격	단위	수량	비고
1	저장매체 (USB 또는 SD-card)	16GB 이상	개	1	1인당

※ 국가기술자격 실기시험 지급재료는 시험종료 후(기권, 결시자 포함) 수험자에게 지급하지 않습니다.

국가기술자격 실기시험문제

자격종목	3D프린터운용기능사	[시험 2] 과제명	3D프린팅작업

※ 문제지는 시험종료 후 본인이 가져갈 수 있습니다.

비번호		시험일시		시험장명	

※ 시험시간 : [시험 2] 2시간

1. 요구사항

※ 지급된 재료 및 시설을 사용하여 아래 작업을 완성하시오.

※ 작업순서는 가. 3D프린터 세팅 → 나. 3D프린팅 → 다. 후처리 순서로 작업시간의 구분 없이 작업하시오.

가. 3D프린터 세팅

1) 노즐, 베드 등에 이물질을 제거하여 출력 시 방해요소가 없도록 세팅하시오.

2) PLA 필라멘트 장착 여부 등 소재의 이상여부를 점검하고 정상 작동하도록 세팅하시오.

3) 베드 레벨링 기능 등을 활용하여 베드 위치를 세팅하시오.

　※ 별도의 샘플 프로그램을 작성하여 출력테스트를 할 수 없습니다.

나. 3D프린팅

1) 출력용 파일을 3D프린터로 수험자가 직접 입력하시오.

　(단, 무선 네트워크를 이용한 데이터 전송 기능은 사용할 수 없습니다.)

2) 3D프린터의 장비 설정값을 수험자가 결정하시오.

3) 설정작업이 완료되면 3D모델링 형상을 도면치수와 같이 1:1척도 및 조립된 상태로 출력하시오.

다. 후처리

1) 출력을 완료한 후 서포트 및 거스러미를 제거하여 제출하시오.

2) 출력 후 노즐 및 베드 등 사용한 3D프린터를 시험 전 상태와 같이 정리하고 시험감독위원에게 확인받으시오.

2. 수험자 유의사항

※ 다음의 유의사항을 고려하여 요구사항을 완성하시오.

1) 시험 시작 전 장비 이상유무를 확인합니다.
2) 출력용 파일을 1회 이상 출력이 가능하나, 시험시간 내에 작품을 제출해야 합니다.
3) 정전 또는 기계고장을 대비하여 수시로 체크하시기 바랍니다.
   (단, 이러한 문제 발생 시 "작업정지시간 + 5분"의 추가시간을 부여합니다.)
   (단, 작업 중간부터 재시작이 불가능하다고 시험감독위원이 판단할 경우 3D프린팅작업을 처음부터 다시 시작합니다.)
4) 시험 중 장비에 손상을 가할 수 있으므로 공구 및 재료는 사용 전 관리위원에게 확인을 받으시기 바랍니다.
5) 시험 중에는 반드시 시험감독위원의 지시에 따라야 합니다.
6) 시험 중 날이 있는 공구, 고온의 노즐 등으로부터 위험 방지를 위해 보호장갑을 착용하여야 하며, 미착용 시 채점상의 불이익을 받을 수 있습니다.
7) 3D프린터 출력 중에는 유해가스 차단을 위해 방진마스크를 반드시 착용하여야 하며, 미착용 시 채점상의 불이익을 받을 수 있습니다.
8) 3D프린터 작업은 창문개방, 환풍기 가동 등을 통해 충분한 환기상태를 유지하며 수행하시기 바랍니다.
9) 다음 사항에 대해서는 채점대상에서 제외하니 특히 유의하시기 바랍니다.
   가) 기권
      (1) 수험자 본인이 수험 도중 시험에 대한 포기의사를 표하는 경우
      (2) 실기시험 과정 중 1개 과정이라도 불참한 경우

   나) 실격
      (1) 시설·장비의 조작 또는 재료의 취급이 미숙하여 위해를 일으킬 것으로 시험감독위원 전원이 합의하여 판단한 경우
      (2) 시험 중 봉인을 훼손하거나 저장매체를 주고받는 행위를 할 경우
      (3) 시험 중 휴대폰을 소지/사용하거나 인터넷 및 네트워크 환경을 이용할 경우
      (4) 수험자가 직접 3D프린터 세팅을 하지 못하는 경우
      (5) 수험자의 확인 미숙으로 3D프린터 설정조건 및 프로그램으로 3D프린팅이 되지 않는 경우
      (6) 서포트를 제거하지 않고 제출한 경우
      (7) 3D프린터운용기능사 실기시험 3D모델링작업, 3D프린팅작업 중 하나라도 0점인 과제가 있는 경우
      (8) 시험감독위원의 정당한 지시에 불응한 경우

다) 미완성

    (1) 시험시간 내에 작품을 제출하지 못한 경우

라) 오작

    (1) 도면에 제시된 동작범위를 100% 만족하지 못하거나, 제시된 동작범위를 초과하여 움직이는 경우

    (2) 일부 형상이 누락되었거나, 없는 형상이 포함되어 도면과 상이한 작품

    (3) 형상이 불완전하여 시험감독위원이 합의하여 채점 대상에서 제외된 작품

    (4) 서포트 제거 등 후처리 과정에서 파손된 작품

    (5) 3D모델링 어셈블리 형상을 1:1척도 및 조립된 상태로 출력하지 않은 작품

    (6) 출력물에 비번호 각인을 누락하거나 다른 비번호를 각인한 작품

※ 국가기술자격 시험문제는 저작권법상 보호되는 저작물이고, 저작권자는 한국산업인력공단입니다.
시험문제의 일부 또는 전부를 무단 복제, 배포, (전자)출판하는 등 저작권을 침해하는 일체의 행위를
금합니다.
〈국가기술자격 부정행위 예방 캠페인 : " 부정행위, 묵인하면 계속됩니다."〉

3. 지급재료 목록

자격종목 : 3D프린터운용기능사

일련번호	재료명	규격	단위	수량	비고
1	저장매체 (USB 또는 SD-card)	16GB 이상	개	1	1인당 / 3D프린터 기종에 맞는 것
2	3D프린터 필라멘트	검정장 3D프린터 호환용 PLA(백색) / 릴타입	롤	1	3인당

※ 국가기술자격 실기시험 지급재료는 시험종료 후(기권, 결시자 포함) 수험자에게 지급하지 않습니다.

자격종목	3D프린터운용기능사	[시험 1] 과제명	3D모델링작업	척도	NS

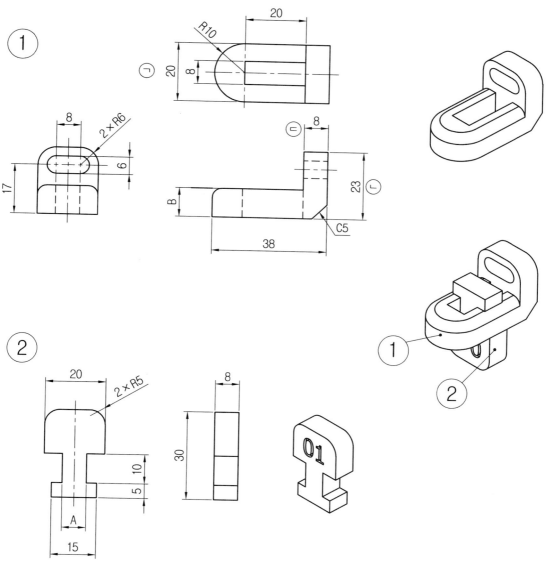

주서
1. 도시되고 지시없는 라운드는 R3

공개 도면

자격종목	3D프린터운용기능사	[시험 1] 과제명	3D모델링작업	척도	NS

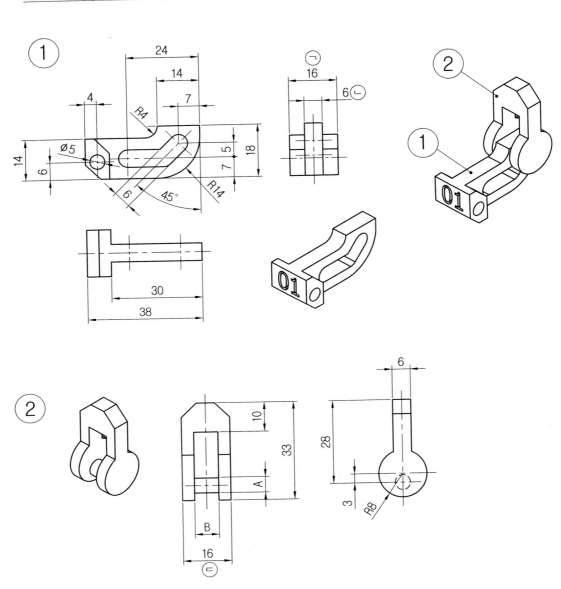

주서
1. 도시되고 지시없는 모떼기는 C5, 라운드는 R3

3 공개 도면

자격종목	3D프린터운용기능사	[시험 1] 과제명	3D모델링작업	척도	NS

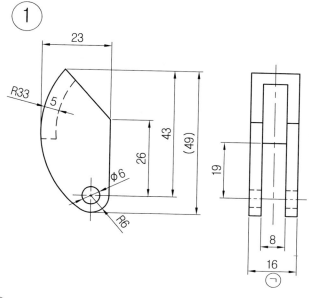

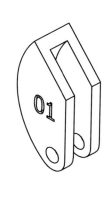

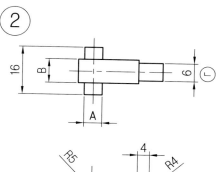

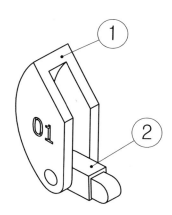

PART 10 실기편

471

공개 도면

자격종목	3D프린터운용기능사	[시험 1] 과제명	3D모델링작업	척도	NS

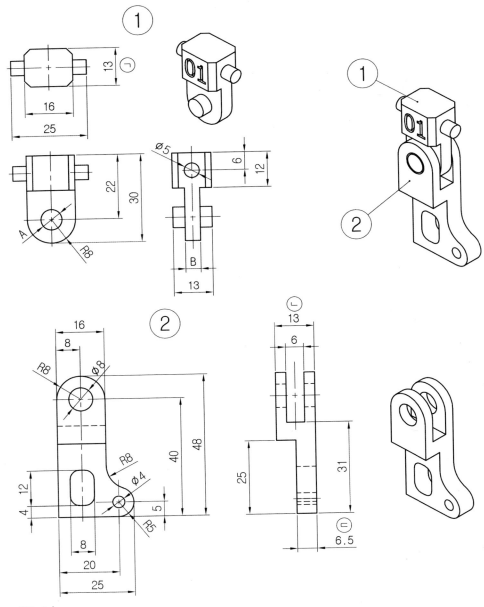

주서
1. 도시되고 지시없는 모떼기는 C2, 라운드는 R3

5 공개 도면

자격종목	3D프린터운용기능사	[시험 1] 과제명	3D모델링작업	척도	NS

①

18

R9

2 × R4

16

61

52

6

2 × Φ6

6 15

27

2 × R6

㉠

15

7

24

26 ㉠

6° 6°

②

Φ5 ㉢

R9

12 6

27

A

B

15

18

①

②

주서

1. 도시되고 지시없는 모떼기는 C2

자격종목	3D프린터운용기능사	[시험 1] 과제명	3D모델링작업	척도	NS

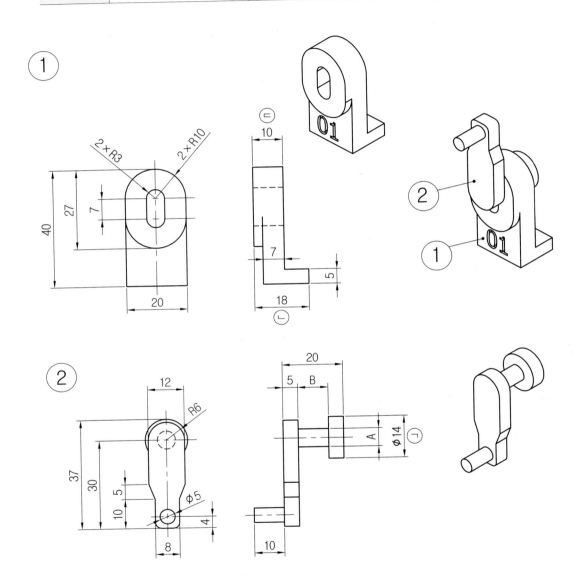

주서
1. 도시되고 지시없는 라운드는 R2

공개 도면

자격종목	3D프린터운용기능사	[시험 1] 과제명	3D모델링작업	척도	NS

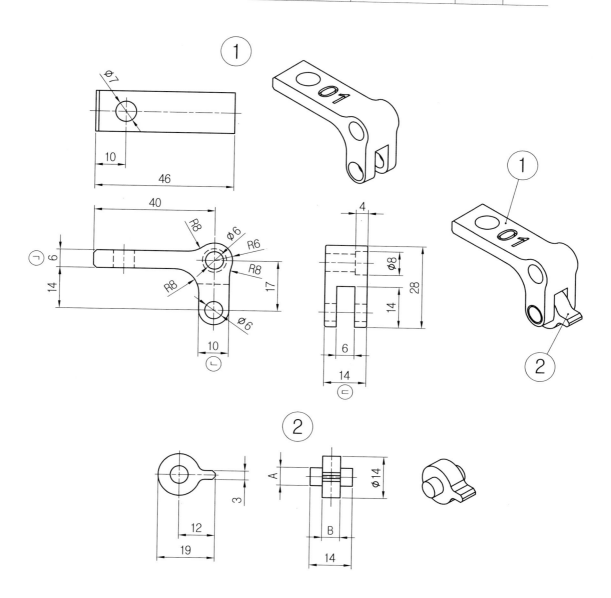

주서
1. 도시되고 지시없는 모떼기는 C1, 라운드는 R2

공개 도면

자격종목	3D프린터운용기능사	[시험 1] 과제명	3D모델링작업	척도	NS

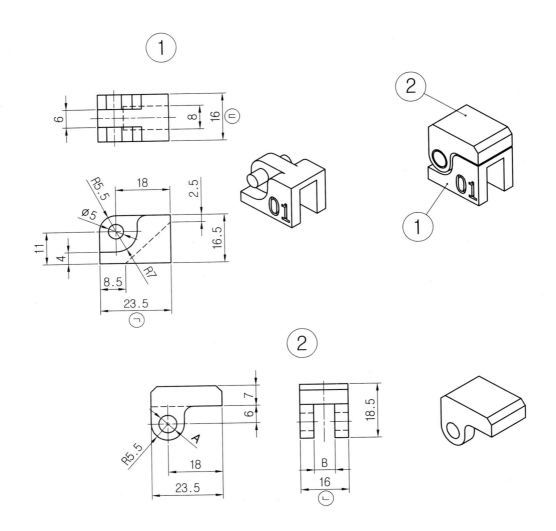

주서
1. 도시되고 지시없는 모떼기는 C2, 라운드는 R3

공개 도면

자격종목	3D프린터운용기능사	[시험 1] 과제명	3D모델링작업	척도	NS

① ②

주서
1. 도시되고 지시없는 라운드는 R2
2. 해당도면은 좌우대칭임

자격종목	3D프린터운용기능사	[시험 1] 과제명	3D모델링작업	척도	NS

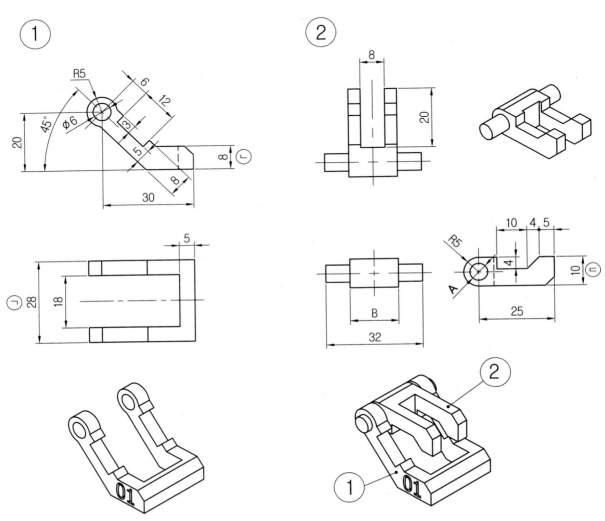

주서
1. 도시되고 지시없는 모떼기는 C3

11 공개 도면

자격종목	3D프린터운용기능사	[시험 1] 과제명	3D모델링작업	척도	NS

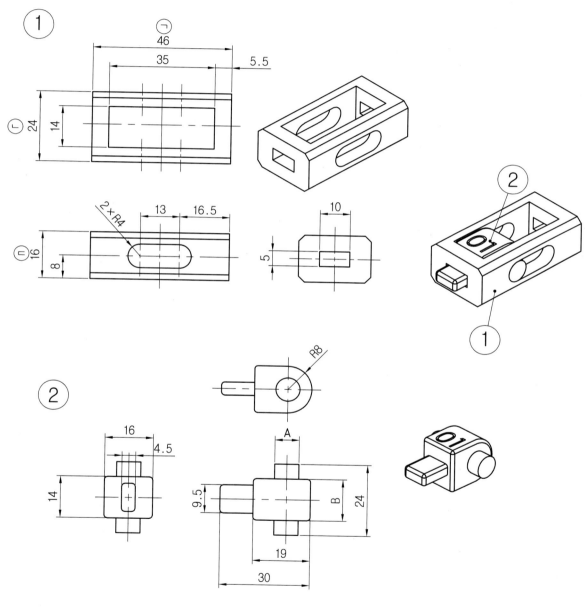

주서
1. 도시되고 지시없는 모떼기는 C2, 라운드는 R1

공개 도면

자격종목	3D프린터운용기능사	[시험 1] 과제명	3D모델링작업	척도	NS

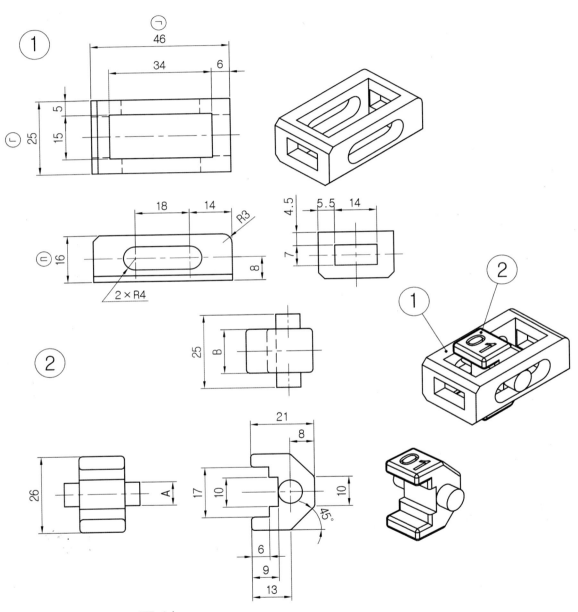

주서
1. 도시되고 지시없는 모떼기는 C2, 라운드는 R1

자격종목	3D프린터운용기능사	[시험 1] 과제명	3D모델링작업	척도	NS

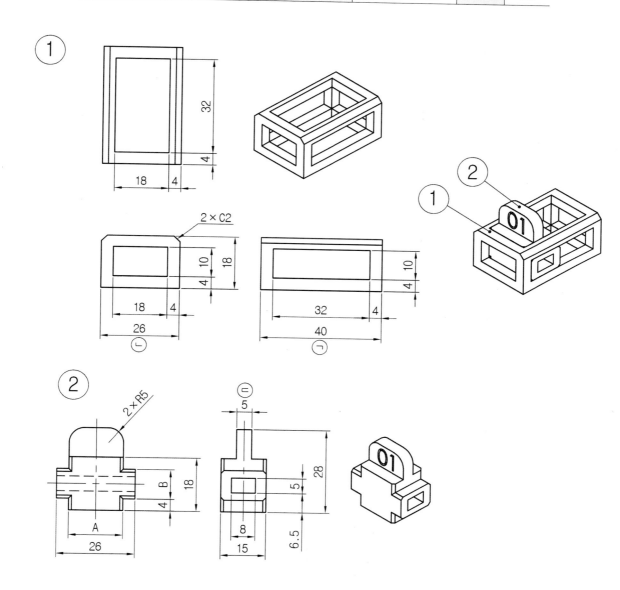

주서

1. 도시되고 지시없는 모떼기는 C1

공개 도면

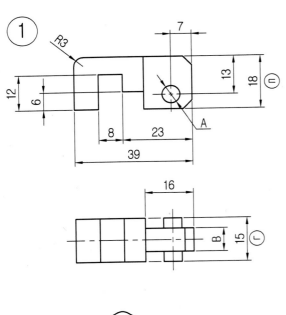

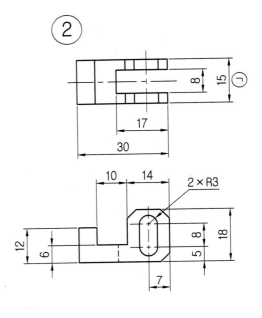

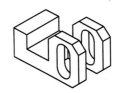

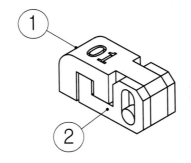

주서
1. 도시되고 지시없는 모떼기는 C3

자격종목	3D프린터운용기능사	[시험 1] 과제명	3D모델링작업	척도	NS

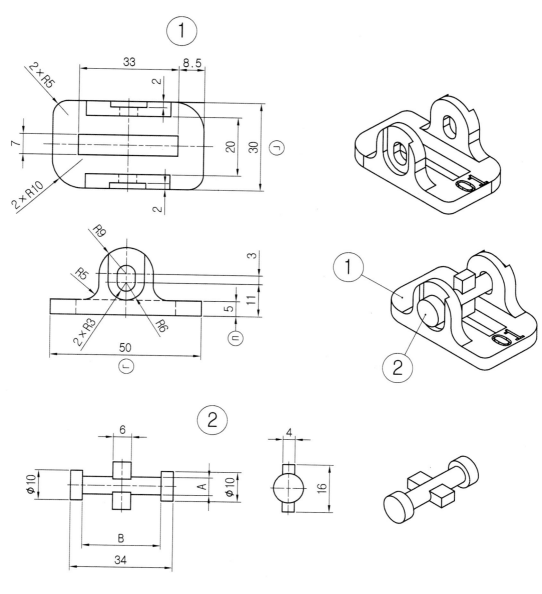

주서
1. 도시되고 지시없는 라운드는 R1

16 공개 도면

자격종목	3D프린터운용기능사	[시험 1] 과제명	3D모델링작업	척도	NS

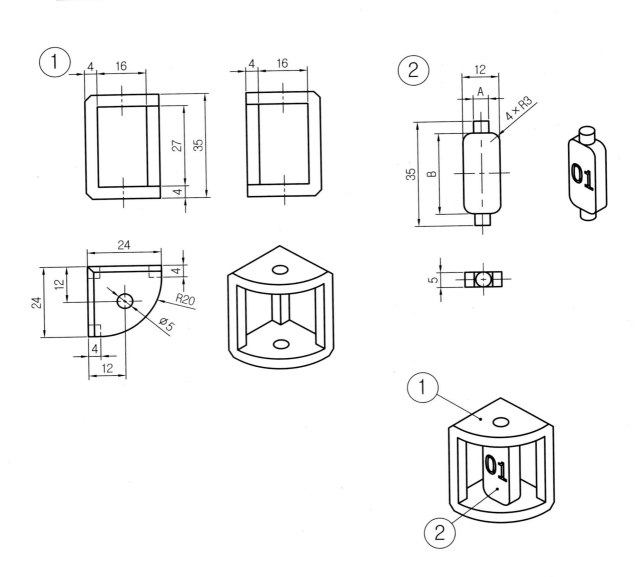

주서
1. 도시되고 지시없는 모떼기는 C2

자격종목	3D프린터운용기능사	[시험 1] 과제명	3D모델링작업	척도	NS

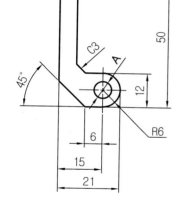

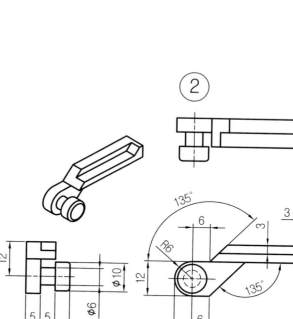

주서

1. 도시되고 지시없는 라운드는 R1

공개 도면

자격종목	3D프린터운용기능사	[시험 1] 과제명	3D모델링작업	척도	NS

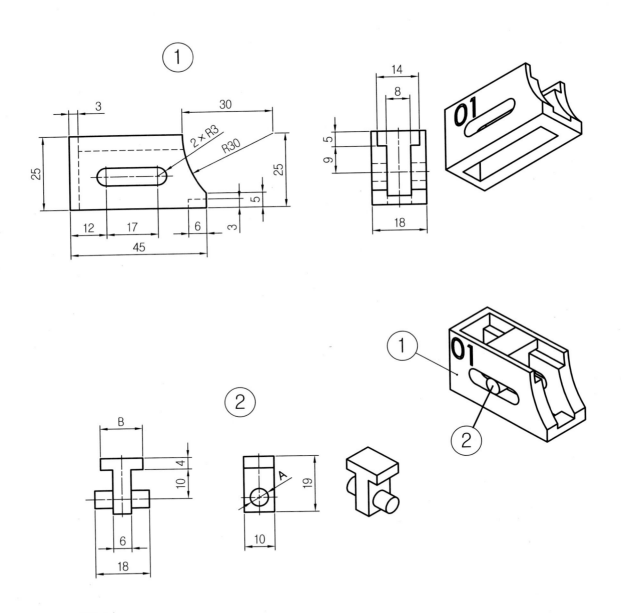

주서
1. 도시되고 지시없는 라운드는 R1

19 공개 도면

자격종목	3D프린터운용기능사	[시험 1] 과제명	3D모델링작업	척도	NS

①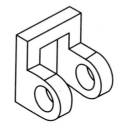

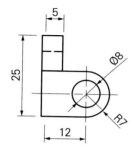 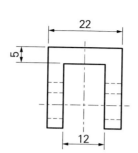 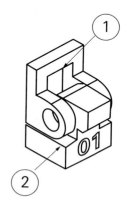

②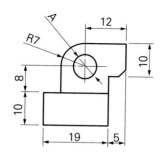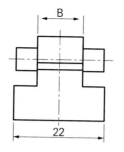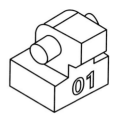

주서
1. 도시되고 지시없는 모떼기는 C2

자격종목	3D프린터운용기능사	[시험 1] 과제명	3D모델링작업	척도	NS

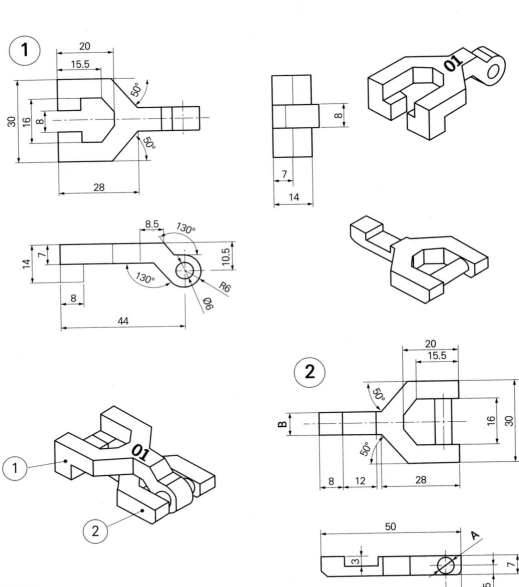

주서

1. 도시되고 지시없는 모떼기는 C2

공개 도면

자격종목	3D프린터운용기능사	[시험 1] 과제명	3D모델링작업	척도	NS

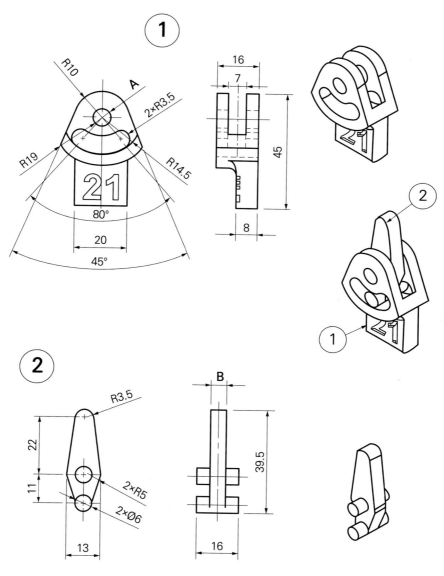

주서

1. 도시되고 지시없는 라운드는 R3

22 공개 도면

자격종목	3D프린터운용기능사	[시험 1] 과제명	3D모델링작업	척도	NS

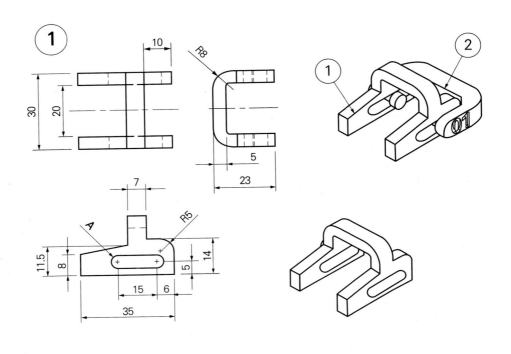

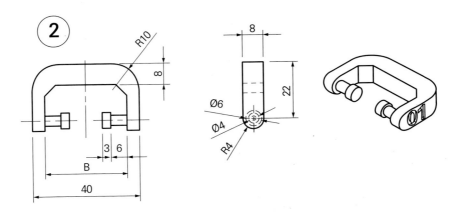

주서
1. 도시되고 지시없는 모떼기는 C4, 라운드는 R1

공개 도면

자격종목	3D프린터운용기능사	[시험 1] 과제명	3D모델링작업	척도	NS

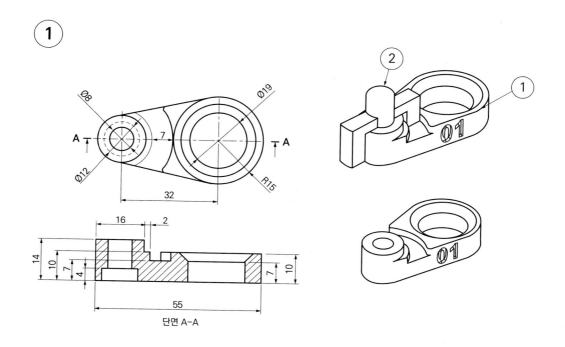

단면 A-A

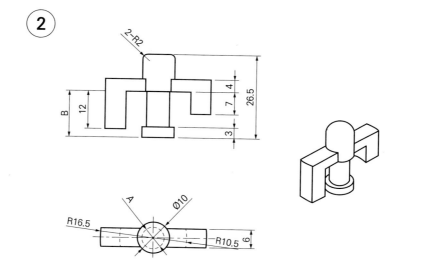

주서

1. 도시되고 지시없는 모떼기는 C3, 라운드는 R1

공개 도면

자격종목	3D프린터운용기능사	[시험 1] 과제명	3D모델링작업	척도	NS

①

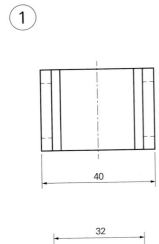

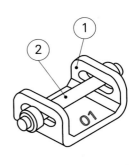

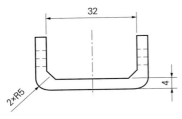

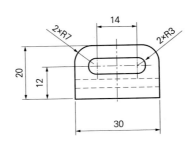

②

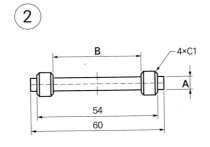

주서
1. 도시되고 지시없는 모떼기는 C4

Craftsman
3DPrinter
Operation
3D프린터운용기능사

PART
11

부록(3D프린팅 가이드북)

출처 : 과학기술정보통신부

1. 이용 안내서 개요

본 안내서는 학교, 연구실, 공공시설 및 다중이용시설 등에서 사용되고 있는 재료압출[1] 방식 FFF(Fused Filament Fabrication)[2] 3D프린터의 안전한 사용을 위한 안내서입니다.

실내작업공간에서 3D프린팅 작업환경을 쾌적하고 안전하게 유지하기 위하여 학교, 연구실, 공공시설 등에 종사하는 선생님, 연구자, 3D프린팅 기관운영 실무자 등을 대상으로 3D프린팅 작업공간 관리방안에 대하여 설명하고 있습니다.

본 가이드라인은 적층제조(AM, Additive Manufacturing) 국제표준에서 정의하고 있는 3D프린팅 7개 방식 중 국내에 가장 많이 보급된 재료압출방식 중심으로 작성되었습니다.

따라서, 향후 재료압출방식 외 다른 3D프린팅 방식들에 대한 새로운 가이드 및 매뉴얼이 개발될 경우 본 안내서와 함께 유연하게 활용할 수 있습니다.

> 1. 재료압출(Material Extrusion) : 노즐이나 오리피스를 통해 재료가 선택적으로 토출되는 적층제조 공정
>
> 2. FFF(Fused Filament Fabrication) 3D프린터 : Material Extrusion방식의 대표적인 3D프린터로, FDM(← Fused Deposition Modeling)

 # 2. 3D프린팅 잘 활용하기

3D프린팅이란?

3D프린팅은 글자를 인쇄하는 기존 2D프린터와 비슷한 개념이지만 1차원(D)이 추가되어 삼차원 입체 모형을 만들 수 있는 기술입니다.

3D프린팅은 제조혁신과 신규시장 창출을 위한 새로운 제조기반 기술로 많은 국가들의 4차 산업혁명 핵심요소로 주목받고 있습니다.

3D프린팅은 적은 비용으로 신속하게 시제품을 제작할 수 있고, 비교적 간편하고 쉬운 사용법으로 인해 교육 및 산업분야 등에 폭넓게 사용 할 수 있는 장점이 있습니다.

| 기술성 | 복잡형상 구현, 부품 일체화, 경사기능 구현, 경량화 등 | | 경제성 | 재료 절감, 생산시간 단축, 재고 감소 등 |

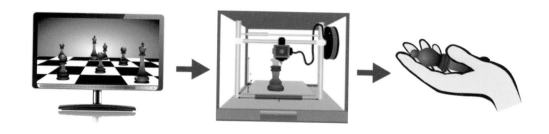

3D프린팅의 특징

　3D프린팅은 기존 제조기술로 구현하기 어려운 새로운 디자인을 적용하거나 내부 구조가 복잡한 다양한 형상을 구현 할 수 있습니다.

　특히, 기존의 금형[3] 및 사출[4]을 이용한 제품개발 과정에 비해 비용과 시간을 단축하여 결과적으로 제품 개발 주기를 단축 할 수 있으며, 이는 하드웨어 창업의 진입장벽을 낮추는 역할을 합니다.

　또한, 비교적 손쉬운 사용법과 유지보수성, 저렴한 가격을 바탕으로 사용자 접근성이 높은 장비로써 초·중·고와 같은 교육환경에서부터 은퇴한 시니어까지 간단한 3D모델링[5] 및 3D프린팅을 통해 자신의 아이디어를 구현 할 수 있습니다.

창의성
· 새로운 디자인의 적용
· 내부 구조 등 복잡형상 구현

신속성
· 생산단계 간소화
　(틀 제작, 유통단계생략)

3D프린팅 장점

기능성
· 사용자 맞춤 제작
· 경량화, 부품 일체화

경제성
· 단일, 소량 생산 가능
· 재료 절감으로 생산 비용감소

편의성
· 복잡한 설비 불필요
· 간편한 이용방법

3. 금형 : 금속 등을 이용해 만드는 틀로 일반적으로 CNC(Computerized Numerically Controlled machine tool) 등의 절삭 장비를 이용하여 제작

4. 사출 : 고온의 액체 상태의 재료를 금형에 짜내어 형태를 만드는 과정

5. 3D모델링 : 사용자의 아이디어 구현을 위해 컴퓨터를 이용해 3D 입체 데이터를 제작하는 과정

국내·외 3D프린팅 현장 적용사례

현재 미국, 유럽, 일본, 중국 등의 많은 국가에서는 새로운 경제 혁신의 원동력으로 메이커스 운동[6]을 주목하고 있습니다. 특히 미국 정부는 메이커스 운동을 제조업 부활을 위한 산업 혁신의 동력으로 보고 3D프린터를 이용한 메이커스 교육을 활성화시키기 위해 2012년부터 학교, 도서관, 박물관 및 공공기관에 3D프린터를 보급하고 있습니다.

우리나라도 학교, 공공기관 등에서 창의성 향상과 만들기 중심의 메이커스 교육을 관심에 갖고 있어 3D프린터가 점차적으로 공공시설 등에 보급이 확대되고 있으며, 향후 개인 맞춤형 제작을 위해 가정까지 확산될 것으로 전망됩니다.

최근 전 세계적으로 메이커 스페이스와 디지털 제작도구(데스크탑 3D프린터 등)가 학교 및 공공시설 등에 보급, 확산되면서 3D프린팅 기술을 이용한 개인 창작 활동이 이루어지고 있으며, IoT 기술 개발과 함께 누구나 쉽게 창작하고, 공유하는 오픈소스 생태계가 마련되고 있습니다.

3D프린팅의 미래

이와 같이 여러 교육현장 및 산업현장에서 적용하고 있는 3D프린팅 기술은 제작비용과 시간 절감, 다품종 소량 생산, 개인 맞춤형 제작이 쉬워진다는 점에서 제조방식에 커다란 혁신을 가지고 왔습니다. 3D프린팅의 기술 완성도가 높아지면서 전자·자동차·의료·건축 등을 활용분야는 점차 확대되고 있으며, 이외에도 개인의 취향을 반영한 맞춤형 생산으로 운동기구·악기·생필품 등 우리 생활 전 분야에 적용이 가능합니다. 특히, 3D프린팅은 4차 산업혁명과 팬데믹 등 환경변화로 인한 산업 전반의 비대면 수요를 충족시킬 수 있는 기술로서 설계 도면만으로 어디서든 필요한 제품의 제작이 가능해 그 활용가치는 앞으로 더욱 커질 전망입니다.

6. 메이커스운동(Makers Movement) : 일반인들이 일상에서 창의적 만들기를 실천하고 자신의 경험과 지식을 나누고 공유하는 경향. 최근 시제품 제작과 창업이 용이해지면서 소규모 개인 제조 창업이 확산되는 추세 역시 메이커스운동의 일부임.(출처 : www.makeall.com)

3. 국내 실내공기질 관리 현황 보기

　현재 국내에서 실내환경 및 공기질 유지 및 관리를 위하여 각 부처에서 관리기준을 제시하고 있습니다.

　하지만, 현재 3D프린터 가동 중 발생되는 일부 물질은 학교, 공공기관 및 다중이용시설 등에서 실내공기질 유지기준을 초과할 우려가 있으므로 3D프린터가 보급된 작업공간에서는 주기적 환기 등을 통한 실내 공기질을 관리하고 현재 각 부처에서 관리하고 있는 공기질 유지기준[7]에 따라 3D 프린팅 작업공간에 대하여 기준 이하로 유지하기를 권장합니다.

🍀 7. 유지기준 : 일부 유해물질에 대해서는 이용자의 건강을 위하여 반드시 기준 이하로 유지하여야 하며, 이러한 유해물질의 양을 유지기준이라고 한다.

부처별 실내공기질 관리 현황

평가항목 \ 담당부처	환경부[a]	고용노동부[b]	교육부[c]
미세먼지 ($\mu g/m^3$)	35~50(PM2.5)	50(PM2.5)	35(PM2.5)
	75~200(PM10)	100(PM10)	75~150(PM10)
CO_2(ppm)	1,000	1,000	1,000
폼알데하이드 (g/m^3)	80~100	100	80
총부유세균 (CFU/m^3)	800	800	800
CO(ppm)	10~25	10	10
NO_2(ppm)	0.05~0.3	0.1	0.05
라돈(Bq/m^3)	148	148	148
휘발성유기화합물 (g/m^3)	400~1,000	500	400 (벤젠 30, 톨루엔 1,000, 에틸벤젠 360, 자일렌 700, 스티렌 300)
석면(개/cc)	–	–	0.01
오존(ppm)	–	–	0.06
진드기(마리/m^3)	–	–	100
낙하세균(CFU/실당)	–	–	10
곰팡이(CFU/m^3)	500	500	–

※ a) 실내공기질 관리법 시행규칙(환경부령 제2020–858호)
　　b) 사무실 공기관리 지침(고용노동부고시 제2020–45호)
　　c) 학교보건법 시행규칙(교육부령 제2019–194호)

- g/m^3 : 유해물질 농도를 나타낼 때 사용하는 단위로, 부피 m^3 안에 들어있는 유해물질(무게)를 의미하며, $1\mu g$은 $10^{-6}g$에 해당한다.
- ppm(parts per million) : 환경오염도를 표시할 때 쓰는 일반적인 단위로 100만분의 1을 나타낸다. 대기오염에서는 1000L의 대기 중 유해물질의 기체부피가 1mL 존재할 때 오염농도가 1ppm이 된다.
- CFU/m^3 : CFU(Colony Forming Unit)는 미생물의 집락(Colony) 형성 단위로 CFU/m^3는 단위부피(m^3)의 공기중 미생물의 집락수를 나타낸다. 공기 중 부유세균 또는 낙하세균의 농도가 $100CFU/m^3$라면 공기 $1m^3$ 중 부유세균도는 일정시간 동안 낙하한 낙하세균을 일정조건에서 성장시켜 눈으로 볼 수 있도록 형성된 세균의 집락이 100개라는 것을 나타낸다.
- Bq/m^3 : Bq(베크렐)은 방사성핵종의 활성도 단위로 Bq/m^3는 단위부피(m^3)의 라돈 기체의 농도를 나타낸다.

4. 3D프린팅 작업환경 쾌적하게 이용하기

하나, 계절별 실내 적정 온·습도 유지

3D프린터는 장비의 운영과 관련하여 발생하는 열로 실내온도가 높아질 수 있으며, 습도가 낮아져 작업장 내 공기 질에 영향을 미칠 수 있습니다.

따라서, 3D프린터 및 사용 재료의 특성에 따라 제조사에서 안내되는 적정 온도와 습도 등을 참고하여야 합니다.

특히, 계절별로 냉난방기 등을 활용하여 작업장의 온도를 적정온도 범위 내로 일정하게 유지하는 게 좋습니다.

이에 3D프린터 작업장은 쾌적한 환경조성을 위하여 냉난방기, 제습기, 가습기 등의 공기질 관리가 가능한 보조기기를 이용할 필요가 있습니다.

계절	적정온도	권장온도	적정습도	권장습도
봄·가을	19~23℃	19℃	50%	50%
여름	24~27℃	24℃	60%	60%
겨울	18~21℃	18℃	40%	40%

※ 3D프린팅실에 대한 중앙집중식 냉난방은 조작 가능한 냉난방으로 적극 권장
※ 보급형 FFF타입의 3D프린터는 냉난방기가 갖춰진 사무실 및 가정환경에서 충분히 운용 가능

둘, 친환경 장비 사용하기

3D프린터의 경우, 개방형 형태보다는 밀폐형 장비 사용을 권장하며 장비 내 유해물질 제거장치 (필터)가 장착된 장비의 사용을 권장합니다.

또한, 제조사가 제공한 3D프린터 및 소재에 대한 주의사항을 준수해 주시기 바랍니다.

밀폐형

개방형

개방형 프린터를 사용하는 경우

① 환풍기, 후드 등 국소배기장치 설치하기

② 개방형 프린터를 밀폐할 수 있는 작업 부스 설치하기

③ 안전보호구 착용(산업용 방진마스크 착용)

※ 밀폐형 장비도 3D프린터 가동 대수와 작업환경을 고려하여 국소배기장치 설치 및 3D프린터 운영 시 산업용 방진마스크 착용을 권장합니다.

셋, 친환경 소재 사용하기

소재 선택 시, 현재 보급되고 있는 소재 중 친환경 원료를 사용하는 PLA[8] 소재 등을 사용하시길 권장합니다. 다만, PLA 소재의 경우에도 기능성 원료가 첨가된 복합성분으로 구성된 경우에는 첨가제 사용으로 인한 다른 유해물질이 포함될 수 있으므로, 제품 원료에 대한 물질안전보건자료 (MSDS)[9]를 확인하여 주시길 바랍니다.

물질안전보건자료는 소재 등의 제조사에서 제공받은 자료로, 안전보건공단 홈페이지(www.kosha. or.kr)에서 검색하여 확인할 수 있습니다.

넷, 소재 알아보기

FFF(Fused Filament Fabrication)는 3D프린터 소재는 다양한 색상, 제질 등이 있어 3D프린팅을 하고자 하는 최종 제품의 특성에 따라 재료를 선택할 수 있으며, 현재도 다양한 소재들이 개발되어 출시되고 있습니다.

소재 종류	3D프린팅
ABS	상대적으로 열에 강하므로 구조용 부품으로 많이 쓰이며 강도가 우수, 출력 후 표면 처리가 비교적 용이
PC	열가소성 플라스틱 소재로 전기 절연성, 치수 안정성이 좋으며 전기 부품 제작에 가장 많이 사용
HIPS	고충격성과 우수한 휨 강도와 함께 균형이 잡힌 기계적 성질을 가짐
TPU	유연성이 우수하고 내구성이 뛰어나 복력이 좋음
PLA	출력 시 열 변형에 의한 수축이 적어 다른 소재들보다 정밀한 출력이 가능
Nylon	내구성이 강하고 특유의 유연성과 질긴 소재의 특징 때문에 기계 부품 등 강도와 마모도가 높은 특성의 제품 제작시 사용됨
PVA	물에 잘 녹기 때문에 서포터 소재로 사용이 용이함

하지만, 이러한 소재들은 높은 온도(200~260)℃에서 소재를 녹여 적층하는 방식이어서 소재 용융 시 휘발유기화합물과 초미세입자가 방출된다는 관련논문 및 연구내용들이 보고되고 있으므로, 3D프린터 가동 시 작업장 환기 및 적절한 안전 수칙을 준수하기를 권장합니다.

8. PLA : 옥수수의 전분에서 추출한 원료로 만든 친환경 수지

9. 물질안전보건자료(MSDS) : 화학물질에 대하여 유해위험성, 응급조치요령 등 16가지 항목에 대해 설명 해주는 자료

다섯, 환기장치 설치하기

3D프린터 가동 직후 노즐에서 소재 용융 시, 초미세먼지와 휘발성유기화합물과 같은 유해물질이 방출되는 경향이 있습니다.

따라서, 3D프린터 가동 중 유해물질 저감을 위해서는 기본적으로 급기 및 배기설비 시설을 확충하거나 환풍기 같은 환기장치를 설치하는 것을 권장합니다.

(1) 작업현장 공간면적을 고려하여 적절한 풍량의 환풍기를 선택

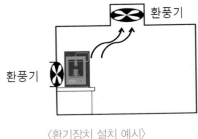

〈환기장치 설치 예시〉

– 실내용 환풍기와 환기장치의 종류 및 설치 위치는 작업공간의 넓이와 환경에 따라 적절하게 설치할 것을 권장합니다.

– 3D프린팅 작업 또는 작업 공간 환기 중에는 작업 공간에 오랜 시간 머무르지 않기를 권장합니다.

(2) 환풍기 설치 시 창문이나 출입문 반대편에 설치

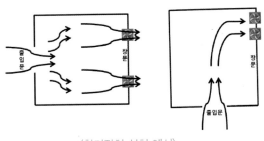

〈환기장치 설치 예시〉

– 환풍기 설치 시 배출된 공기가 역류하지 않도록 창문 위치를 고려하여 설치하여야 합니다.

(3) 환풍기는 3D프린터 작동 전·후에 작동

환풍기는 3D프린터 작동 전에 꼭 작동시켜야 하며, 프린터 작동 완료 후 최소 1시간 이상은 계속 작동시켜 주시는 게 좋습니다.

※ FFF 방식 3D프린터는 초기 예열 작업 시 초미세입자 순간 방출량이 급격히 높아지가 때문에 3D프린터 작동 시 환기가 꼭 필요합니다.

(4) 환풍기 작동 중 외부 공기 유입로 확보

환풍기 작동 중 출입문을 완전히 밀폐하는 것 보다는 약간 열어 두어 외부 공기 유입에 따른 실내 환기율을 좋게 하는 게 효율적입니다.

(5) 자연환기 방법을 동시에 진행하기

쾌적한 작업현장 공기질은 유지하기 위해서는 자연환기방법을 동시에 진행하시면 더욱 효율적으로 유해물질에 의한 피해를 줄일 수 있습니다.

여섯, 자연환기 실천 방법

3D프린터 작업장에는 최소한 실내영 환풍기와 같은 환기장치를 설치하는 것을 권장하며, 자연환기와 동시에 진행하시면 유해물질은 훨씬 효율적으로 저감할 수 있습니다.

다만, 환기장치를 일시적으로 사용하기가 어려운 경우에는 다음과 같이 자연환기를 권장합니다.

(1) 봄/가을 – 실내·외 온도차 일정시

외부환경을 고려하여 창문을 (5~20)cm 정도 열어놓는 것이 좋습니다.

(2) 여름/겨울 – 프린터 가동직후

외부환경을 고려하여 창문 및 출입문을 5분 정도 개방하여 주시면 좋습니다.

(3) 3D프린터 장기간 가동시

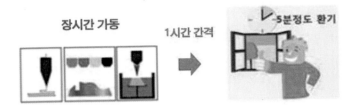

한 시간 주기로 창문 및 출입문을 5분 정도 환기 시켜주시면 좋습니다.

(4) 3D프린터 가동 후

3D프린터 전면도어를 열고 창문 및 출입문을 30분 이상 환기 시켜주시면 좋습니다.

※ 출력물 완료 후 프린터 내부 잔류 찌꺼기 청소 및 작업공간을 정기적으로 청소해주는 게 좋습니다.

일곱, 설치공간 효율적 배치

3D프린터 가동 중 발생되는 유해물질은 3D프린터가 설치된 공간용적, 3D프린터 가동 수 및 소재 종류에 따라 달라지고, 3D프린터 설치 위치에 따라 유해물질 실내 움직임 상태가 달라질 수 있습니다.

(1) 13m²(4평)을 기준으로 3D프린터는 2대 이하로 설치

직업현장 13m²(4평)을 기준으로 3D프린터는 2대 이하로 설치하는 것을 권장합니다.

(2) 프린터 설치 시 창문 및 환풍기와 가까운 곳에 설치

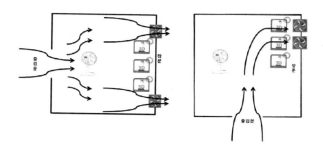

에어컨 및 선풍기 설치 시 실내 공기 순환을 고려하여 환풍기 반대편에 설치하는 것을 권장합니다.

※ 에어컨 및 환풍기 설치 시 작업공간을 고려하여, 내부 순환이 잘 되는 배열로 설치하실 것을 권장합니다.

(3) 공기청정기 및 공기정화식물을 이용하기

공기청정기 선택 시 초미세먼지를 제거할 수 있는 헤파필터(HEPA Filter)[10]가 부착된 공기청정기 사용을 권장합니다.

또한, 필요한 경우 미세먼지 정화능력이 있는 공기정화식물(벤자민 고무나무, 아레카야자, 관음죽, 스킨답서스, 시클라멘, 행운목 등)을 사용하시길 바랍니다.

🌱 10. 헤파필터(HEPA Filter) : High Efficiency Particulate Air Filter의 약자로 입경이 0.3m인 입자상 물질을 99.97% 이상 제거하는 필터로, 미국 ashrae(American Society of Heating, Refrigerating and Air Conditioning Engineers) STANDARD 52-2-1999에서 규정하는 성능기준의 필터

5. 3D프린팅 안전관리 수칙 알아보기

3D프린터를 안전하게 사용하기 위해 작업 시 다음 사항들을 주의해 주시길 바랍니다.

① 장비사용법 및 안전수칙을 확인해주세요.

② 프린터 이용 전에 사용 소재에 따른 장비 가동 설정을 확인해주세요.

③ 프린터 작동 중에는 소재가 압출되는 부위에 높은 열이 발생하므로 구동부에 손을 대지 말아주세요.

④ 필라멘트 투입 및 교체 시 화상에 주의하여 주세요.

⑤ 필라멘트가 녹는 과정에서 유해물질이 발생할 수 있으므로 산업용 방진마스크를 착용해 주세요.

⑥ 작동 오류로 인한 사고위험이 있으므로 출력 시작 후 3분 정도 바닥에 안착하였는지 확인해주세요.

⑦ 개방형 장비는 작동 중 이물질이 들어가면 발화 위험이 있으므로 이용 전에 주변을 정리해 주세요.

⑧ 출력물은 노즐과 베드의 온기가 충분히 내려갔는지 확인한 후에 장갑을 착용하고 꺼내주세요.

⑨ 출력물 및 서포터 제가 시 파편이 얼굴에 튀거나 날카로운 도구에 손을 베일 수 있으므로 보호장갑 및 보안경을 착용해주세요.

⑩ 후처리 과정 시 후처리에 사용되는 화학물질은 중독증상이나 유해성을 유발할 수 있으므로 산업용 방진마스크나 방독마스크를 착용해주세요.

⑪ 후처리 작업 전에는 반드시 환풍기 및 환기장치를 사용하여 작업공간의 환기가 잘 될 수 있도록 해주세요.

6. 3D프린팅 작업환경 관리방법 알아보기

3D프린팅 작업환경 관리방법 요약표

3D프린터 실내 작업현장 적정 온·습도 유지	① 국내 계절 별 실내 적정온도 범위 중 가장 낮은 온도 유지, 실내습도 40~60% – 여름 실내적정온도 24~27℃ 중 24℃, 습도는 60% – 겨울 실내적정온도 18~27℃ 중 18℃, 습도는 40% – 봄·가을 실내적정온도 19~23℃ 중 19℃, 습도는 50%
3D프린터 장비 및 소재 선택	① 장비는 밀폐형 장비 또는 장비 내 필터가 장착된 3D프린터 사용 ② 소재는 친환경 원료를 사용한 소재 사용 ③ 소재 제품 원료에 대한 물질안전보건자료(MSDS) 확인 필요
실내환기 (환기장치)	① 실내 공간면적을 고려하여 적정 용량의 실내용 환풍기 사용 ② 환풍기는 3D프린터 작동 전 가동하고, 3D프린터 완료 후에도 최소 1시간 이상 가동 ③ 환풍기 작동 중 출입문을 완전 밀폐하지 말고 약간 열어 둠 ④ 환풍기 사용은 자연환기와 함께 실기
실내환기 (자연환기)	① 봄·가을에는 외부 공기를 고려하여 창문을 5~20cm 정도 개방 ② 여름 및 겨울에는 3D프린터 작동 직후 창문 및 출입문을 5분 정도 개방하고 1시간 단위로 5분 이상 환기 필요 ③ 3D프린터 종료 후 프린터 도어를 개방하여 30분 이상 환기 – 주변환경 및 대기상태에 따라 오염된 외부공기가 유입되고 있는지를 고려하여 자연환기를 실시
설치공간 점검	① 3D프린터는 환기가 잘 되는 위치를 고려하여 설치 – 에어컨 설치 시 환풍기 반대편에 설치 – 선풍기 가동 시 환풍기 반대편 및 환기가 잘 되는 곳에 설치
청소	① 3D프린터 출력물 완료 후 프린터 챔버 내부 잔류 찌꺼기 청소 ② 3D프린터 작업공간의 주기적인 청소 필요

3D프린팅 작업환경 체크리스트

앞에서 설명한 3D프린팅 작업환경의 안전수칙을 3D프린팅 작업 현장에서 쉽게 점검해 볼 수 있도록 체크리스트로 구성하였습니다. 각 항목의 질문에 체크하여 작업장 내 실내환경 유해물질 대처방안을 점검해 보시기 바랍니다.

질문	답변	대처방안	비고
3D프린터 작업장 내 온·습도계가 있으습니까?	☐ 네 ☐ 아니오	– 디지털 온·습도계를 사용하여 3D 프린터 가동 중 실내 온·습도를 확인하시고 적정 온·습도를 유지한다.	Page 9
동계, 하계 냉난비용 에어컨, 전기 및 히터 등을 사용하고 계십니까?	☐ 네 ☐ 아니오	– 동계, 하계 적정 실내 온·습도가 유지되도록 자연환기 및 가습기를 사용한다.	Page 9
3D프린팅실은 중앙집중식 냉난방식으로 운영되고 있습니까?	☐ 네 ☐ 아니오	– 개별 조작이 가능한 냉난방 시스템으로 권장드리며, 만약 변경이 어려운 경우, 개별 냉난방기, 제습기, 가습기 등의 보조기기를 사용한다.	Page 9
3D프린터 장비는 밀폐형 장비인가요?	☐ 네 ☐ 아니오	– 개방형 프린터의 경우, 환풍기, 후드 증 국소배기장치를 설치한다. – 개방형 프린터를 밀폐할 수 있는 작업부스를 설치하고, 산업용 방진마스크를 착용한다.	Page 10
추후 3D프린터 구입 계획이 있으십니까?	☐ 네 ☐ 아니오	– 밀폐형 3D프린터 또는 3D프린터 내 유해물질 저감장치가 부착된 장비를 선택하도록 한다.	Page 10
소재 원료에 대한 안전정보 내용을 확인 하셨나요?	☐ 네 ☐ 아니오	– 소재 제품 원료에 대한 물질안전보건 자료(MSDS)를 확인한다. – 친환경 원료를 사용한 소재를 사용한다.	Page 11
작업현장 내 환기장치가 있는가?	☐ 네 ☐ 아니오	– 3D프린터 가동 중 환기장치를 항상 가동하고, 3D프린터 종류 후 최소 1시간 이상 가동한다. – 환기장치가 없는 작업현장의 경우, 「5. 3D프린팅 쾌적하게 이용하기」를 참조하여 자연환기를 주기적으로 실시한다.	Page 13~18

질문	답변	대처방안	비고
3D프린터는 환기가 잘 되는 위치에 설치하였는가?	□ 네 □ 아니오	- 환풍기 등 환기장치와 가까운 곳에 설치하여 환기가 잘 되는 곳에 설치한다. - 에어컨 및 선풍기 설치 시, 3D프린팅 가동중 발생되는 유해물질이 쉽게 배출될 수 있도록 환풍기 반대편에 설치한다.	Page 17
3D프린터 장비 및 작업공간을 정기적으로 청소하고 있습니까?	□ 네 □ 아니오	- 3D프린팅 가동 완료 후, 장비 내부에 있는 잔류 찌꺼기 및 작업공간을 정기적으로 청소한다.	Page 16

7. 3D프린팅 산업현장 안전교육 사례

　정부는 2015년 삼차원프린팅산업 진흥법을 제정하여 3D프린팅 제조 공정 중 발생될 수 있는 안전사고를 사전에 예방하기 위하여 사업자 신고 의무와 함께 적층제조 공정 중 발생할 수 있는 유해 및 위험성으로부터 종사자를 보호하기 위한 안전교육을 의무적 시행하고 있습니다. 법정 교육 대상이 아닌 대상자들도 교육에 참여할 수 있으니, 3D프린터의 안전한 사용을 위해 적극 활용하시기 바랍니다.

[삼차원프린팅산업진흥법-안전]
- 삼차원프린팅산업진흥법 제18조(안전교육)
- 삼차원프린팅산업진흥법 시행령 제11조(안전교육에 관한 업무의 위탁)
- 삼차원프린팅산업진흥법 시행규칙 제3조(안전교육의 내용 및 방법 등)
- 삼차원프린팅 서비스 안전교육 위탁 및 운영 등에 관한 규정

구분	주요 내용
법정교육 대상	- 삼차원프린팅 서비스사업 대표자 및 종업원 ※ 삼차원프린팅 서비스사업이란 이용자와 공급계약을 체결하고 이용자를 위한 삼차원프린팅을 업으로 하는 것(법 제2조 제4호)
교육 내용	- 삼차원프린팅 관련 법령 및 제도에 관한 사항 - 삼차원프린팅 유해위험요인에 관한 사항 - 삼차원프린팅 작업환경관리 및 작업자 보호에 관한 사항 - 유형별 위험사항에 대한 비상 대처 방안 - 그 밖에 과학기술정보통신부장관이 정하여 고시하는 내용

구분	주요 내용
교육 방법	– 안전교육기관의 교육장에서 실시하는 집합교육 – 안전교육기관의 전문강사가 3D프린팅 작업장을 방문하여 실시하는 현장교육 – 그 밖에 과학기술정보통신부장관이 정하여 교육방법(온라인 교육 등)
교육 시간	– 대표자 : 신규교육 8시간, 보수교육 2년마다 6시간 – 종업원 : 신규교육 16시간, 보수교육 매년 6시간 (신규교육은 집합/현장교육으로 진행하여야 하며, 보수교육은 온라인교육으로 진행 가능)
안전교육	http://3d.acastar.co.kr/ 로그인 후 수강신청 가능

※ 법정 교육 대상자가 아니어도 교육 신청 및 수강 가능

 알아두기

[용어정리]

1. 재료압출(Material Extrusion) : 3차원 기하구조를 제작하는 적층제조 기술 표준화 기구인 ISO TC 261에서 정의하는 7가지 방식의 3D프린터 기술방식 중 학교 및 공공장소에서 주로 사용되고 있는 보급형 3D프린터 기술방식으로 노즐을 통하여 소재를 선택적으로 배출시키는 적층제조 공정을 말한다.

2. FFF 3D프린터 : Fused Filament Fabrication의 약자로 필라멘트 형태의 소재를 노즐을 통해 압출해 3차원 형상으로 출력하는 Material Extrusion 방식의 대표적인 3D프린터를 말하며 FDM(Fused Deposition Modeling)와 혼용하여 사용하고 있다.

3. 메이커스운동 : 메이커들이 일상에서 창의적 만들기를 실천하고 자신의 경험과 지식을 나누고 공유하는 경향. 최근 시제품 제작과 창업이 용이해지면서 소규모 개인 제조 창업이 확산되는 추세 역시 메이커스운동을 의미한다.

4. 룰밀안전보건자료(MSDS) : Material Safety Data Sheet의 약자로 물질에 대한 여러 가지 정보를 담은 자료를 말한다. MSDS에는 화학물질에 대한 화학적 특성, 취급 및 저장법, 유해성과 위험성, 사고 시 대처방법 등이 기록되어 있으며, 안전보건공단에서 MSDS 검색을 하면 원하는 화학물질에 대한 MSDS를 찾아볼 수 있다.

5. 헤파필터(HEPA Filter) : HIGH EFFICIENCY PARTICULATE AIR FILTER의 약자로 입경이 m인 입자상 물질을 99.97% 이상 제거하는 필터를 말한다. 미국 ASHRAE(American Society of Heating, Refrigeration and Air Conditioning Engineers)에서는 STANDARD 52-2-1999에서 규정하는 성능기준의 필터를 말한다.

6. 유지기준 : 환경부에서는 다중이용시설 등의 실내공기질관리법을 통하여 시설내 공기 중 유해물질의 양을 규정하고 있다. 일부 유해물질에 대해서는 이용자의 건강을 위하여 반드시 기준 이하로 유지하여야 하며, 이러한 유해물질의 양을 유지기준이라고 한다.

[소재 용어정리]

1. ABS : Acrylonitrile-Butadiene-Styrene copolymer의 약자로 기본 중합체(base polymer) 중 스티렌(α-메틸스티렌 포함)과 아크릴로니트릴의 공중합체에 부타디엔계 고무가 분산된 물질의 함유율이 60% 이상인 합성수지제를 말한다.

2. PC : PolyCarbonate의 약자로 폴리카보네이트란 기본 중합체(base polymer) 중 비스페놀 A와 디페닐카보네이트 또는 카보닐클로라이드의 중합물질의 함유율이 50% 이상인 합성수지제를 말한다.

3. HIPS : 내충격성 폴리스틸렌으로 스티렌 부타디엔 검(styrene butadiene gum)이나 폴리부타디엔을 스티렌 단위체에 융해한 후 과산화물을 중합개시제로 첨가하여 중합한 중합체이다.

4. TPU : Thermoplastic PolyUrethane의 약자로 열가소성 탄성중합체이고, 이소시아네이트와 폴리올의 중합물질로 이루어진 합성수지제를 말한다.

5. PLA : PolyLactide, Poly(Lactic Acid)의 약자로 기본 중합체(base polymer) 중 락트산의 함유율이 50% 이상인 합성수지제를 말한다.

6. Nylon : 폴리아미드 계열의 합성 고분자 화합물로 기본 중합체 중 락탐, 아미노카르복실레이트 또는 염기산과 디아민의 중합물질로 이루어진 합성수지를 말한다.

7. PVA : Poly(Vinyl Alcohol)의 약자로 기본 중합체(base polymer) 중 비닐알코올의 함유율이 50% 이상인 합성수지제를 말한다.

저자 약력

-1979~2021 한국폴리텍대학 춘천캠퍼스 스마트제품디자인과 교수
-2000~2021 3D프린터(RP) 이론,실습 학과강의(RP,3D프린팅,3D기구설계)
-2013~2020 동계특성화고 교원현장직무연수 강의(3D프린팅을 활용한 시제품제작)
-2017~2020 한국폴리텍대학 춘천캠퍼스 3D프린팅 기술센터장
-2018 한국산업인력공단 3D프린터운용기능사 출제위원
-2021.5~11 3D프린터개발 NCS 개선위원
-2017~현재 강원정보문화진흥원,강원테크노파크 스마트토이(3D프린팅분야) 자문위원
-2019~현재 강원도 ICT 특화산업(스마트토이+레고랜드) 육성 연구회 연구위원
-2020~현재 춘천시 스마트토이 산업위원회 전문위원

3D프린터운용기능사 필기 실기

초 판 인 쇄	2020년 5월 15일
초 판 발 행	2020년 5월 25일
초판 2 쇄 발행	2021년 7월 30일
개 정 1 판 발행	2022년 2월 10일
개 정 2 판 발행	2024년 1월 5일

저자	임충식
발행인	조규백
발행처	도서출판 구민사
	(07293) 서울특별시 영등포구 문래북로 116, 604호(문래동3가 46, 트리플렉스)
전화	(02) 701-7421~2
팩스	(02) 3273-9642
홈페이지	www.kuhminsa.co.kr
신고번호	제2012-000055호(1980년 2월 4일)
ISBN	979-11-6875-254-2 (13500)

값	28,000원

이 책은 구민사가 저작권자와 계약하여 발행했습니다.
본사의 서면 허락 없이는 어떠한 형태나 수단으로도 이 책의 내용을 이용할 수 없음을 알려드립니다.